3ds Max/VRay
商业案例
项目设计 完全解析

王 琳 编著

清华大学出版社

北 京

内 容 简 介

本书是一本全方位讲授三维设计中最为常见的设计项目类型的案例解析式教材，全书分为 10 章，第 1 章为家具设计、第 2 章为灯具设计、第 3 章为厨具设计、第 4 章为卫浴洁具设计、第 5 章为家用电器设计、第 6 章为五金构件设计、第 7 章为陈设品设计、第 8 章为办公用品设计、第 9 章为家装设计、第 10 章为公装设计。本书基本涵盖了三维设计师或相关行业工作中涉及的常见任务。

本书资源包括书中的案例贴图和场景文件，以及多媒体视频文件，同时还提供了 PPT 课件，以提高读者的兴趣、实际操作能力以及工作效率，读者在学习过程中可参考使用。

本书内容由浅入深，针对性强，适合于 3ds Max 的初、中级读者，家装设计人员、公装设计人员、效果图制作人员、效果图渲染人员等。

图书在版编目(CIP)数据

中文版 3ds Max/VRay 商业案例项目设计完全解析 / 王琳编著. —北京：清华大学出版社，2019
ISBN 978-7-302-53567-6

Ⅰ．①中…　Ⅱ．①王…　Ⅲ．①室内装饰设计—计算机辅助设计—三维动画软件　Ⅳ．①TU238.2-39

中国版本图书馆 CIP 数据核字（2019）第 179916 号

责任编辑：韩宜波
封面设计：李　坤
责任校对：吴春华
责任印制：李红英

出版发行：清华大学出版社
　　　　　网　　　址：http://www.tup.com.cn，http://www.wqbook.com
　　　　　地　　　址：北京清华大学学研大厦 A 座　　　　邮　　　编：100084
　　　　　社 总 机：010-62770175　　　　　　　　　　　邮　　　购：010-62786544
　　　　　投稿与读者服务：010-62776969，c-service@tup.tsinghua.edu.cn
　　　　　质 量 反 馈：010-62772015，zhiliang@tup.tsinghua.edu.cn
印 装 者：涿州汇美亿浓印刷有限公司
经　　销：全国新华书店
开　　本：190mm×260mm　　　印　　张：17.75　　　字　　数：428 千字
版　　次：2019 年 9 月第 1 版　　印　　次：2019 年 9 月第 1 次印刷
定　　价：78.00 元

产品编号：081797-01

前言

Autodesk公司推出的3ds Max是虚拟现实技术应用软件，它集三维建模、材质制作、灯光设定、摄影机设置、动画设定及渲染输出于一身，提供了三维动画及静态效果图全面完整的解决方案，因此成为当今各行各业使用较为广泛的三维制作软件。特别是在建筑行业中，更是深受建筑设计师和室内外装潢设计师的青睐。在3ds Max系统中，如果使用VRay渲染器进行渲染，制作者可以尽情发挥想象，完美地制作出富有真实感的效果图。

本书与同类书籍大量软件操作方法的编写模式相比，最大的特点是更侧重于从设计思路的培养到项目制作完成的完整流程。本书的每一章都是一种类型的效果图制作项目，每个商业案例项目的设置制作流程包括：与客户沟通—分析产品—方案定位—配色方案—设计方案的制作，通过典型的商业案例进行实战练习。

本书在案例制作的软件操作讲解过程中，还给出了实用的软件功能技巧提示以及设计技巧提示，可供读者拓展学习。

本书各章最后列举了优秀的设计作品以供读者欣赏，希望读者在学习各章内容后，通过欣赏优秀作品，既能够缓解学习的疲劳，又能够从优秀作品中开拓思维。

本书内容安排如下。

第1章　家具设计：主要从家具设计的含义、原则、定义、工艺、造型、基本尺寸、注意事项等方面来学习家具设计。

第2章　灯具设计：主要从灯具设计的含义、分类、基本材料、原则、风格等方面来学习灯具设计。

第3章　厨具设计：主要从厨具的分类、设计原则等方面来学习厨具设计。

第4章　卫浴洁具设计：主要从卫浴洁具的含义、分类、设计原则等方面来学习卫浴洁具设计。

第5章　家用电器设计：主要从家用电器的含义、分类等方面来学习家用电器设计。

第6章　五金构件设计：主要从五金构件的含义、分类等方面来学习五金构件设计。

第7章　陈设品设计：主要从陈设品的含义，陈设品与色彩、形状、材质等方面来学习陈设品设计。

第8章　办公用品设计：主要从办公用品的含义、分类、设计的重要性等方面来学习办公用品设计。

第9章　家装设计：主要从家装的含义、设计流程、美术基础、色彩使用技巧等方面来学习家装设计。

第10章　公装设计：主要从公装设计的含义、设计要素、与家装的装修区别等方面来学习公装设计。

本书案例用3ds Max 2018版本软件进行设计，请各位读者使用该版本进行练习。如果使用过低的版本，可能会造成源文件打开时部分内容无法正确显示的问题。由于本书是设计理论与软件操作相结合的教材，所以建议读者在掌握软件基础操作后进行本书案例的练习。

本书面向初、中级读者对象，适合各大院校的专业学生、平面设计爱好者自学参考，同时也适合作为高校教材、社会培训教材使用。

本书由淄博职业学院的王琳老师编写，参与案例视频录制的有崔会静、王芳、赵岩，在此表示感谢。

由于作者水平有限，书中难免有疏漏和不妥之处，恳请广大读者批评、指正。

本书提供了案例的贴图文件、场景文件以及PPT课件，扫一扫下面的二维码，推送到自己的邮箱下载获得。

贴图及PPT课件

场景文件

编　者

目录

第1章　家具设计　001

第2章　灯具设计　036

065　第3章　厨具设计

092　第4章　卫浴洁具设计

中文版3ds Max/VRay商业案例项目设计完全解析

第5章　家用电器设计　110

第6章　五金构件设计　132

151 第7章 陈设品设计

第8章　办公用品设计　173

第9章　家装设计　195

238 第10章 公装设计

01

第 1 章

家具设计

家具设计简单地说，就是家庭居住环境、办公场所、公共空间或者是商业空间的整体陈设风格以及饰品设计搭配。随着人们生活水平的不断提高，人们对家具设计的要求越来越高，所以对设计的要求也越来越高、越来越严苛。

★★★★ 1.1 家具设计概述

家具设计是指用图形（或运用软件实际模型）和文字说明等方法，表达家具的造型、功能、尺寸、色彩、材质和结构，如图1-1所示。

图1-1

家具设计既是一门艺术，又是一门应用科学。主要包括造型设计、结构设计及工艺设计三个方面。设计的整个过程包括收集资料、构思、绘制草图、评价、试样、再评价、绘制生产图。

1.1.1 家具设计的原则

家具是人类衣食住行活动中供人们坐、卧、作业或供物品贮存和展示等的一类器具。家具的历史可以说同人类的历史一样悠久，反映了不同时代人类的生活和生产力水平，融合科学、技术、材料、文化和艺术于一体。家具除了是一种具有实用功能的物品外，更是一种具有丰富文化形态的艺术品。随着社会的发展和科学技术的进步，以及生活方式的变化，家具设计也永远处于不停顿的发展变化之中，家具不仅表现为一类生活器具、工业产品、市场商品，同时还表现为一类文化艺术作品，是一种文化形态与文明的象征，如图1-2所示。

家具设计具有实用性：实用性就是泛指满足人们生活需求而开始与发展的。现代家具不但要可靠、适用、安全，更重要的是满足它的使用功能与舒适度。无论是静负荷类家具还是动负荷类家具，都应根据人体工效学的基本法则，结合人体的生理和心理的需求，设计出合理的家具尺度和空间分割距离，给消费者创造一种最大限度的舒适和方便以及安全感、视觉美感等，最终回归到最佳实用效果的目的上来。现代家具赋予人们的美感，是通过人们的视觉、触觉感官来体会与感应的。而家具的实用性程度，则是通过人们的反复使用、接触与鉴别验证的。现代家具设计师水平的高低，只有通过努力探索、长期实践与不断总结，才能使自己的设计作品逐步达到日臻完善的设计追求目的。

家具设计具有艺术性：现代家具已不单纯是简单的日用消费品，家具产品作为一种文化现象发展至今，已经成为现代人类生活中调剂居住环境的艺术品，是融艺术与实用于一体的全新消费品。

家具设计既有民族性，又有时代性。在一个民族历史发展的不同阶段，该民族的家具设计会表现出明显的时代特征，这是因为家具设计首先是一个历史发展的过程，是该民族各个时期设计文化的叠合及承接，是以该时代的现实的物质社会为基础，是传统设计文化的积淀和不断扬弃的对立统一，是历史性与现实性的对立统一。

在经济全球化、科技飞速发展的今天，社会主观形式都已经发生了根本的改变，尤其是信息的广泛、高速传播，开放的观念冲击着社会结构、价值观念与审美观念，国与国之间的交流、人与人之间的交往日趋频繁，人们从世界各地接收的信息早已今非昔比，社会及人们的要求在不断进步和改变。加之工业文明所带来的能源、环境和生态的危机，面对这一切，设计师能否适应它、利用它，使得设计成为特定时代的产物，这已成为当今设计师的重要任务。

图1-2

1.1.2　家具设计的定义

一件精美的家具不仅实用、舒适、耐用，它还必须是历史与文化的传承者。假如只是注重其中一个或者几个因素，是制作不出高品质家具的。

1.1.3　家具设计的工艺

家具设计的工艺是制作家具的重要手段。工艺设计是使结构设计得以实现的基础。生产方式和工艺流程取决于工艺设计，它对组织生产起着重要的作用。工艺设计主要包括家具类型结构分析和技术条件确定、编制工艺卡片和工艺流程图两个方面。首先分析家具产品的材料构成情况，其次分析该产品应采用哪种类型的生产手段。单件生产多选用通用设备组成的工艺流程；大量生产多选用具有较大生产能力的专用机床、自动机床、联合机床组成的单向流水线；批量生产（指定期更换和以成批形式投入生产）介于上述两类之间，尽可能采用专用机床、自动机床组成的流水线。最后根据结构装配图编制零部件明细表，其中包括家具产品的型号、用途、外围尺寸和零部件尺寸、允许的公差、使用材料、五金配件、涂饰及胶料种类以及装配质量、技术条件、产品包装要求等。

要在造型上取得良好的效果，必须熟悉各种材料的性能、特点、加工工艺及成型方法，才能设计出最能体现材料特性的家具造型。

合理的结构不仅可以增加家具的强度，节约原材料，便于机械化、自动化生产，而且能强化家具造型艺术的个性。

造型和结构的把握要充分发挥个人的想象力，除了创新之外，在设计时还要讲究实用性，一个好的造型结构以及实用性相结合的产品才是完美的作品，如图1-3所示。

图1-3

1.1.4 家具设计的造型

家具造型设计是对家具外观形态、材质肌理、色彩装饰、空间形态等要素进行综合、分析与研究，并创造性地构成新、美、奇、特而又结构合理的家具形象，如图1-4所示。

图1-4

（1）美观：美观是家具设计的基本要求之一，人在使用家具的过程中，除了获得直接的功效外，还从家具造型的点、线、面、体的结合，虚实、色彩等获得视觉信息，从触觉获得柔软、粗糙、光滑、冷暖等知觉信息。这些信息能激发人们的情感，使人得到美的享受。家具设计要从整体风格出发，考虑使用对象的个性和特点，运用形式美的法则处理家具的造型，使之具有鲜明的性格特征。同时还要注意家具的细节部位处理，如沙发的扶手，做工要细腻、润滑、手感舒适，这样能使人产生精美的感觉。

（2）实用：设计的家具制品必须符合它的直接用途，任何一件家具都有它的使用目的，或坐或卧，或储或放。家具设计首先要满足使用上的要求，并具有坚固的性能。家具的尺寸、曲线要符合人体的尺寸和曲线，也就是要以人体工程学为指导，要有助于广泛改善人体相关系统的工作状态，消除疲劳，提高工作效率和休息质量。如与人体关系密切的支撑、凭椅类家具，其各部分尺寸的确定必须符合人的形体特征和生理条件，方便舒适。贮物类家具要有足够的贮存空间，合适的尺度，使存储方便、快捷、安全。

（3）经济：家具设计还要考虑到经济因素的影响。在设计中，材料的选用、加工制作的难度、加工的量等都是影响经济的主要方面。为了达到物美价廉的要求，家具设计者首先应考虑便于机械化、自动化生产，尽量减少所耗工时，降低加工成本。

（4）科学：家具设计的科学性体现在结构选择和材料运用的合理性上。家具结构要受力合理，符合所选材料的特性和加工工艺要求，并尽可能简化工艺过程，提高生产效益。在设计中注意使用新材料、新工艺、新技术，不断创造新的产品形式。合理的结构不仅可以增加家具的强度，节约原材料，便于机械化、自动化生产，而且能强化家具造型艺术的个性。

造型和结构的把握要充分发挥个人的想象力，除了创新之外，在设计时还要讲究实用性，一个好的造型结构与实用性相结合的产品才是完美的作品。

1.1.5 家具设计的基本尺寸

家具设计的尺寸关系到能否进行以及日后用得是否舒适，如图1-5所示。

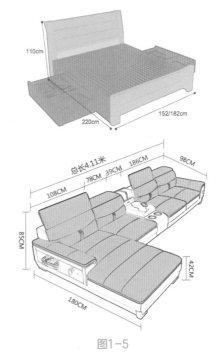

图1-5

常用家具的尺寸参考（单位：cm）如下。

鞋柜：高度85~90，层板深度不小于35。

玄关：高度90~95，深度35~45。

吧台：高度90~115。

吧椅：座高75，座框直长45~46，座深45。

衣橱：深度一般60~65；推拉门宽70；衣橱门宽度40~65。

推拉门：75~150；高度190~240。

矮柜：深度35~45；柜门宽度30~60。

电视柜：深度45~60；高度60~70。

单人床：宽度90、105、120；长度180、186、200、210。

双人床：宽度135、150、180；长度180、186、200、210。

圆床：直径186、212.5、242.4（常用）。

床头柜：长45~65，深40~50，高度55~60。

妆台：长度120~160，深度40~50，高度75。

妆凳：长度45~55，宽度40~50，高度45~45。

室内门：宽度80~95；高度190、200、210、220、240。

厕所门、厨房门：宽度80、90；高度190、200、210。

单人沙发：长度80~95；深度85~90；坐垫高35~42；背高70~90。

双人沙发：长度126~150；深度80~90。

三人沙发：长度175~196；深度80~90。

四人沙发：长度232~252；深度80~90。

小型茶几：长方形长度60~75；宽度45~60；高度38~50（38最佳）。

长方形中型茶几：长度120~135；宽度38~50或60~75；高度43~50。

正方形中型茶几：长度75~90；高度43~50。

长方形大型茶几：长度150~180；宽度60~80；高度33~42（33最佳）。

圆形大型茶几：直径75、90、105、120；高度33~42。

方形大型茶几：宽度90、105、120、135、150；高度33~42。

固定式书桌：深度45~70（60最佳）；高度75。

活动式书桌：深度65~80；高度75~78；书桌下缘离地至少58；长度最少90（150~180最佳）。

餐桌：高度75~78（一般）；西式高度68~72；一般方桌宽度120、90、75。

长方桌：宽度80、90、105、120；长度150、165、180、210、240。

圆桌：直径90、120、135、150、180。

书架：深度25~40（每一格）；长度60~120；下大上小型下方深度35~45，高度80~90；活动未及顶高柜，深度45，高度180~200；木隔间墙厚：6~10，内角材排距，长度(45~60)*90。

1.1.6　建模的注意事项

模型是室内效果图的基础，准确、精简的建筑模型是效果图制作成功最根本的保障，3ds Max 以其强大的功能、简便的操作而成为室内设计师建模的首选。要真正进行室内建模，有以下几个要注意的事项。

（1）建筑单位必须统一。制作建筑效果图，最重要的一点就是必须使用统一的建筑单位。3ds Max 具有强大的三维造型功能，但它的绘图标准是"看起来是正确的即可"，而对于设计师而言，往往需要精确定位。因此，一般在AutoCAD中建立模型，再通过文件转换进入3ds Max 。用AutoCAD制作的建筑施工图都是以毫米为单位的，本书中制作的模型也是使用毫米为单位的。

3ds Max 中的单位是可以选择的。在设置单位时，并非必须使用毫米为单位，因为输入的数值都是通过实际尺寸换算为毫米的。也就是说，用户如果使用其他单位进行建模也是可以的，但应该根据实际物体的尺寸进行单位的换算，这样才能保证制作出的模型和场景不会发生比例失调的问题，也不会给后期建模过程中导入模型带来不便。

所以，进行模型制作时一定要按实际尺寸换算单位进行建模。对于所有制作的模型和场景，也应该保证使用相同的单位。

（2）模型的制作方法。通过几何体的搭建或命令的编辑，可以制作出各种模型。

3ds Max 的功能非常强大，制作同一个模型可以使用不同的方法，所以书中介绍的模型的制作方法也不只限于此，灵活运用修改命令进行编辑，就能通过不同的方法制作出模型。

（3）灯光的使用。使用3ds Max 建模，灯光和摄像机是两个重要的工具，尤其是灯光的设置。在场景中进行灯光的设置不是一次就能完成的，需要耐心调整，才能得到好的效果。由于室内场景中的光线照射非常复杂，所以要在室内场景中模拟出真实的光照效果，在设置灯光时就需要考虑到场景的实际结构和复杂程度。

三角形照明是最基本的照明方式，它使用3个光源：主光源最亮，用来照亮大部分场景，通常会投射阴影；背光用于将场景中物品的背面照亮，可以展现场景的深度，一般位于对象的后上方，光照强度一般要小于主光源；辅助光源用于照亮主光源没有照射到的黑色区域，控制场景中的明暗对比度，亮的辅助光源能平均光照，暗的辅助光源能增加对比度。

对于较大的场景，一般会被分成几个区域，分别对这几个区域进行曝光。

如果渲染出图后对灯光效果还是不满意，可以使用Photoshop软件进行修饰。

（4）摄像机的使用。3ds Max 中的摄像机与现实生活中的摄像机一样，也有焦距和视野等参数。同时，它还拥有超越真实摄像机的能力，更换镜头、无级变焦都能在瞬间完成。自由摄像机还可以绑定在运动的物体上来制作动画。

在建模时，可以根据摄像机视图的显示创建场景中能够被看到的物体，这种做法可以不必将所有物体全部创建，从而降低场景的复杂度。比如，一个场景的可见面在摄像机视图中不可能全部被显示出来，这样在建模时只需创建可见面，而最终效果是不变的。

摄像机创建完成后，需要对摄像机的视角和位置进行调节，48mm是标准人眼的焦距。使用短焦距能模拟出鱼眼镜头的夸张效果，而使用长焦距则用于观察较远的景色，保证物体不变形。摄像机的位置也很重要，镜头的高度一般为正常人的身高，即1.7m，这时的视角最真实。对于较高的建筑，可以将目标点抬高，用来模拟仰视的效果。

（5）材质和纹理贴图的编辑。材质是表现模型质感的重要因素之一。创建模型后，必须为模型赋予相应的材质，才能表现出具有真实质感的效果。对于有些材质，需要配合灯光和环境使用，才能表现出效果，如建筑效果图中的玻璃质感和不锈钢质感等，都具有反射性，如果没有灯光和环境的配合，效果是不真实的。

1.2 商业案例——欧式边柜的设计

1.2.1 设计思路

扫码看视频

■ 案例类型

本案例设计一款简约的欧式边柜。

■ 设计背景

欧式风格主要涉及柔美的线条，金碧辉煌的材质，整体给人以复杂、柔美的富丽堂皇的感觉，所以在设计时需要将金色的线条和材质融入设计中。户主要求设计一款黑色的边柜，不要纯欧式的复杂模型，只需表现出简单的欧式风格即可，因为整体的装修风格是黑白和金色的色调，不想添加太多的色调到整体装修风格中。如图1-6所示为简约欧式的装修风格参考图。

图1-6

图1-6（续）

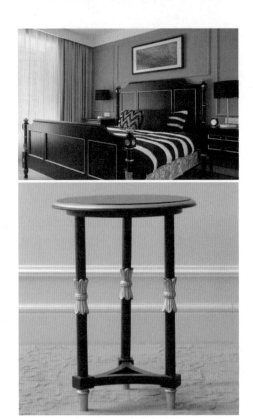

图1-7（续）

■ 设计定位

根据设计背景首先将产品定义为黑色的简欧边柜，根据提供的尺寸制作一个简约的扇面边柜，使用钛金镶边作为装饰，使用弧形边来表达欧式的弧度美感，制作出轻盈、大方的边柜效果。

1.2.2 材质配色方案

边柜是放置在角落或隔断处的家具，一般会在柜面上摆放电话、花瓶等饰品。

材质主色采用黑色。黑色是高贵的颜色，是时尚的标杆，是不被时尚淘汰的颜色，也是最经典和百搭的颜色。

辅助材质采用金色材质。金色是一种辉煌的金属色，是至高无上的颜色，在我国金色代表了高贵、华丽、神圣、奢侈等意义。如图1-7所示为黑色和金色搭配出的效果。

■ 其他配色方案

暗红色提升了时尚的原色，但是时尚度比黑色就少了许多。白色与黑色一样，是百搭颜色，白色较为纯净、干净，但在表现大气方面还是欠缺些，如图1-8所示。

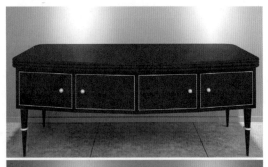

图1-8

图1-7

1.2.3 形状设计

形状和颜色一样可以影响心理。有棱角的外观形状可以展现出严肃的氛围，圆角流畅的外观形状可以使人轻松、休闲，有节奏的感觉，不规则的形状给人以自由、不拘束的感觉，如图1-9所示。

图1-9

1.2.4 同类作品欣赏

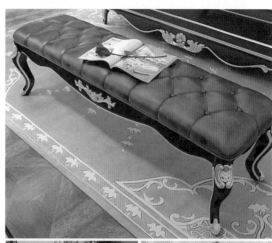

1.2.5 项目实战

■ 制作流程

本案例主要使用"矩形"和"编辑样条线"创建并调整边柜面模型的图像，使用"矩形"和"圆"结合使用"编辑样条线"创建倒角图像，使用"倒角剖面"修改器制作出边柜面；使用"挤出"修改器和"编辑多边形"修改器制作出边柜的储物区；使用"圆锥体"和"切角圆柱体"组合边柜的脚；使用移动复制操作，复制模型；创建"球体"，结合使用"编辑多边形"修改器制作出抽屉把手；使用VRay渲染器创建合适的材质、灯光、渲染，对场景进行渲染即可完成本案例的效果，如图1-10所示。

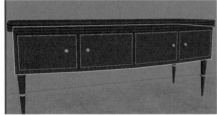

图1-10

■ 技术要点

使用"矩形"和"圆"创建挤出图形；

使用"编辑样条线"修改器调整和修改图形；

使用"倒角剖面"修改器合成边柜面；

使用"挤出"修改器制作模型的厚度；

使用"编辑多边形"修改器调整几何体的效果；

使用"圆锥体"和"切角圆柱体"组合边柜腿；

使用VRayMtl材质设置场景中模型的材质；

使用"目标灯光"和VRayLight灯光创建场景的照明；

使用VRay渲染器设置场景的渲染，输出场景效果。

■ 操作步骤

创建模型

创建模型是任何3D效果图中最开始的操作，通过创建、修改和组合完成模拟物体的形状。下面来

制作边柜的模型。

01 单击"➕（创建）>🔷（图形）> 样条线> 矩形"按钮，在"顶"视图中创建矩形，在"参数"卷展栏中设置"长度"为400、"宽度"为1200、"角半径"为0，如图1-11所示。

图1-11

在3ds Max中设置单位的提示

默认的3ds Max参数是没有单位的，为了更加精确地模拟现实中的物体，通常设置单位以精确制作的模型大小，在3ds Max菜单栏中选择"自定义>单位设置"命令，在弹出的"单位设置"对话框中选择"公制"为"毫米"，单击"确定"按钮，可将当前场景单位定义为毫米，如图1-12所示。

图1-12

02 切换到🔧（修改）命令面板，单击修改器堆栈下的🔲（配置修改器集）按钮，在弹出的菜单中选择"配置修改器集"命令，如图1-13所示。

03 弹出"配置修改器集"对话框，从中设置"按钮总数"为7，选择下面第一个按钮，在左侧的修改器列表中双击需要的、常用的修改器，依次添加到右侧的按钮上，如图1-14所示。添加

中文版3ds Max/VRay商业案例项目设计完全解析

常用的修改器按钮后，单击"确定"按钮。

图1-13

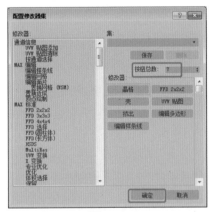

图1-14

使用圆角/切角工具可以将图形对象中线段之间的夹角变为圆角或切角，通过工具后面的参数可以设置圆角/切角的转角半径。

图1-15　　　　　　　　图1-16

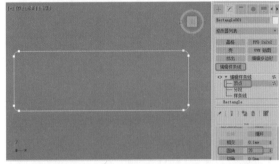

图1-17

04 单击"确定"按钮后，不会直接实现修改器集，需要再次单击 ▧（配置修改器集）按钮，在弹出的菜单中选择"显示按钮"命令，如图1-15所示。

05 显示的修改器集如图1-16所示，这样就避免了一些常用的修改器还要在"修改器列表"中寻找的问题。

06 选择矩形，为矩形添加"编辑样条线"修改器，在修改器堆栈中展开选择集，从中选择"顶点"，在舞台中选择矩形的四个顶点，在"几何体"卷展栏中设置"圆角"为35，按Enter键，确定设置圆角，如图1-17所示。

07 确定选择集为"顶点"，选择如图1-18所示的两个顶点。选择顶点后，出现控制手柄，鼠标右击选择的顶点，在弹出的快捷菜单中选择"Bezier角点"，使用Bezier角点类型调整矩形的形状。

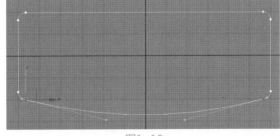

图1-18

08 调整好边柜面的图形后，单击" ＋（创建）> ▣（图形）>样条线>矩形"按钮，在"左"视图中创建矩形，在"参数"卷展栏中设置"长度"为40、"宽度"为20，如图1-19所示。

▸ 圆角/切角的使用提示和技巧

"编辑样条线"修改器是最为常用的二维图形的编辑修改器，其中基本包含所有的二维图形的工具。这里使用到"圆角"工具。

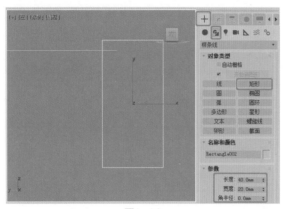

图1-19

09 继续在"左"视图中创建"圆",使用 ✛（选择并移动）工具，在场景中调整圆的位置。切换到 ✎（修改）命令面板，在"参数"卷展栏中设置"半径"为7，使用 ✛（选择并移动）工具，按住Shift键移动模型，弹出"克隆选项"对话框，从中选择"复制"选项，单击"确定"按钮，复制圆。使用同样的方法复制另外一个圆，并使用 ✛（选择并移动）工具，按住鼠标左键移动圆到合适的位置，如图1-20所示。

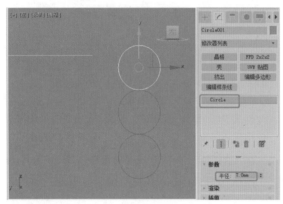

图1-20

10 选择其中一个圆，为其添加"编辑样条线"修改器，在"几何体"卷展栏中单击"附加"按钮，在场景中附加另外两个圆和小矩形，如图1-21所示。

> 附加的使用提示和技巧

"附加"工具可以将本不相干的两个图形合并为一个图形，合并图形后可以拥有共同的参数和工具，可对其进行修改和调整。

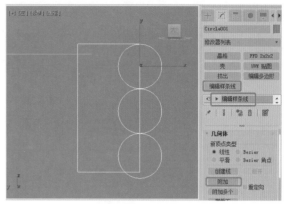

图1-21

11 附加后，单击"附加"按钮，将"附加"按钮弹起，将选择集定义为"样条线"，在"几何体"卷展栏中单击"修剪"按钮，在多余的不需要的线段上单击，修剪完成的图像如图1-22所示。

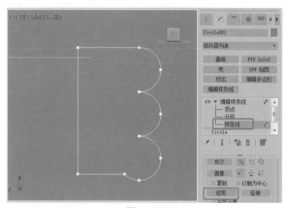

图1-22

12 将选择集定义为"顶点"，按Ctrl+A组合键，全选顶点，在"几何体"卷展栏中单击"焊接"按钮，使用默认的焊接参数即可，焊接顶点，如图1-23所示。

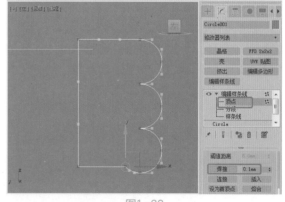

图1-23

修剪和焊接的使用提示和技巧

修剪样条线，首先要确定修剪的样条线有交叉的线段，如图1-24所示，必须是附加在一起的图形，将选择集定义为"样条线"，使用"修剪"按钮，在舞台中不需要的样条线上单击，即可进行修剪。修剪掉样条线后，必须关闭"修剪"按钮，此时将选择集定义为"顶点"，在修剪后的样条线交叉点上单击，选择顶点，移动顶点可以看到修剪后的顶点是分开的，如图1-25所示。将顶点放回到原位，按Ctrl+A组合键，全选顶点，单击"焊接"按钮可以将顶点焊接到一起，如图1-26所示。

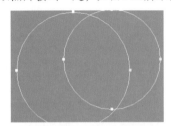

图1-24

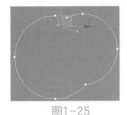

图1-25　　　　　　图1-26

13 焊接顶点后，调整顶点的位置和图形的形状，如图1-27所示。

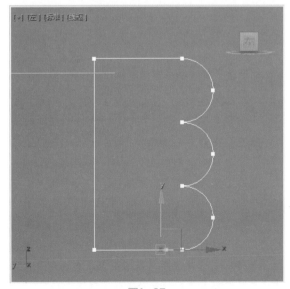

图1-27

14 在场景中选择较大的调整后的矩形，在"修改器列表"中选择"倒角剖面"修改器，在"参数"卷展栏中选择"倒角剖面"为"经典"，在"经典"卷展栏中单击"拾取剖面"按钮，在场景中拾取图形，拾取后得到如图1-28所示的模型。

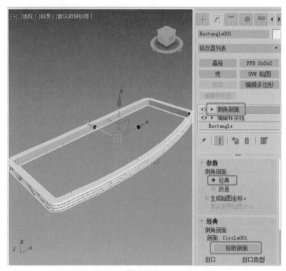

图1-28

"倒角剖面"修改器的使用提示和技巧

倒角剖面就是让剖面图案沿着指定的路径延伸，从而建立起一个三维模型，具体的操作可以参考步骤14。

15 选择拾取的图像，在修改器堆栈中将选择集定义为"分段"，选择左侧的分段，如图1-29所示，按Delete键，将其删除。

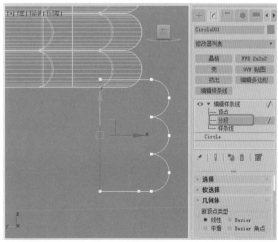

图1-29

16 删除后得到边柜的桌面效果，如图1-30所示。

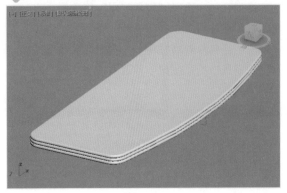

图1-30

17 使用"矩形"工具，在"顶"视图中创建矩形，在"参数"卷展栏中设置"长度"为400、"宽度"为1200，如图1-31所示。

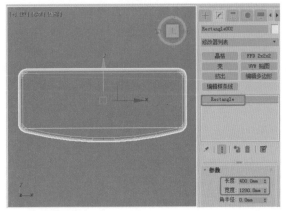

图1-31

18 为矩形添加"编辑样条线"修改器，将选择集定义为"分段"，选择如图1-32所示的分段，在"几何体"卷展栏中设置"拆分"为3，单击"拆分"按钮，拆分分段，如图1-32所示。

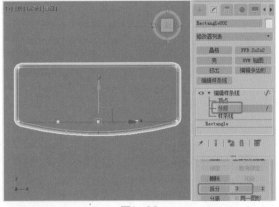

图1-32

19 关闭选择集，为拆分分段后的矩形添加"挤出"修改器，在"参数"卷展栏中设置"数量"为200，如图1-33所示。

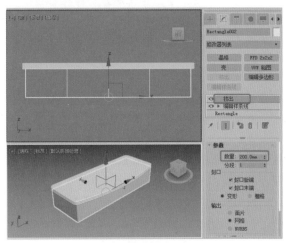

图1-33

20 为模型添加"编辑多边形"修改器，将选择集定义为"顶点"，在"顶"视图中可以看到拆分后的分段顶点，如图1-34所示。

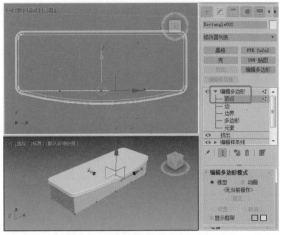

图1-34

21 在"顶"视图中调整顶点，如图1-35所示。

22 将选择集定义为"多边形"，在场景中选择拆分出的多边形，在"编辑多边形"卷展栏中单击"倒角"后的■（设置）按钮，在弹出的助手小盒中设置轮廓为-10，单击⊕（应用并继续）按钮，如图1-36所示。

▶ 助手小盒的使用提示和技巧

　　助手小盒是编辑模型时弹出的一种参数编辑器，从中可以选择编辑对象的类型、属性和参数，优点就是可以直观地预览设置的模型效果。

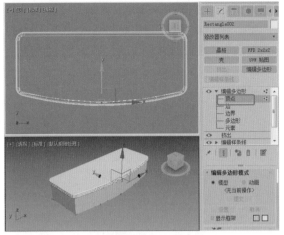

图1-35

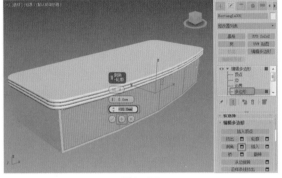

图1-36

23 选择倒角类型为"多边形"，设置倒角高度为-5、轮廓为-5，单击◉（应用并继续）按钮，如图1-37所示。

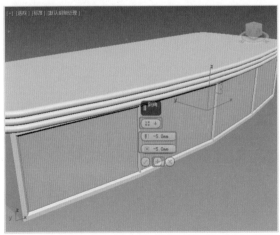

图1-37

24 设置倒角高度为8、轮廓为-5，单击◿（确定）按钮，如图1-38所示。

25 确定多边形处于选择状态，按住Ctrl键，单击"选择"卷展栏中的◁（边）按钮，可以根据

当前选择的多边形选择多边形的边，如图1-39所示。

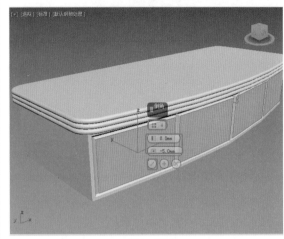

图1-38

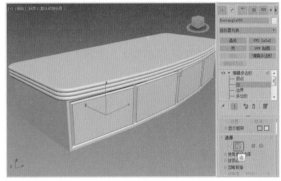

图1-39

26 在"编辑边"卷展栏中单击"创建图形"后的▫（设置）按钮，在弹出的"创建图形"对话框中使用默认的图形名称，选择"线性"，单击"确定"按钮，如图1-40所示。

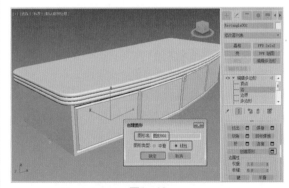

图1-40

27 创建图形后，关闭选择集，选择创建的图形，在"渲染"卷展栏中勾选"在渲染中启用"和"在视口中启用"复选框，设置渲染的"厚度"为3，如图1-41所示。

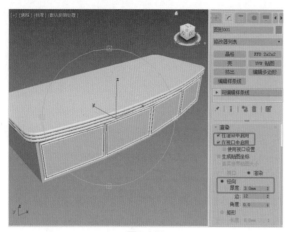

图1-41

可渲染样条线的使用和提示

可渲染的样条线的重要参数设置和使用说明如下。

● 在渲染中启用：启用该复选框后，使用为渲染器设置的径向或矩形参数将图形渲染为 3D 网格。

● 在视口中启用：启用该复选框后，使用为渲染器设置的径向或矩形参数将图形作为 3D 网格显示在视口中。

● 渲染：选择启用该选项为该图形指定径向或矩形参数，当启用"在视口中启用"复选框时，渲染或查看后它将显示在视口中。

● 径向：当3D对象具有环形横截面时，显示样条线。

● 厚度：指定横截面直径。

● 边：在视口或渲染器中为样条线网格设置边数。

● 角度：调整视口或渲染器中横截面的旋转位置。

● 矩形：当3D对象具有矩形横截面时，显示样条线。

● 长度：指定沿本地Y轴横截面的大小。

● 宽度：指定沿本地X轴横截面的大小。

● 纵横比：设置矩形横截面的纵横比。启用锁定之后，将宽度锁定为宽度与深度之比为恒定比率的深度。

● 自动平滑：启用该选项后，使用"阈值"设置指定的平滑角度自动平滑样条线。自动平滑基于样条线分段之间的角度设置平滑。如果它们之间的角度小于阈值角度，则可以将任何两个相接的分段放到相同的平滑组中。

● 阈值：以度数为单位指定阈值角度。

28 单击"➕（创建）>●（几何体）>圆锥体"按钮，在"顶"视图中创建圆锥体，在"参数"卷展栏中设置"半径1"为5、"半径2"为20、"高度"为250，如图1-42所示。

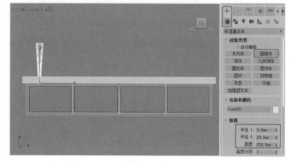

图1-42

29 使用➕（选择并移动）工具，在"前"视图中调整圆锥体的位置，继续在"顶"视图中创建模型；单击"➕（创建）>●（几何体）>扩展基本体> 切角圆柱体"按钮，在"顶"视图中拖动创建的切角圆柱体，在"参数"卷展栏中设置"半径"为25、"高度"为10、"圆角"为4，设置"高度分段"为1、"圆角分段"为3、"边数"为20、"端面分段"为1，如图1-43所示。

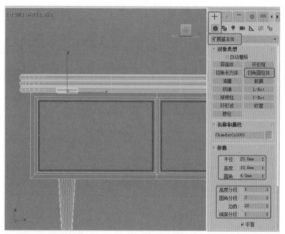

图1-43

30 在场景中使用➕（选择并移动）工具，将其放置到腿和边柜接触处的位置，按住Shift键，在"前"视图中沿Y轴移动复制模型，释放鼠标，在弹出的"克隆选项"对话框中使用默认的参数，单击"确定"按钮，如图1-44所示。

中文版3ds Max/VRay商业案例项目设计完全解析

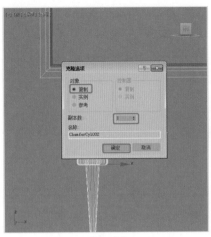

图1-44

移动复制的提示和技巧

移动复制法复制对象是建模中常用的方法，选择需要移动复制的对象，按住Shift键，鼠标沿需要复制的轴向拖动模型，如图1-45所示，在合适的位置释放鼠标左键，弹出"克隆选项"对话框，如图1-46所示，从中设置以"复制""实例"或"参考"的方式复制对象，并设置需要复制的"副本数"，单击"确定"按钮，移动复制法复制模型的效果如图1-47所示。

图1-45

图1-46

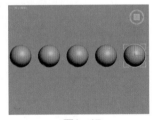

图1-47

31 修改复制后的切角圆柱体，在"参数"卷展栏中设置"半径"为20，使用 ✛（选择并移动）工具，调整模型到合适的位置，如图1-48所示。

32 选择两个切角圆柱体和圆锥体模型，在菜单栏中选择"组>组"命令，在弹出的"组"对话框中使用默认的参数，单击"确定"按钮，如

图1-49所示。

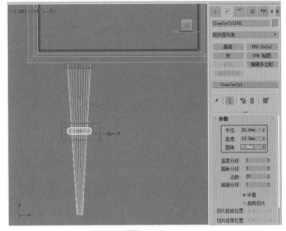

图1-48

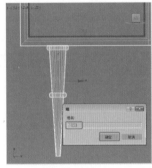

图1-49

33 在"顶"视图中按住Shift键移动复制模型，如图1-50所示。

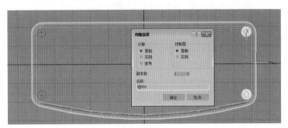

图1-50

34 复制边柜的腿后，单击" ✛（创建）> ●（几何体）>标准基本体>球体"按钮，在"参数"卷展栏中设置"半径"为10、"分段"为20，如图1-51所示。

35 切换到 ◨（修改）命令面板，为其添加"编辑多边形"修改器，将选择集定义为"顶点"，在"顶"视图中选择顶点，并移动顶点，如图1-52所示。

36 调整模型后，使用 ✛（选择并移动）工具，调整模型的位置，按住Shift键，移动复制模型，完成边柜模型的制作，如图1-53所示。

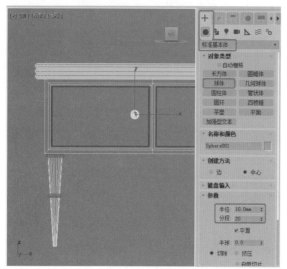

图1-51

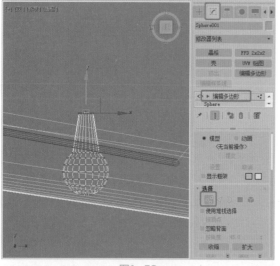

图1-52

图1-53

③⑦ 单击"➕（创建）>⬤（几何体）>标准基本体>长方体"按钮，在场景中创建一个"长度"和

"宽度"均为8000、"高度"为-20的长方体，如图1-54所示。

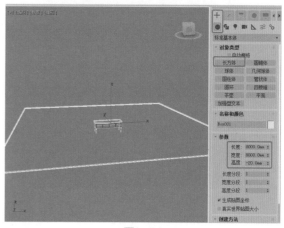

图1-54

③⑧ 复制模型，作为背板和地板模型，如图1-55所示。

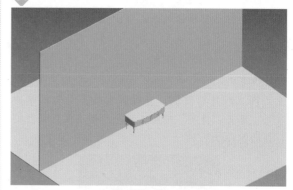

图1-55

③⑨ 在工具栏中单击 （渲染设置）按钮，在弹出的"渲染设置"对话框中选择"渲染器"为V-Ray，如图1-56所示。

图1-56

设置材质

这样场景模型就创建完成，材质就像将黑白画（模型）涂上颜色（赋予材质）的效果，可以使用

材质模拟现实生活中的任何可见的物体表面属性，下面为场景中的边柜模型设置材质。

01 在工具栏中单击▦（材质编辑器）按钮，弹出"材质编辑器"对话框，在材质编辑器的菜单栏中选择"模式"为"精简材质编辑器"，选择一个新的材质样本球，单击名称后的Standard按钮，在弹出的"材质/贴图浏览器"对话框中选择V-Ray材质类型VRayMtl，转换为VRay材质后，在"VRay材质 基本参数"卷展栏中设置"漫反射"的RGB为47、45、45，设置"反射"的RGB为13、13、13，勾选"菲涅耳反射"复选框，设置"细分"为16，在场景中选择作为背板的长方体，单击▦（将材质指定给选定对象）按钮，将材质指定给场景中的选择对象，如图1-57所示。

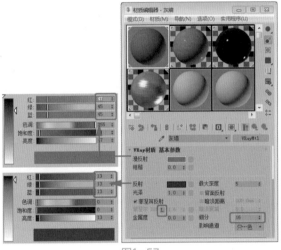

图1-57

02 选择一个新的材质样本球，单击名称后的Standard按钮，在弹出的"材质/贴图浏览器"对话框中选择V-Ray材质类型VRayMtl，转换为VRay材质后，在"VRay材质 基本参数"卷展栏中设置"反射>光泽"为0.9，单击"菲涅尔"后的L（高光光泽度）按钮，设置"细分"为16，如图1-58所示。

03 在"贴图"卷展栏中单击"凹凸"后的"无贴图"按钮，在弹出的"材质/贴图浏览器"对话框中选择"位图"贴图，单击"确定"按钮，在弹出的"选择位图图像文件"对话框中选择随书配备资源中的"14208832643050523751.jpg"文件，单击"打开"按钮，此时进入贴图层级面板，使用默认参数，单击▦（转到父

对象）按钮，返回到主材质面板，在"贴图"卷展栏中将凹凸后的位图拖曳到"漫反射"后的"无贴图"按钮上，弹出"复制（实例）贴图"对话框，从中选择"复制"选项，单击"确定"按钮，使用同样的方法为"反射"和"光泽"指定位图DRIT（5）.png，如图1-59所示；在场景中选择作为地面的长方体，单击▦（将材质指定给选定对象）按钮，将材质指定给场景中的选择对象。

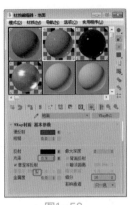 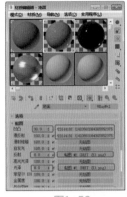

图1-58　　　　　　　图1-59

▶ 转换材质的提示

由于篇幅有限，我们尽可能地将步骤简化，下面以提示的方式讲述一下转换材质的步骤。在"材质编辑器"对话框中，选择一个空白的材质样本球，默认的材质类型为"标准（Standard）"，在材质样本球工具栏下，名称后面显示材质类型，如图1-60所示。单击Standard材质类型按钮，弹出"材质/贴图浏览器"对话框，从中选择V-Ray卷展栏中的VRayMtl材质类型，单击"确定"按钮，如图1-61所示，转换为VRayMtl材质后的材质面板，如图1-62所示。

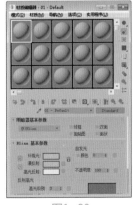 

图1-60　　　　　　　图1-61

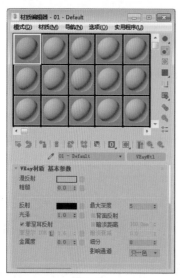

图1-62

图1-64

指定贴图的提示

指定"贴图"需要在材质编辑器中的"贴图"卷展栏内执行，展开"贴图"卷展栏，如图1-63所示；如果想要为其中的项目指定贴图，需单击其后面的"无贴图"按钮，在弹出的"材质/贴图浏览器"对话框中选择"通用>位图"或其他贴图，如图1-64所示，单击"确定"按钮，会弹出相对应的对话框，选择一个需要的位图贴图，单击"打开"按钮，如图1-65所示；打开贴图后进入贴图层级面板，也就是材质的子层级面板，从中可以设置贴图的参数，如图1-66所示；单击 （转到父对象）按钮，可以返回到主材质面板。

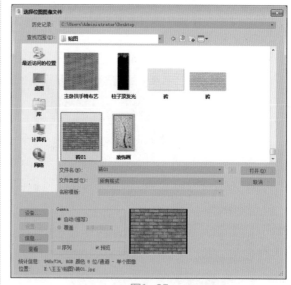

图1-65

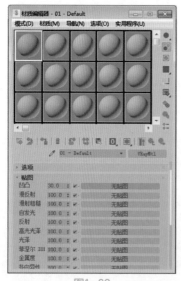

图1-63

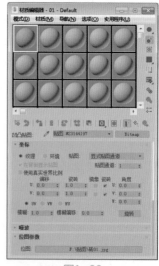

图1-66

复制贴图的提示

在"贴图"卷展栏中可以将指定的贴图拖曳到"无贴图"按钮上，将贴图复制给其他按钮，当释放鼠标时，弹出"复制（实例）贴图"对话框，如图1-67所示，从中选择"复制"选项即可将当前的贴图复制到贴图按钮上，如图1-68所示。通过贴图前的数量参数，可以设置贴图影响材质的百分数，如图1-69所示。

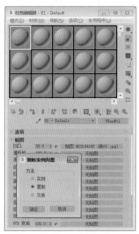

图1-67

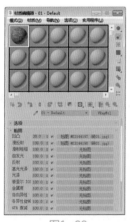

图1-68

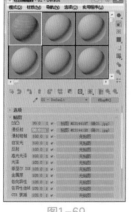

图1-69

04 选择一个新的材质样本球，命名材质名称为"黑高光面"，单击名称后的Standard按钮，在弹出的"材质/贴图浏览器"对话框中选择V-Ray材质类型VRayMtl，转换为VRay材质后，在"VRay材质 基本参数"卷展栏中设置"反射"的RGB为29、29、29，设置"光泽"为0.88，勾选"菲涅耳反射"复选框，单击"菲涅尔"后的L按钮，设置"细分"为8，如图1-70所示。

05 在"贴图"卷展栏中单击"漫反射"后的"无贴图"按钮，在弹出的"材质/贴图浏览器"对话框中选择"衰减"贴图，单击"确定"按钮，进入贴图层级面板，在"衰减参数"卷展栏中设置第一个色块的RGB为0、0、0，设置第二个色块的RGB为10、9、11，如图1-71所示，在场景中选择边柜模型，单击 （将材质指定给选定对象）按钮，将材质指定给场景中的选择对象。

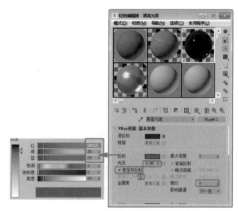

图1-70

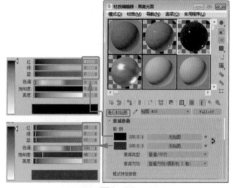

图1-71

06 选择一个新的材质样本球，命名材质名称为"拉丝金属"，单击名称后的Standard按钮，在弹出的"材质/贴图浏览器"对话框中选择V-Ray材质类型VRayMtl，转换为VRay材质后，在"VRay材质 基本参数"卷展栏中设置"漫反射"的RGB为108、77、36，设置"反射"的RGB为132、90、36，设置"光泽"为0.7，勾选"菲涅耳反射"复选框，设置"菲涅尔IOR"为16，单击"菲涅尔"后的L按钮，设置"细分"为20，如图1-72所示。

07 在"贴图"卷展栏中设置"凹凸"数量为20，单击"无贴图"按钮，在弹出的"材质/贴图浏览器"对话框中选择"噪波"贴图，单击"确定"按钮，如图1-73所示。

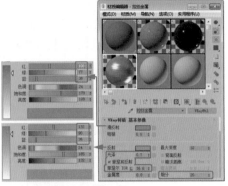

图1-72

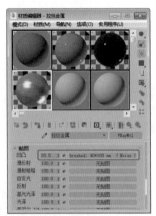

图1-73

08 进入贴图层级面板，在"坐标"卷展栏设置V的"瓷砖"属性为50，在"噪波参数"卷展栏中选择"噪波类型"为"规则"，设置"大小"为0.5、"高"为1、"低"为0，如图1-74所示。

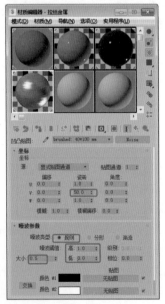

图1-74

09 在场景中选择抽屉的装饰边、拉手以及腿上的装饰，单击 ![按钮]（将材质指定给选定对象）按钮，将材质指定给场景中的选择对象，如图1-75所示。

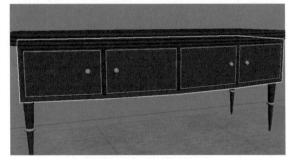

图1-75

创建摄影机

摄影机在场景中相当于人的眼睛，使用它来定位注视效果图的角度，下面为场景创建摄影机。

01 单击"![按钮]（创建）>![按钮]（摄影机）"按钮，从中选"目标"摄影机按钮，在"顶"视图中定位创建镜头，按住鼠标左键，拖曳出目标，使用![按钮]（选择并移动）工具，在"前"视图中调整摄影机的照射角度，调整好摄影机后，选择"透视"图，按C键，将透视图转换为摄影机视图，可以继续在其他视图中调整摄影机，如图1-76所示。

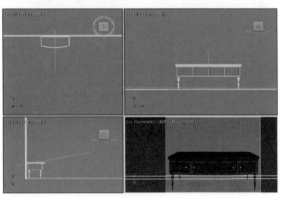

图1-76

02 在场景中鼠标右击摄影机镜头，在弹出的快捷菜单中选择"应用摄影机校正修改器"，使用默认参数即可，如图1-77所示，在"摄影机"视图中按Shift+F组合键，显示安全框。

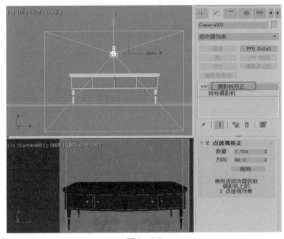

图1-77

创建灯光

灯光可以模拟出现实生活中的光源，场景无灯光会是一片黑的效果，通过创建灯光，用灯光来照亮模型，上面的操作才能被逼真地显示出来。

01 下面以创建完成灯光的场景效果为基础，分析场景中的灯光并为场景创建相同的灯光，从中选择墙面处的灯光。单击"➕（创建）>💡（灯光）"按钮，从中选择"光度学>目标灯光"，在"前"视图或"左"视图中单击创建灯光，拖曳出目标点，创建灯光后，使用➕（选择并移动）工具，在场景中调整灯光到合适的位置。

切换到🖊（修改）命令面板，在"常规参数"卷展栏中勾选"阴影"组中的"启用"复选框，选择阴影类型为"阴影贴图"，在"灯光分布（类型）"中选择"光度学Web"。

在"分布（光度学Web）"卷展栏中单击"无"按钮，在弹出的对话框中选择随书配备资源中的"中间亮.ies"文件，打开后可以在"分布（光度学Web）"预览光度学的照射形状。

在"强度/颜色/衰减"卷展栏中设置"强度"为34000，该参数可以调整灯光的照射亮度，参数越高，照射越亮，反之亦然。使用➕（选择并移动）工具选择目标灯光的灯光和目标点，在"顶"视图中按住Shift键移动复制灯光，如图1-78所示。

02 接下来创建VRay灯光。单击"➕（创建）>💡（灯光）>VRay>VRayLight"按钮，在"前"视图中创建VRayLight灯光，在场景中使用➕（选择并移动）工具，调整到合适的位置，使用🔁（选择并旋转）工具，在"顶"视图中旋转其角度，在"VRay灯光参数"卷展栏中设置"倍增器"为4，在"采样"卷展栏中设置"细分"为16，如图1-79所示。

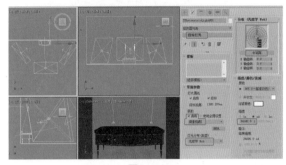

图1-78

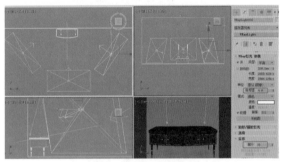

图1-79

03 复制VRay灯光，在"顶"视图中旋转灯光的角度，在"VRay灯光参数"卷展栏中设置"倍增器"为5，设置灯光的照射颜色RGB为80、87、132，在"采样"卷展栏中设置"细分"为16，如图1-80所示。

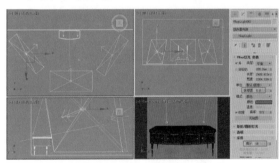

图1-80

04 单击"➕（创建）>💡（灯光）>VRay>VRayLight"按钮，在"前"视图中创建VRayLight灯光，在场景中使用➕（选择并移动）工具，调整到合适的位置，使用🔁（选择并旋转）工具，在"顶"视图中旋转其角度，在"VRay灯光参数"卷展栏中设置"倍增器"为4，灯光的颜色设置为白色，在"采样"卷展栏中设置"细分"为16，如图1-81所示。

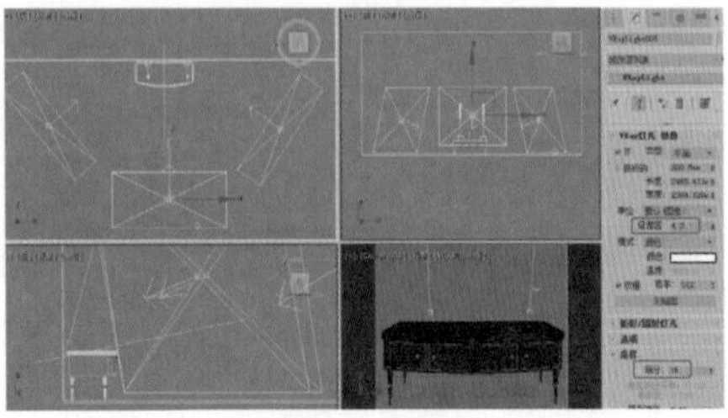

图1-81

渲染设置

这样场景中的灯光就创建完成了，下面将设置好的场景渲染出图。

01 在工具栏中单击（渲染设置）按钮，打开“渲染设置”面板，选择“公用”选项卡，在“公用参数”卷展栏中设置输出大小的“宽度”和“高度”，如图1-82所示。

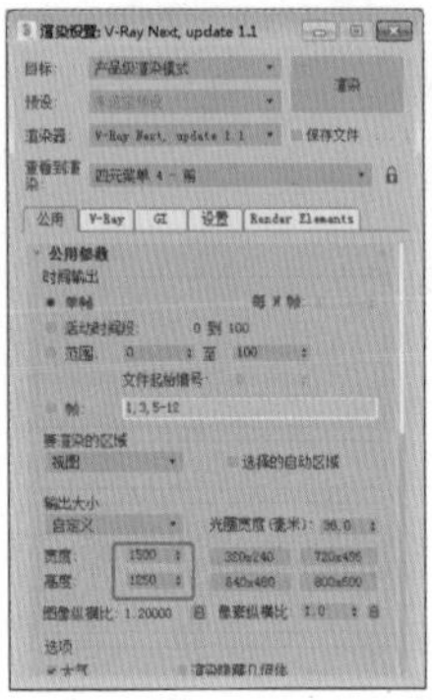

图1-82

02 选择V-Ray选项卡，在“图像采样器”卷展栏中选择“类型”为“块”，在“图像过滤器”卷展栏中选择“过滤器”为Catmull-Rom，在“块图像采样器”中设置“最小细分”为1、“最大细分”为4、“渲染块宽度”为48、“噪波阈值”为0.002，如图1-83所示。

03 在Environment卷展栏中勾选“GI环境”复选框，设置“颜色”参数为0.3，设置一个环境光，如图1-84所示。

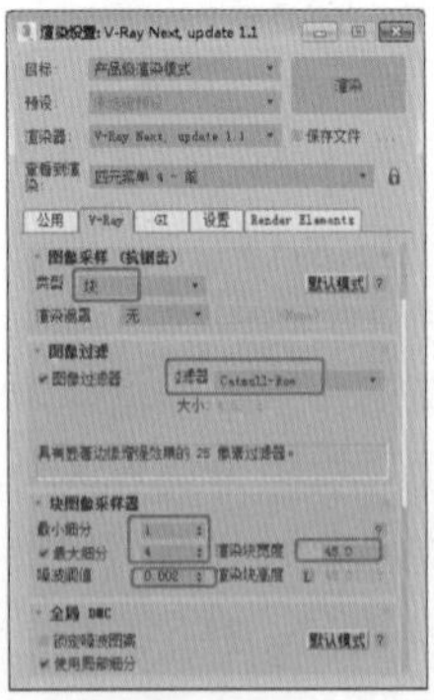

图1-83

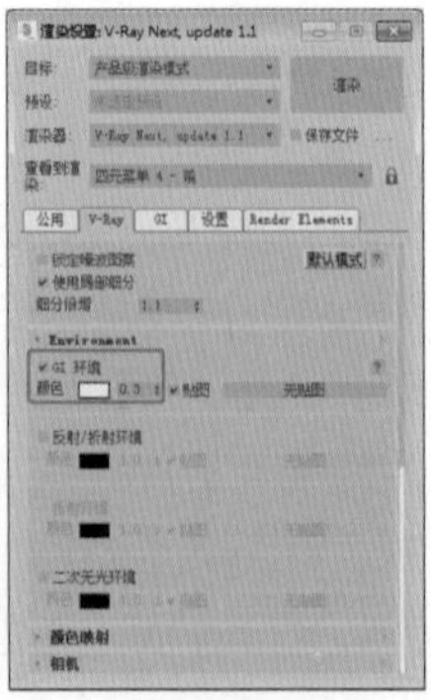

图1-84

04 选择GI选项卡，在“全局光照”卷展栏中选择“首次引擎”为“发光贴图”、“二次引擎”为“灯光缓存”，在“发光贴图”卷展栏中选择“当前预设”为“中”、设置“细分”为50、“插值采样”为35，勾选“显示计算阶段”复选框，如图1-85所示。

05 在“灯光缓存”卷展栏中设置“细分”为1800、“采样大小”为0.02，如图1-86所示。

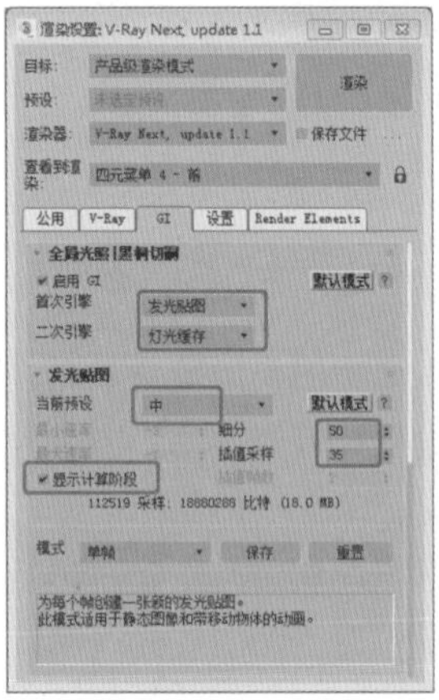

图1-85

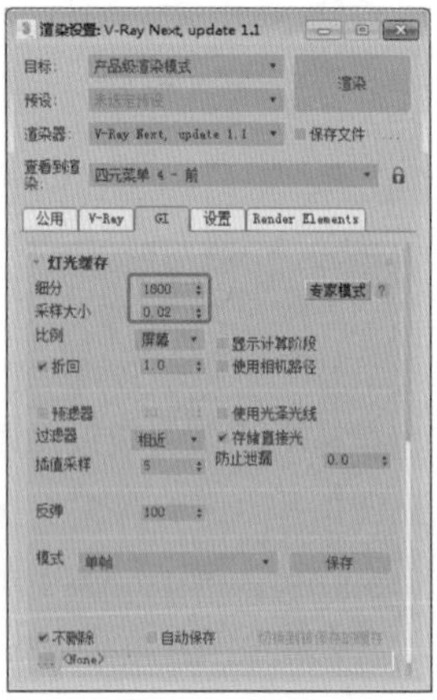

图1-86

导入装饰素材

场景完成后，可以导入一些装饰素材来衬托模型效果。

在菜单栏中选择“文件>导入>合并”命令，在弹出的“合并文件”对话框中选择随书附带配备资源中的“装饰.max”文件，单击“打开”按钮，如图1-87所示；弹出“合并-装饰.max”对话框，从中选择需要导入的模型，单击“确定”按钮，如图1-88所示；合并素材到场景轴，调整模型的位置和大小。单击（渲染产品）按钮渲染场景。

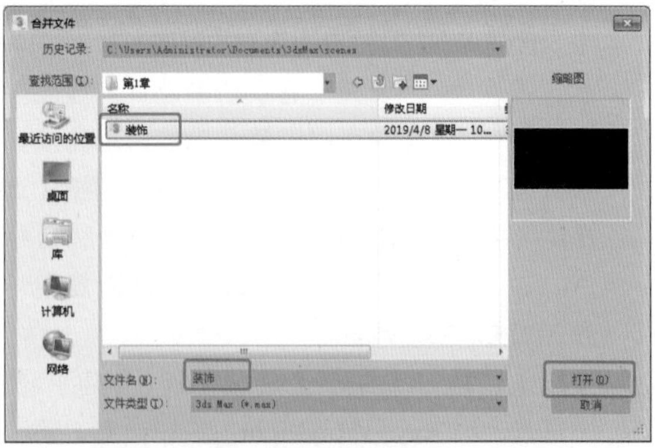

图1-87

渲染场景，得到最终效果如图1-89所示。渲染输出效果后可以使用Photoshop软件进行后期处理，这里就不详细介绍了。

图1-88

图1-89

1.3 ★★★★ **商业案例——制作时尚衣柜**

1.3.1　案例设计分析

扫码看视频

■　项目诉求

　　该款衣柜放置在客卧中，不需要太大的尺寸，可以放叠装，也可以挂衣服。要求实木材质，要方便清洁，简约而又不失时尚。

■　设计思路

　　对女人来说，好的装扮常常代表着一份好的心情。衣柜在家庭中增加了衣物分类的灵活性，便于衣物的归类，使整个放置井井有条。在制作衣柜之前，首先要考虑衣柜的实用性，开门衣柜针对较大卧室定制，较小的卧室比较适口推拉门衣柜，因为推拉门衣柜不需要打开门，占用面积较小。本案例将制作一个推拉门的环保实木衣柜。

1.3.2　材质配色方案

　　颜色在衣柜设计中是不可缺少的部分，无论是光鲜亮丽的色彩还是单一朴素的色彩，必须遵守统一和协调，只要色彩搭配统一和协调就会使人印象深刻。

■ 主材质

主材质使用了木纹材质和木纹白色漆面材质，木纹材质主要表现环保、回归自然、温暖的主题；同样考虑到漆面的问题，可以使用较小面积的漆面来作为装饰，白色可以搭配到任意色彩中，所以是辅助色的首选。

■ 辅助材质

高光金属材质为辅助材质，主要表现在推拉门拉手洞的边缘。因为拉手洞生硬的边缘会划伤手，所以必须在生硬的边缘添加一些圆滑的避免伤手的高光金属元素，同样也起到装饰作用，会使家具更加时尚些。

■ 其他材质方案

整体实木材质的衣柜没有时尚度可言，有点老气，如图1-90上图所示。将枫木换为樱桃木，因为采用的木纹颜色比较暗，所以这样的效果比较适合时尚环保的主题，如图1-90中图所示。黑色漆面和白色漆面搭配，这种效果时尚度非常强烈，如图1-90下图所示。定制家具的好处就是可以根据选择效果来进行制作，这里提供了三种方案，可以选择最为合适的效果进行生产。

图1-90（续）

1.3.3 同类作品欣赏

图1-90

中文版3ds Max/VRay商业案例项目设计完全解析

1.3.4 项目实战

■ 制作流程

本案例主要使用 "矩形" 结合使用 "编辑样条线" 修改器制作出衣柜的外框，通过使用 "挤出" 修改器设置调整后的矩形的厚度；创建 "长方体"，结合使用 "编辑多边形" 修改器制作衣柜内侧的隔断；使用 "长方体" "圆柱体" 工具，通过使用ProBoolean制作出带有拉手洞的推拉门；使用可渲染的 "圆" 制作推拉门洞的装饰边；使用 "圆柱体" 结合 "编辑多边形" 修改器调整衣柜腿模型，如图1-91所示。

图1-91

图1-91（续）

■ 技术要点

使用 "矩形" 和 "编辑样条线" 修改器制作出衣柜的外框；

通过使用 "挤出" 修改器设置调整后的矩形的厚度；

使用 "编辑多边形" 修改器制作衣柜内侧的隔断；

通过使用ProBoolean制作出带有拉手洞的推拉门；

使用 "圆柱体" 和 "编辑多边形" 修改器调整衣柜腿模型。

■ 操作步骤

制作模型

首先，我们来制作衣柜的3D模型。

01 设置场景单位为"毫米"，单击"➕（创建）> ▣（图形）>矩形"按钮，在"前"视图中创建矩形，在"参数"卷展栏中设置"长度"为1900、"宽度"为1600，如图1-92所示。

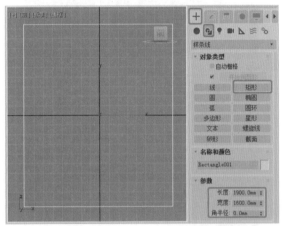

图1-92

02 切换到 ☑（修改）命令面板，为其添加"编辑样条线"修改器，将选择集定义为"样条线"，在场景中选择矩形样条线，在"几何体"卷展栏中设置"轮廓"为30，按Enter键，确定设置轮廓，如图1-93所示。

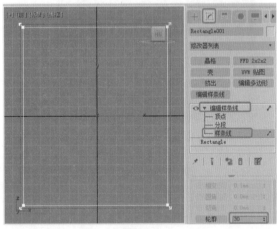

图1-93

03 关闭选择集，为设置轮廓后的矩形添加"挤出"修改器，"修改器"，设置"数量"为500，如图1-94所示。

04 在工具栏中选择 ▣（2.5捕捉），鼠标右击该按钮，在弹出的"栅格和捕捉设置"对话框中勾选"顶点"复选框，如图1-95所示。

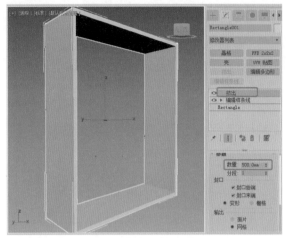

图1-94

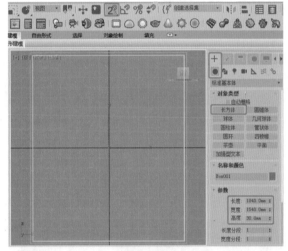

图1-95

05 单击"➕（创建）> ●（几何体）>长方体"按钮，在"前"视图中通过顶点捕捉创建长方体作为衣柜的背板，在"参数"卷展栏中设置"高度"为30，如图1-96所示。

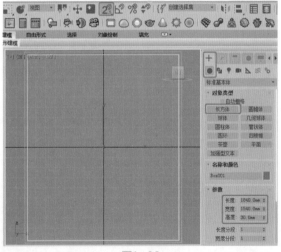

图1-96

06 在"顶"视图中移动模型到如图1-97所示的衣柜边框的后面。

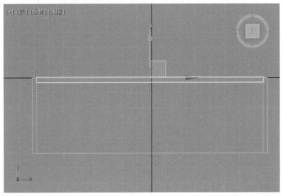

图1-97

07 使用"长方体"工具,在"前"视图中创建长方体,在"参数"卷展栏中设置"长度"为1840、"宽度"为30、"高度"为500,如图1-98所示。

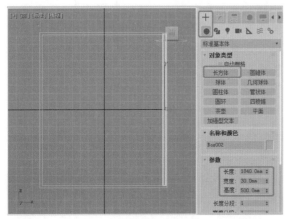

图1-98

08 选择图1-98中创建的长方体,在工具栏中单击 ▦ (对齐) 按钮,在场景中拾取边框模型,弹出"对齐当前选择"对话框,从中勾选"X位置""Y位置""Z位置"三个复选框,在"当前对象"组中选中"中心"单选按钮,在"目标对象"组中选中"中心"单选按钮,如图1-99所示。

09 对齐模型后,可以看到居中的模型效果,如图1-100所示。

10 使用"长方体"工具,创建长方体,在"参数"卷展栏中设置"长度"为30、"宽度"为1540、"高度"为500,如图1-101所示。

11 选择创建的长方体,激活"前"视图,在窗口下单击 ▦ (绝对模式变换输入)按钮,当按钮

显示为 ⅀ 后,在Y数值框中输入-500,向下移动模型500,如图1-102所示。

图1-99

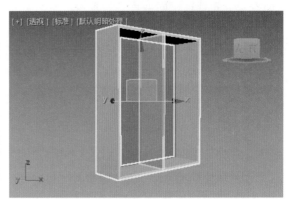

图1-100

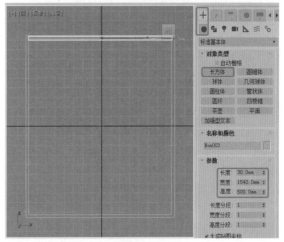

图1-101

选择 ▦ 🔒 ⅀ X: 0.0mm Y: -500 Z: 0.0mm 栅格 = 100.0mm

图1-102

12 移动的模型,如图1-103所示。

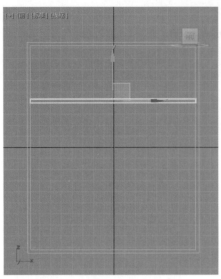

图1-103

13 在场景中选择中间垂直的长方体，按Ctrl+C和Ctrl+V组合键，复制长方体，参考图1-102所示，设置X为400，向右移动模型400，如图1-104所示。

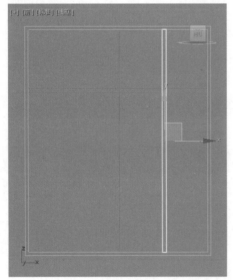

图1-104

14 在工具箱中用鼠标右击 ■ (2.5捕捉)按钮，在弹出的"栅格和捕捉设置"对话框中选择"选项"选项卡，从中勾选"启用轴约束"复选框，如图1-105所示。

▶ 轴约束提示

启用轴约束之后，当鼠标放置到X轴就会锁定变换模型当前轴向为X，反之，选择Y轴，则只能在沿着Y轴进行变换。

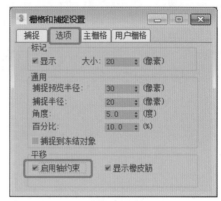

图1-105

▶ 捕捉工具使用技巧

在场景中选择所有模型，右击鼠标，在弹出的快捷菜单中选择"转换为>转换为可编辑多边形"命令，如图1-106所示。按住鼠标左键单击 ■ (捕捉开关)，在弹出的隐藏工具中选择 ■ (2.5捕捉)，鼠标右击 ■ (2.5捕捉)按钮，在弹出"栅格和捕捉设置"的对话框中勾选"顶点"复选框，使用顶点捕捉绘制模型，如图1-107所示。

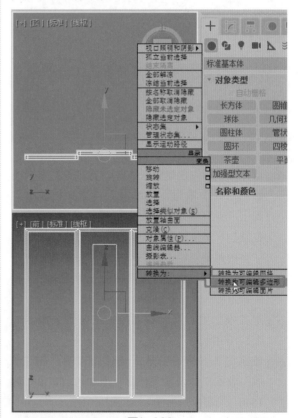

图1-106

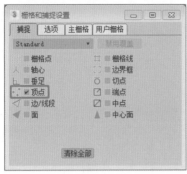

图1-107

图1-110

⑮ 为复制后的长方体添加"编辑多边形"修改器,将选择集定义为"顶点",在场景中选择长方体上方的一组顶点,沿Y轴向下移动顶点,如图1-108所示。

⑰ 使用同样的方法,复制长方体,作为右侧的隔断,如图1-110所示。

⑱ 单击"➕(创建)>（图形）>线"按钮,在"前"视图中创建线,在"渲染"卷展栏中勾选"在渲染中启用"和"在视口中启用"复选框,设置"厚度"为15,如图1-111所示。

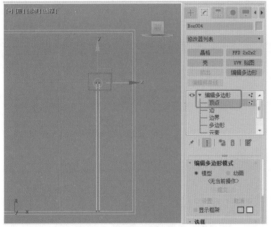

图1-108

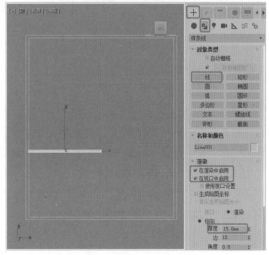

图1-111

⑯ 使用同样的方法复制横向的长方体,为其添加"编辑多边形"修改器,将选择集定义为"顶点",调整顶点,制作出右侧的方格效果,如图1-109所示。

▶ 样条线的渲染技巧

启用"在渲染中启用"复选框后,使用为渲染器设置的径向或矩形参数将图形渲染为3D网格。

启用"在视口中启用"复选框后,使用为渲染器设置的径向或矩形参数将图形作为3D网格显示在视口中。

图1-109

⑲ 创建并调整可渲染的样条线,调整样条线的位置,如图1-112所示。

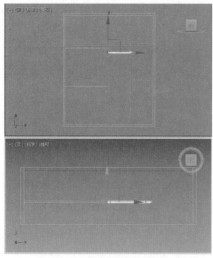

图1-112

⑳ 在场景中选择所有作为隔断的长方体,为其添加"编辑多边形"修改器,将选择集定义为"顶点",在"顶"视图中选择如图1-113所示的顶点,将其向衣柜内侧移动,调整出推拉门的位置。

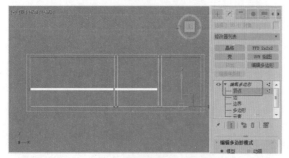

图1-113

㉑ 单击" ➕ (创建)> ● (几何体)>长方体"按钮,在"前"视图中创建长方体,在"参数"卷展栏中设置"长度"为30、"宽度"为1540、"高度"为10,如图1-114所示。

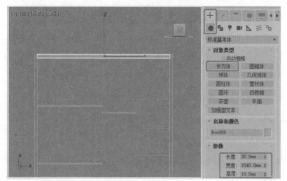

图1-114

㉒ 在"顶"视图中调整模型的位置,作为推拉门上方的挡板,如图1-115所示。

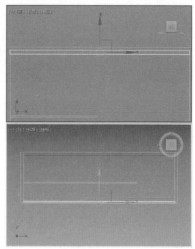

图1-115

㉓ 在"前"视图中创建长方体,在"参数"卷展栏中设置"长度"为1810、"宽度"为785、"高度"为20,作为门板,如图1-116所示。

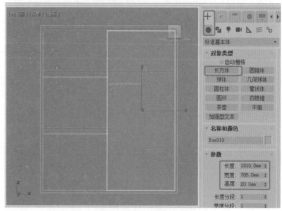

图1-116

㉔ 使用 ➕ (选择并移动)工具,在"前"视图中按住Shift键,移动复制模型,在"顶"视图中调整模型的位置,将门板进行错位,如图1-117所示。

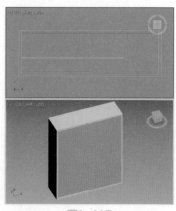

图1-117

25 单击"➕（创建）＞●（几何体）＞标准基本体＞圆柱体"按钮，在"前"视图中创建圆柱体，在"参数"卷展栏中设置"半径"为30、"高度"为200、"高度分段"为1，如图1-118所示。

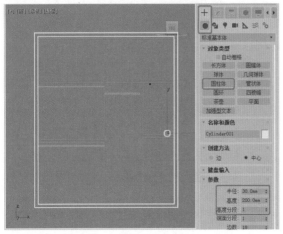

图1-118

26 使用➕（选择并移动）工具，按住Shift键，在"前"视图中移动复制圆柱体，在"顶"视图中调整模型的位置，作为布尔对象，如图1-119所示。

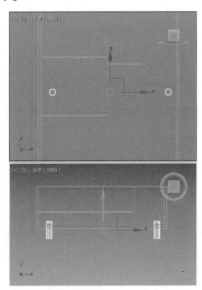

图1-119

27 在场景中选择其中一扇门，单击"➕（创建）＞●（几何体）＞复合对象＞ProBoolean"按钮，在"拾取布尔对象"卷展栏中单击"开始拾取"按钮，在场景中拾取圆柱体，布尔计算出门的把手窟窿，如图1-120所示，使用同样的方法，布尔计算出另一个门的把手窟窿。

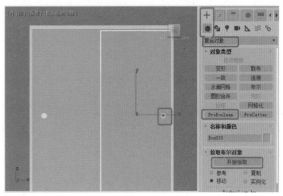

图1-120

样条线的渲染技巧

ProBoolean（高级布尔）对象通过对两个对象执行布尔运算将它们组合起来。在3ds Max中，ProBoolean对象是由两个重叠对象生成的。原始的两个对象是操作对象（A和B），而布尔对象自身是运算的结果。

ProBoolean 复合对象在执行布尔运算之前，它采用了3ds Max网格并增加了额外的智能。首先它组合了拓扑，然后确定共面三角形并移除附带的边。最后不是在这些三角形上而是在N多边形上执行布尔运算。完成布尔运算之后，对结果执行重复三角算法，在共面的边隐藏的情况下将结果发送回3ds Max 中。这样工作的结果有双重意义，布尔对象的可靠性非常高；因为有更少的小边和三角形，因此结果输出更清晰。

28 单击"➕（创建）＞🖫（图形）＞圆"按钮，在"前"视图中创建圆，在"渲染"卷展栏中勾选"在渲染中启用"和"在视口中启用"复选框，设置"厚度"为10，在"参数"卷展栏中设置"半径"为35，如图1-121所示。

29 在场景中使用➕（选择并移动）工具，调整可渲染的圆的位置，作为推拉门门洞的装饰边，如图1-122所示。

30 单击"➕（创建）＞●（几何体）＞标准基本体＞圆柱体"按钮，在"顶"视图中创建圆柱体，在"参数"卷展栏中设置"半径"为30、"高度"为150，如图1-123所示。

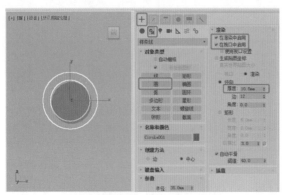

图1-121

图1-122

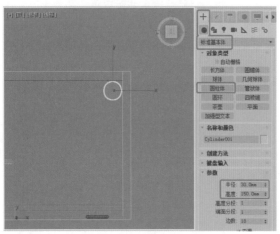

图1-123

㉛ 切换到 ☑（修改）命令面板，为模型添加"编辑多边形"修改器，将选择集定义为"顶点"，在"前"视图中选择底部的一组顶点，使用 ▦（选择并均匀缩放）工具，在"顶"视图中缩放顶点；切换到"前"视图，使用 ✛（选择并移动）工具移动底部的一组顶点，如图1-124所示。

㉜ 使用 ✛（选择并移动）工具，在"顶"视图中按住Shift键，移动复制模型，在弹出的"克隆选项"对话框中使用默认参数。

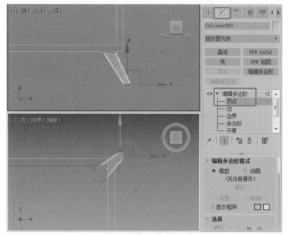

图1-124

㉝ 激活"顶"视图选择移动复制出的模型，在工具栏中选择 ▦（镜像）工具，在弹出的"镜像：屏幕 坐标"对话框中选择"镜像轴"为Y，在"克隆当前选择"组中选择"不克隆"，单击"确定"按钮，如图1-125所示。

▶ 镜像工具的使用提示和技巧

单击 ▦（镜像）按钮，弹出"镜像"对话框，使用该对话框可以在镜像一个或多个对象的方向时，移动这些对象。"镜像：屏幕 坐标"对话框还可以用于围绕当前坐标系中心镜像当前选择。使用"镜像：屏幕 坐标"对话框可以同时创建克隆对象。

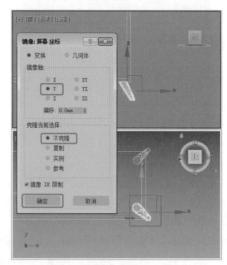

图1-125

㉞ 使用同样的方法复制另外两条腿模型，如图1-126所示，这样衣柜模型就制作完成。

图1-126

设置材质

下面将为场景中的模型设置材质。

01 选择一个空白样本球，将材质转换为
VRayMtl，命名材质名称为"金属"，在
"VRay材质 基本参数"卷展栏中设置"漫反
射"的RGB均为0，设置"反射"的红绿蓝均
为237，设置"光泽"为0.85、"金属度"为
0.6，如图1-127所示。在场景中选择作为推拉门
洞装饰的可渲染的圆，单击 ⚷（将材质指定给
选定对象）按钮，将材质指定给场景中选中的
模型。

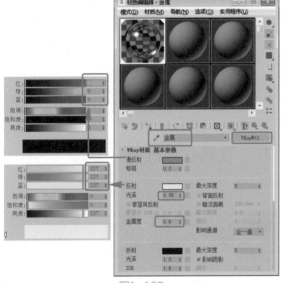

图1-127

02 选择一个新的材质样本球，将材质转换为
VRayMtl材质，在"VRay材质 基本参数"卷展
栏中设置"漫反射"的红绿蓝均为248、"反
射"的红绿蓝均为13，设置"光泽"为0.9，如
图1-128所示。在场景中选择推拉门模型，单击
⚷（将材质指定给选定对象）按钮，将材质指
定给场景中选中的模型。

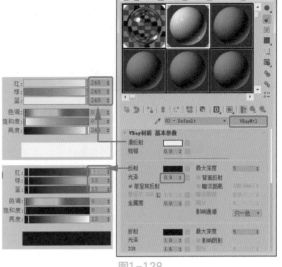

图1-128

03 选择一个新的材质样本球，将材质转换为
VRayMtl材质，命名材质名称为"木纹"，在
"贴图"卷展栏中单击"漫反射"后的"无贴
图"按钮，在弹出的"材质/贴图浏览器"对话
框中选择"位图"贴图；单击"确定"按钮，在
弹出的"选择位图图像文件"对话框中选择随书
配备资源中的"02-副本（2）.jpg"文件；为"反
射"指定"衰减"贴图，如图1-129所示。

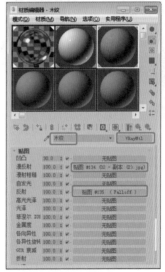

图1-129

04 进入反射的衰减贴图层级面板，在"衰减参
数"卷展栏中选择"衰减类型"为Fresnel，如
图1-130所示。在场景中选择没有指定材质的模
型，单击 ⚷（将材质指定给选定对象）按钮，
将材质指定给场景中选中的模型。

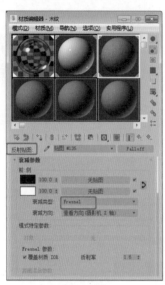

图1-130

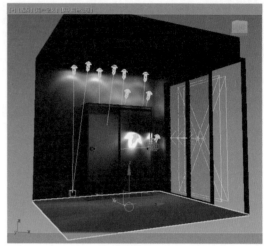

图1-132

05 指定材质后，为指定木纹材质的模型添加"UVW贴图"修改器，在"参数"卷展栏中选择"贴图"类型为"长方体"，设置"长度""宽度""高度"均为800，如图1-131所示。

图1-131

最终设置

最后，将制作完成后的衣柜模型存储，并导入到一个场景中，可以对该场景灯光进行分析，如图1-132所示。"目标灯光"用于模拟筒灯照射；推拉门外侧有两个VRay平面灯光，作为户外灯光照向室内的模拟灯光；需要注意的是，有些灯光需要手动开启"阴影"，VRay灯光则是自动产生阴影；可以依据真实布置来创建灯光，若场景亮度不高，可以提高灯光的倍增；若灯光太亮，降低灯光的倍增；参考前面边柜案例中的渲染设置，对场景渲染即可。

创建摄影机的技巧

在"透视"图中调整视图的角度，按Ctrl+C组合键可以在当前的视口角度中创建摄影机。

灯光的设置和使用技巧

在创建灯光时，有目标的灯光就是灯光的照射方向。在初学灯光时，可以打开一些比较优秀的作品，对场景中灯光的参数进行分析，也可以根据相同的场景创建不同类型的灯光。创建灯光的次数多了，慢慢就掌握了创建灯光的技巧。

★★★★
1.4 优秀作品欣赏

02

第 2 章

灯具设计

灯具设计是指用图形（或模型）和文字说明等方法，表达灯具的造型、功能、尺度与尺寸、色彩、材质和结构。

灯具设计既是一门艺术，又是一门应用科学。主要包括造型设计、结构设计及工艺设计3个方面。设计的整个过程包括收集资料、构思、绘制草图、评价、试样、再评价、绘制生产图。

2.1 灯具设计概述

在学习灯具设计之前，首先分析和了解一下灯具的现状和功能。

灯具是人们日常生活中用来照明的工具，是人类维持日常生活的必备家居生活品。灯具除了是一种具有实用功能的物品外，更是一种具有丰富文化形态的艺术品。随着社会的发展和科学技术的进步，以及生活方式的变化，灯具设计也处于不停顿的发展变化之中，灯具不仅表现为一类生活器具、工业产品、市场商品，同时还表现为一类文化艺术作品，是一种文化形态与文明的象征。

灯具设计是对灯具的外观形态、材质肌理、色彩装饰、空间形态和实用性要素进行综合分析与研究，并创造性地构成时尚、美观、奇特而又结构功能合理的灯具形象，如图2-1所示。

图2-1

2.1.1 灯具的分类

灯具的品种很多，常用的有以下几种。

（1）吊灯：吊灯的花样最多，常用的有欧式烛台吊灯、中式吊灯、水晶吊灯、羊皮纸吊灯、时尚吊灯等。吊灯的安装高度，其最低点离地面不小于2.2米，如图2-2所示。豪华吊灯一般适合复式住宅，简洁式的低压花灯适合一般住宅，最上档次、最贵的属水晶吊灯。

图2-2

（2）吸顶灯：吸顶灯常用的有方罩吸顶灯、圆球吸顶灯、尖扁圆吸顶灯、半圆球吸顶灯、半扁球吸顶灯、小长方罩吸顶灯等。吸顶灯适合用于客厅、卧室、厨房、卫生间等处照明，如图2-3所示。

图2-3

（3）落地灯：落地灯常用作局部照明，不讲全面性，而强调移动的便利，对于角落气氛的营造十分实用，如图2-4所示。

图2-4

（4）壁灯：壁灯适合于卧室、卫生间照明，如图2-5所示。具体到壁灯的安装高度，其灯泡应离地面不小于1.8米。

图2-5

（5）台灯：台灯主要是装饰作用，便于阅读、学习、工作。台灯已经远远超越了台灯本身的价值，变成了一个艺术品，如图2-6所示。

图2-6

（6）筒灯：筒灯是一种嵌入天花板内、光线下射式的照明灯具。一般安装在卧室、客厅、卫生间的周边天棚上，如图2-7所示。

图2-7

（7）射灯：射灯是典型的无主灯、无一定规模的现代流派照明，能营造室内照明气氛。若将一排小射灯组合起来，光线能变幻出奇妙的图案，如图2-8所示。

图2-8

（8）浴霸：浴霸是许多家庭沐浴时首选的取暖设备(行业里亦称作多功能取暖器)，如图2-9所示。

图2-9

（9）节能灯：节能灯又称为省电灯泡、电子灯泡、紧凑型荧光灯及一体式荧光灯，是指将荧光灯与镇流器（安定器）组合成一个整体的照明设备。节能灯的亮度、寿命比一般的白炽灯泡优越，尤其是在省电上口碑极佳，如图2-10所示。

图2-10

2.1.2 灯具的基本材料

制作灯具的材料很多，一般有亚克力、水晶、玻璃、石材、布艺、塑料、纸、塑胶、云石、铁、铜、铝、贝壳、布、木、瓷器、陶器、土、玻璃钢、碳纤维等。

一般来说，金属灯具使用寿命较长，耐腐蚀，不易老化，比如较时尚的铁艺灯具，寿命很长，但可能因为时间太长而过时。一般灯饰上的金属部件，如螺丝等，可能会缓慢氧化，一般使用时间在5年左右。塑料灯具使用时间较短，老化速度较快，受热容易变形，在安装时应当特别注意底座支架等部件的牢固程度。玻璃、陶瓷的灯饰一般来说使用寿命也较长。

（1）亚克力材质：亚克力是继陶瓷之后能够制造卫生洁具的最好的新型材料，亚克力材质是可塑性高分子材料，如图2-11所示。

图2-11

（2）水晶材质：水晶是一种无色透明的大型石英结晶体矿物。它的主要化学成分是二氧化硅，跟普通砂子是"同出娘胎"的一种物质，如图2-12所示。

图2-12

（3）铜材质：铜种类有很多种，有黄铜、青铜、纯铜等。铜是一种过渡元素，铜作为较为昂贵的金属，在中国历史上有许多著名铜灯，如图2-13所示。

（4）铁材质：铁材质就是以铁为基础的合金，即铁含量超过50%的铁合金，也叫铁基材料。例如，钢、铸铁、合金钢都属于铁材质，如图2-14所示。

图2-13

图2-14

（5）不锈钢材质：不锈钢材质是一种不易生锈的材质，有着接近镜面的光亮度，触感硬朗冰冷，属于比较前卫的装饰材料，如图2-15所示。

图2-15

（6）石材材质：石材材质作为一种高档建筑装饰材料，广泛应用于室内外装饰设计、幕墙装饰和公共设施建设。目前市场上常见的石材材质主要分为天然石和人造石、大理石，如图2-16所示。

图2-16

（7）布艺材质：布艺是中国民间工艺中的一朵奇葩，布艺制品是以布为材料，经过精心设计与

中文版3ds Max/VRay商业案例项目设计完全解析

制作的一种产品，如图2-17所示。

图2-17

（8）塑料材质：塑料是一种以合成或天然的高分子化合物为主要成分，在一定的温度和压力条件下，可塑成一定的形状，当外力解除后，在常温下仍能保持其形状不变的材料，如图2-18所示。

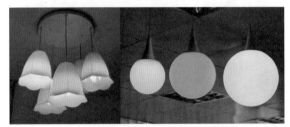

图2-18

（9）玻璃材质：玻璃是一种较为透明的固体物质，在熔融时形成连续网络结构，是冷却过程中黏度逐渐增大并硬化而不结晶的硅酸盐类非金属材料，如图2-19所示。

图2-19

2.1.3　灯具设计的定义和原则

灯具设计是在用途、经济、工艺材料、生产制作等条件制约下，制成的灯具图样方案的总称。所以说灯具设计是研制产品的一种方法，以组织美的生活环境为前提，以现代技术为手段，重视使用者心理上的需求，着眼功能与美的协调。

灯具设计的原则如下。

（1）灯具设计首先要满足照明的要求，适用于各种活动空间的要求，然后考虑材料加工的工艺条件，使构思的灯具得以生产和实现。

（2）灯具设计要适合人们一定的审美要求，逐步形成一个时期的风格。

（3）使用功能、物质技术条件和造型形象是构成灯具设计的3个基本要素，它们共同构成灯具设计的整体图。三者之间，功能是前提，为设计的目的，被视为基本要素；物质技术条件是保证设计实现的基础，造型是设计者的审美构思，其式样被视为它的主要特征。

只重视功能而无良好造型的灯具，只是粗鄙的产品；只重视造型外观，而无完美功能的灯具无异于虚假的饰物。基于这种认识，唯有功能和外观形式统一的灯具，才能是一个合格的灯具设计作品，如图2-20所示为一些优秀的灯具设计作品。

图2-20

2.1.4　灯具的设计风格

灯具设计的风格与室内家居中任何物品的风格相同，是设计的第一步构思；由于国家、地域的不同，因此会产生出丰富的装修风格，并且都是多年来积累出的适合人类居住的风格。不同的风格有不同的特点，同时不同的风格针对不同的人群，因此下面选择时下热门的几种经典的装修风格，将其特点一一说明如下。

（1）现代简约。

现代简约风格崇尚时尚。对于不少年轻人来说，面临着城市的喧嚣和污染，激烈的竞争压力，还有忙碌的工作和紧张的生活。因而，他们更加向往清新自然、随意轻松的居室环境。越来越多的都市人开始摒弃繁缛豪华的装修，力求拥有一种自然简约的居室空间。

现代简约以体现时代特征为主，没有过分的装饰，一切从功能出发，讲究造型比例适度、空间结构图明确美观，强调外观的明快、简洁。体现了现代生活快节奏、简约和实用，但又富有朝气的生活气息。

在这个空间可以自由自在、不受任何约束，是现在不少消费者对家居设计师最先提出的要求，而但在装修过程中，相对简单的工艺和低廉的造价也被不少的工薪阶层所接受。如图2-21所示为现代简约的装修风格。

图2-21

（2）新中式风格。

新中式风格能勾起人的怀旧思绪。新中式风格在设计上传承了唐代、明清时期家具理念的精华，凝练唯美的中国古典情韵，数千年的委婉风骨以崭新的面貌蜕变舒展。以内敛沉稳的中国为源头，同时改变原有空间布局中等级、尊卑等封建思想，给传统的家居文化注入了新的气息，没有刻板却不失庄重，注重品质但免去了不必要的苛刻，这些构成了新中式风格的独特魅力。

新中式风格不是纯粹的元素堆砌，而是通过对传统文化的认识，将现代元素和传统元素相结合，以现代人的审美需求来打造富有传统韵味的事物，让传统艺术在当今社会得到合适的体现。如图2-22所示为中式风格的效果图。

图2-22

（3）欧式古典风格。

欧式古典风格尊贵、典雅。作为欧洲文艺复兴时期的产物，古典主义设计风格集成了巴洛克风格中豪华、动感、多变的视觉效果，也吸取了洛可可风格中唯美、律动的细节处理元素，受到了高品位人士的青睐，特别是古典风格中深沉里显露尊贵典雅、渗透豪华的设计哲学，也成为这些成功人士享受快乐理念生活的一种写照。

欧式古典风格多引入建筑结构元素，在凹凸有致的墙壁、罗马柱、雕花的掩映下，卷叶草、螺旋纹、葵花纹、弧线等欧式古典纹饰轻抚在精致家具陈设中，重现了宫廷般的华贵绚丽，如图2-23所示为欧式古典风格的效果。

图2-23

图2-23（续）

（4）美式乡村风格。

美式乡村风格回归自然。一路拼搏之后的那份释然，让人们对大自然产生无限向往。回归与眷恋、淳朴与真诚，也正因为这种对生活的感悟，美式乡村风格摒弃了烦琐与奢华，并将不同风格中的优秀元素汇集融合，以舒适机能为导向，强调回归自然，使这种风格变得更加轻松舒适。

美式风格的色调一般以自然色、怀旧、朴实色最为常见，壁纸多为纯纸浆质地，家具颜色多仿旧漆，式样厚重，如图2-24所示。

图2-24

（5）地中海风格。

地中海风格起源于9—11世纪，特指欧洲地中海北岸一线，特别是西班牙、意大利、希腊这些国家南部的沿海地区的淳朴居民住宅风格。

地中海风格具有独特的美学特点。一般选择自然的柔和色彩，在组合设计上注意空间搭配，充分

利用每一寸空间，集装饰与应用于一体，在组合搭配上避免琐碎，显得大方、自然，散发出古老尊贵的田园气息和文化品位，如图2-25所示。

图2-25

（6）东南亚风格。

东南亚豪华风格是一个东南亚民族岛屿特色及精致文化品位相结合的设计。这是一个新兴的居住与休闲相结合的概念，广泛地运用木材和其他的天然原材料，如藤条、竹子、石材、青铜和黄铜，深木色的家具，局部采用一些金色的壁纸、丝绸质感的布料，灯光的变化体现了稳重及豪华感。

东南亚风情，舒张中有含蓄，妩媚中带神秘，兼具平和与激情。把家打造成浓艳绮丽的东南亚风情，它所带来的不仅是视觉的锦绣多彩，更是生活的曼妙体验，如图2-26所示。

图2-26

图2-26（续）

（7）欧式田园风格。

都是对自然的表现，但不同的田园有不同的自然，进而也衍生出多种风格，中式的、欧式的，甚至还有南亚的田园风情，各有各的特色，各有各的美丽。欧式田园风格主要分英式和法式两种田园风格。前者的特色在于华美的布艺以及纯手工的制作；后者的特色是家具的洗白处理及大胆的配色。如图2-27所示为欧式田园风格。

图2-27

（8）混搭装修风格。

客厅的室内清晨效果、起居室的复古风格黄昏效果、餐厅的毕加索风格天光效果、别墅空间的混搭风格午后效果、起居室的混搭风格日景效果、卫浴空间的简欧风格晌午效果，以及欧式套房空间

的黄昏效果，每个空间都能以不同的主题来进行布置，各有各自的精彩。这间屋就集合了5种不同的设计风格：异国风情、好莱坞香艳、儿童梦幻、鲜艳色调、冷峻金属，如图2-28所示。

图2-28

（9）日式风格。

日式设计风格直接受日本和式建筑影响，讲究空间的流动与分隔，流动则为一室，分隔则或几个功能空间，在各空间中可静静地思考，禅意无穷，如图2-29所示。

图2-29

图2-29（续）

（10）韩式风格。

韩式风格倡导"回归自然"，美学上推崇"自然美"，认为只有崇尚自然、结合自然，才能在当今高科技、快节奏的社会生活中获取生理和心理的平衡。因此该风格力求表现悠闲、舒畅、自然的田园生活情趣，如图2-30所示。

图2-30

由此可以看到，不同风格要搭配不同风格的灯具家居以及其他配饰，所以设计之初就要构思和与客户沟通需要什么风格。

2.2 商业案例——简欧金属吊灯的设计

2.2.1 设计思路

扫码看视频

■ 案例类型

本案例设计一款简欧式金属吊灯项目。

■ 设计背景

简欧是时尚结合欧式的一种新兴装修风格，这种风格是一些小资的年轻人喜欢的，既没有复杂的欧式那样彰显富贵，也没有实际简约中的朴素风，既有欧式的优美风格，又有简约的通透明亮。通过两种风格的中和，设计一款既有欧式元素又有简约风格特点的金属吊灯，如图2-31所示。

图2-31

■ 设计定位

根据要求的风格进行设计，首先设计一款钛金支架，在支架的设计中传承欧式的曲线美和铁链元素，减少一些装饰构件，只简单地添加几个水晶坠，灯罩采用极简的管状体，整体搭配可以感觉出简单又不失柔美。

2.2.2 材质配色方案

主材质采用钛金色材质。钛金属于金色的一种，金色是一种辉煌的光色，是欧式风格中必备的金属色，代表至高无上的颜色。

辅助材质采用白色材质。白色与黑色都是百搭色彩，白色可以适用于任何环境和材质的对象中，如图2-32所示为白色和金色搭配出的效果。

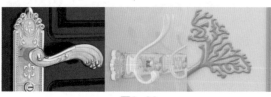

图2-32

■ 其他配色方案

钛金搭配浅蓝色灯罩，这种风格适用于地中海风格，如果整体风格用蓝色调，蓝色灯罩也不违和，如图2-33左图所示；暖色灯罩也比较符合本案例的整体要求，可供读者选择，如图2-33右图所示。

图2-33

2.2.3 形状设计

在设计支架形状时，搜索写意欧式的铁艺效果，可以看到欧式铁艺有一种随意和流畅的效果，将这种元素添加到吊灯的支架中，如图2-34所示。

图2-34

2.2.4 同类作品欣赏

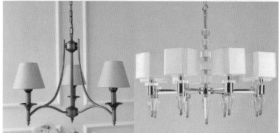

2.2.5 项目实战

■ 制作流程

本案例主要使用"矩形"结合使用"编辑样条线"创建并调整底座、支架连接模型；使用"车削"修改器旋转图形为三维模型；创建可渲染的

"矩形"制作铁链效果；使用可渲染的"线"制作吊灯支架；使用"仅影响轴"调整轴的位置；使用"阵列"命令阵列复制模型；使用"管状体"制作出灯罩；使用"锥化"修改器锥化灯罩效果；使用"切角圆柱体"制作灯罩与支架的连接模型，最后为场景设置材质和渲染，如图2-35所示。

图2-35

■ 技术要点

使用"矩形"和"编辑样条线"创建并调整底座、支架连接模型；

使用"车削"修改器旋转图形为三维模型；

使用"仅影响轴"调整轴的位置；

使用"阵列"命令阵列复制模型；

使用"锥化"修改器锥化灯罩效果。

■ 操作步骤

创建模型

首先，我们来创建吊灯模型，从中会接触到"车削"修改器，这个修改器可以将图形转换为三维模型，下面来学习如何使用各种图形、几何体和修改器组合出吊灯模型。

01 单击" + （创建）> （图形）>样条线>矩形"按钮，在"前"视图中创建矩形，在"参数"卷展栏中设置"长度"为40、"宽度"为100的矩形，如图2-36所示。

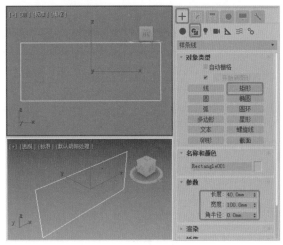

图2-36

02 切换到 （修改）命令面板，为矩形添加"编辑样条线"修改器，将选择集定义为"分段"，选择右侧和底部的分段，在"几何体"卷展栏中设置"拆分"为1，单击"拆分"按钮，如图2-37所示。

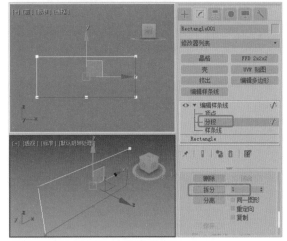

图2-37

03 选择如图2-38所示的分段，继续单击"拆分"按钮，拆分出顶点。

04 在修改器堆栈中将选择集定义为"顶点"，在场景中通过调整顶点，调整出图形的形状，使用"几何体"卷展栏中的"圆角"工具调整如图2-39所示的顶点的圆角。

05 调整圆角后，按Ctrl+A组合键，全选顶点，右击鼠标，在弹出的快捷菜单中选择"Bezier角点"；转换角点后，在场景中选择如图2-40所示的顶点，按Delete键，删除顶点。

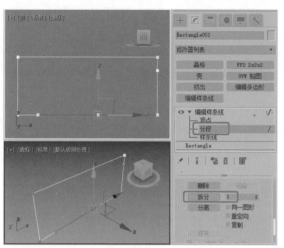

图2-38

线控制柄的不可调整的顶点，用于创建锐角转角。线段离开转角时的曲率是由切线控制柄的方向和量级确定的。

- Bezier：锁定连续切线控制柄的不可调整的顶点，用于创建平滑曲线。顶点处的曲率由切线控制柄的方向和量级确定。

- 角点：产生一个尖端。样条线在顶点的任意一边都是线性的。

- 平滑：通过顶点产生一条平滑的、不可调整的曲线。由顶点的间距来设置曲率的数量。

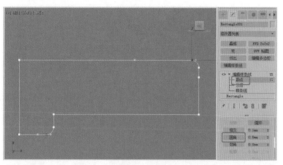

图2-39

06 删除顶点后的效果，如图2-42所示，调整一下图形的形状。

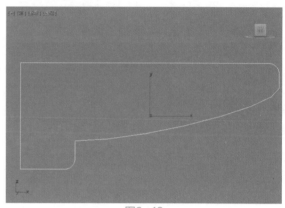

图2-42

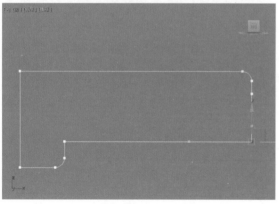

图2-40

07 调整图形的形状后，关闭选择集，为模型添加"车削"修改器，在"参数"卷展栏中设置"度数"为360、"分段"为30，勾选"焊接内核"复选框，在"方向"组中选中Y、在"对齐"组中选中"最小"按钮，车削的效果如图2-43所示。

顶点类型的使用提示和技巧

选择顶点后，右击鼠标，在弹出的快捷菜单中有4种顶点类型，如图2-41所示。"顶点"类型的功能介绍如下。

图2-41

- Bezier角点："Bezier 角点"带有不连续的切

选择集的使用提示和技巧

创建线之后，切换到 ☑（修改）命令面板，在修改器堆栈中可以展开其选择集，选择集功能介绍如下。

- 顶点：可以使用标准方法选择一个和多个顶点并移动它们。如果顶点属于 Bezier 或 "Bezier 角点"类型，还可以移动和旋转控制柄，进而影响与顶点连接的任何线段的形状。

- 线段："线段"是样条线曲线的一部分，位于两个"顶点"之间。选择"线段"选择集，可以选择一条或多条线段，并使用标准方法移动、旋转、缩放或克隆它们。

- 样条线：选择"样条线"选择集，可以选择一个图形对象中的一个或多个样条线，并使用标准方法移动、旋转或缩放它们。

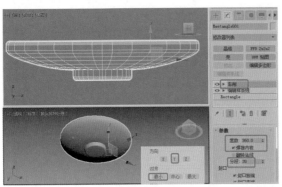

图2-43

车削的使用提示和技巧

"车削"修改器将一个二维图形沿一个轴向旋转一周，从而生成一个旋转体。这是非常实用的模型工具，它常用来建立诸如高脚杯、装饰柱、花瓶及一些对称的旋转体模型。旋转的角度可以是0°~360°的任何数值。

对于所有修改器命令来说，都必须在物体被选中时才能对修改器命令进行选择。"车削"修改器是用于对二维图形进行编辑的命令，所以只有选择二维形体后才能选择"车削"修改器命令。

- 度数：用于设置旋转的角度。
- 焊接内核：通过将旋转轴中的顶点焊接来简化网格。如果要创建一个变形目标，禁用此选项。
- 翻转法线：依赖图形上顶点的方向和旋转方向，旋转对象可能会内部外翻。勾选"翻转法线"复选框可修复这个问题。

"封口"选项组：当车削对象的"度数"小于360°时，它控制是否在车削对象内部创建封口。

- 封口始端：封口设置的"度数"小于360°的车削对象的始点，并形成闭合的面。
- 封口末端：封口设置的"度数"小于360°的车削对象的终点，并形成闭合的面。
- 变形：选中该按钮，将不进行面的精简计算，以便用于变形动画的制作。
- 栅格：选中该按钮，将进行面的精简计算，但不能用于变形动画的制作。

"方向"选项组：用于设置旋转中心轴的方向。X、Y、Z分别用于设置不同的轴向。系统默认Y轴为旋转中心轴。

"对齐"选项组：用于设置曲线与中心轴线的对齐方式。

- 最小：将曲线内边界与中心轴线对齐。
- 中心：将曲线中心与中心轴线对齐。
- 最大：将曲线外边界与中心轴线对齐。

08 单击" ➕（创建）> ◔（图形）>矩形"按钮，在"前"视图中创建矩形，在"参数"卷展栏中设置"长度"为40、"宽度"为20、"角半径"为5；在"渲染"卷展栏中勾选"在渲染中启用"和"在视口中启用"复选框，设置"厚度"为4，如图2-44所示。

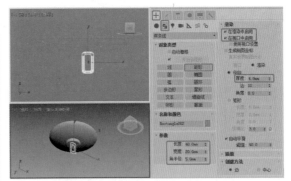

图2-44

09 选择可渲染的矩形，使用 ➕（选择并移动）工具，在"前"视图中按住Shift键，沿着Y轴向下移动，释放鼠标和Shift键，在弹出的"克隆选项"对话框中设置"副本数"为1，单击"确定"按钮，如图2-45所示。

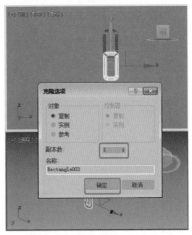

图2-45

10 在"前"视图中使用 ◔（选择并旋转）工具，在"前"视图中旋转模型，如图2-46所示。

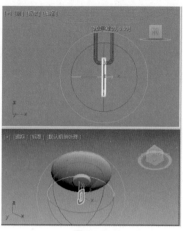

图2-46

11 在"前"视图中选择两个可渲染的矩形，按住Shift键，使用 ✛（选择并移动）工具沿着Y轴向下移动复制模型，释放鼠标和Shift键，在弹出的"克隆选项"对话框中设置"副本数"为4，如图2-47所示。

图2-47

12 复制出铁链后，移动复制底座模型到铁链的下方，在修改器堆栈中，选择"编辑样条线"修改器，将选择集定义为"顶点"，通过调整顶点，修改图形的形状，如图2-48所示。

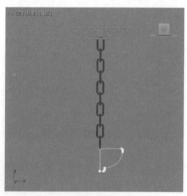

图2-48

13 调整图形后，关闭选择集，返回到"车削"修改器，查看模型，如图2-49所示。

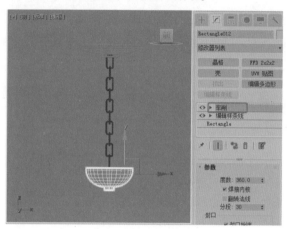

图2-49

14 单击" ✛（创建）> 🔷（图形）>线"按钮，切换到 🔧（修改）命令面板，将选择集定义为"顶点"，在"前"视图中创建并调整样条线，如图2-50所示。

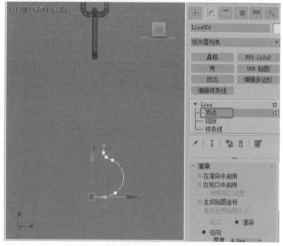

图2-50

15 调整形状后，关闭选择集，在"修改器列表"中选择"车削"修改器，在"参数"卷展栏中设置"度数"为360、"分段"为30，勾选"焊接内核"复选框，在"方向"组中选中Y、在"对齐"组中选中"最小"按钮，车削的效果如图2-51所示。

16 可以在修改器堆栈中返回到Line，将选择集定义为"顶点"调整形状，调整其效果，直到满意位置，如图2-52所示。

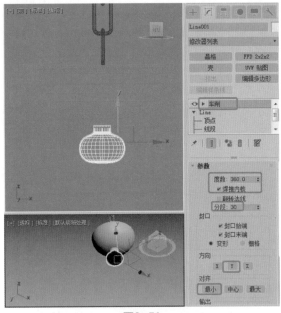

图2-51

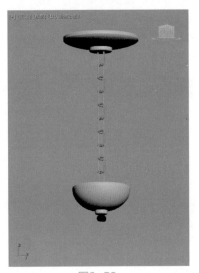

图2-52

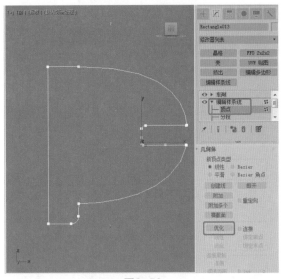

图2-53

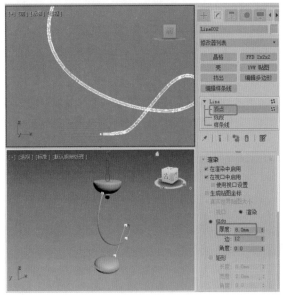

图2-54

17 选中车削出的模型，移动复制模型，复制模型后，在修改器堆栈中选择"编辑样条线"修改器，将选择集定义为"顶点"，在"前"视图中调整图形，如图2-53所示。在"几何体"卷展栏中单击"优化"按钮，在适当的位置单击可以添加控制点，添加多个顶点后，再次单击"优化"按钮，可以关闭优化，优化出顶点后，调整图形的形状。

18 单击"+（创建）>（图形）>线"按钮，在"前"视图中创建并调整样条线，在"顶"视图中调整顶点，避免线交错，如图2-54所示。

19 可以对可渲染的样条线进行复制，复制后，删除顶点，调整效果为底部连接模型，修改渲染的"厚度"为10，如图2-55所示。

20 调整后关闭选择集。选择作为支架的两个可渲染的样条线，在菜单栏中选择"组>组"命令，在弹出的"组"对话框中使用默认的名称，单击"确定"按钮，如图2-56所示。

21 成组后，切换到（层次）命令面板，在"调整轴"卷展栏中单击"仅影响轴"按钮，在"顶"视图中调整轴的位置为底座的中心位置，如图2-57所示。

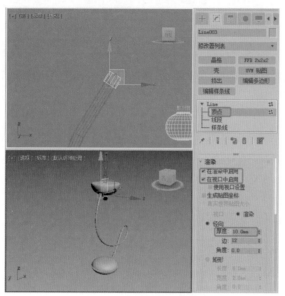

图2-55

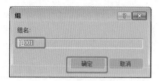

图2-56

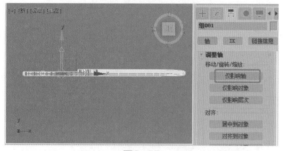

图2-57

22 在调整轴后，关闭"仅影响轴"按钮，激活"顶"视图，在菜单栏中选择"工具>阵列"命令，在弹出的"阵列"对话框中设置合适的参数，单击"确定"按钮，如图2-58所示。

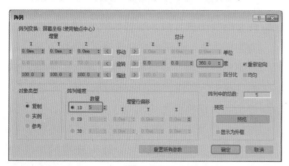

图2-58

23 阵列的模型效果如图2-59所示。

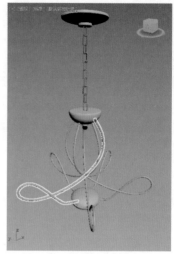

图2-59

24 单击"➕（创建）>●（几何体）>管状体"按钮，在"顶"视图中创建管状体，在"参数"卷展栏中设置"半径1"为45、"半径2"为43、"高度"为80、"高度分段"为1、"端面分段"为1、"边数"为30，如图2-60所示。

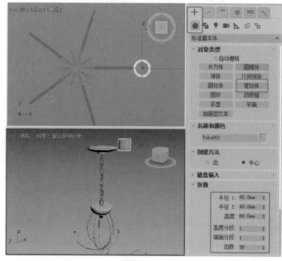

图2-60

25 使用➕（选择并移动）工具，在"前"视图中按住Shift键，移动复制管状体，切换到（修改）命令面板，在"参数"卷展栏中修改"高度"为3，如图2-61所示。

26 将修改的管状体移动复制到管状体的上方，如图2-62所示。

27 选择3个管状体，在"修改器列表"中选择"锥化"修改器，在"参数"卷展栏中设置"数量"为-0.7，如图2-63所示。

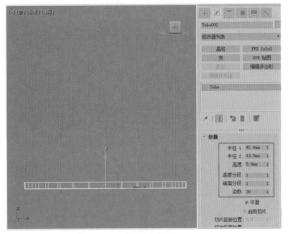

图2-61

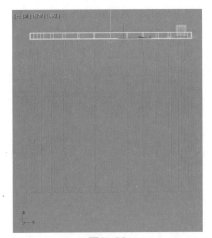

图2-62

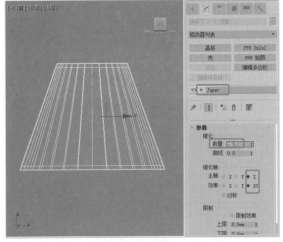

图2-63

28 单击"➕（创建）>●（几何体）>扩展基本体>切角圆柱体"按钮，在"顶"视图中创建切角圆柱体，在"参数"卷展栏中设置"半径"为10、"高度"为50、"圆角"为1、"边数"为30，如图2-64所示。

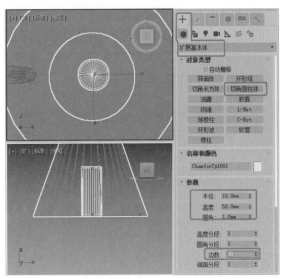

图2-64

29 在场景中调整切角圆柱体的位置，在"前"视图中使用➕（选择并移动）工具，按住Shift键，移动复制模型，在"参数"卷展栏中修改"半径"为5、"高度"为20、"圆角"为1，如图2-65所示。

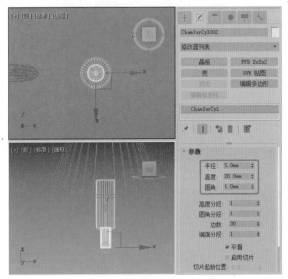

图2-65

30 调整切角圆柱体的位置，灯罩和切角圆柱体，在场景中调整其合适的位置和大小，如图2-66所示。适当地调整一下灯罩的大小，与其支架协调即可。

31 在舞台中复制模型，可以采用阵列复制，具体的操作可参考支架阵列的步骤，如图2-67所示。

32 单击"➕（创建）>✎（图形）>圆环"按钮，在"左"视图中创建圆，在"参数"卷展栏中设置"半径"为10左右，在"渲染"卷展栏中勾选"在渲染中启用"和"在视口中启用"复选框，如图2-68所示。

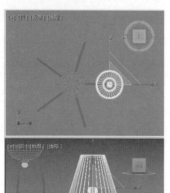

图2-66

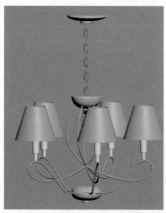

图2-67

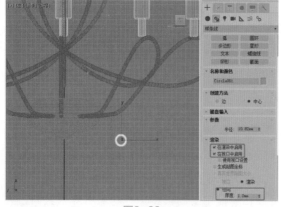

图2-68

33 单击"➕（创建）>●（几何体）>扩展基本体>异面体"按钮，在"左"视图中创建异面体，在"参数"卷展栏中选择"立方体/八面体"，

设置合适的大小即可，如图2-69所示。

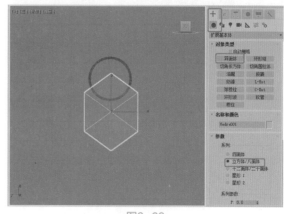

图2-69

34 对可渲染的圆和异面体进行复制，为如图2-70所示的异面体添加"编辑多边形"修改器，将选择集定义为"顶点"，在场景中调整顶点。

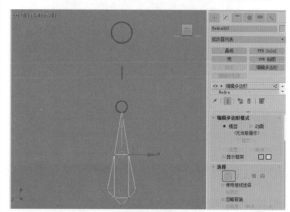

图2-70

35 调整模型后，关闭选择集。选择装饰坠模型，对模型进行复制，并调整模型到合适的位置，作为支架装饰，如图2-71所示。

图2-71

36 在工具栏中单击 🎬（渲染设置）按钮，在弹出的"渲染设置"对话框中选择"渲染器"为V-Ray，设置渲染的"宽度"为1500、"高度"为1250，如图2-72所示。

图2-72

设置材质

创建吊灯模型后，下面为其创建钛金和发光以及玻璃材质。

01 在工具栏中选择 🎨（材质编辑器），打开"材质编辑器"，将材质转换为VRayMtl材质，在"VRay材质 基本参数"卷展栏中单击"漫反射"的色块，设置漫反射的RGB为144、128、111，设置"反射"的色块RGB为193、175、152，取消"菲涅耳反射"的勾选。在场景中选择支架模型，单击 🎨（将材质指定给选定对象）按钮，将材质指定给场景中选中的模型，如图2-73所示。

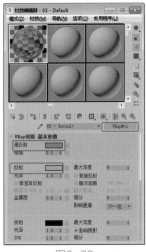

图2-73

02 选择一个新的材质样本球，将材质转换为VRayMtl材质，在"VRay材质 基本参数"卷展栏中设置"漫反射"为白色，设置"反射"的颜色RGB为127、127、127，如图2-74所示。

03 在场景中选择灯罩模型，单击 🎨（将材质指定给选定对象）按钮，将材质指定给场景中选中的模型，如图2-75所示。

图2-74　　　　　　　　图2-75

04 选择一个新的材质样本球，将材质转换VRayMtl，在"VRay材质 基本参数"卷展栏中设置"漫反射"的颜色RGB为66、66、66，设置"反射"的红绿蓝RGB为250、250、250，设置"折射"为251、251、251，如图2-76所示。

05 设置"自发光"的RGB为96、96、96，在场景中选择异面体，单击 🎨（将材质指定给选定对象）按钮，将材质指定给场景中选中的模型，如图2-77所示。

 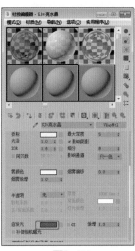

图2-76　　　　　　　　图2-77

06 将制作完成的吊灯场景进行存储，并将其导入到一个合适的场景，进行渲染即可，如图2-78所示。

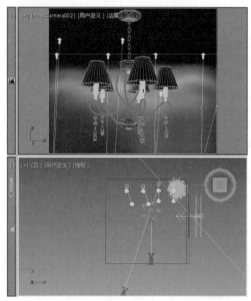

图2-78

★★★★
2.3 商业案例——制作田园风格落地灯

2.3.1 案例设计分析

扫码看视频

■ **案例类型**

本案例设计一款田园风格的落地灯。

■ **项目诉求**

下面设计一款简约时尚的田园风格的布艺台灯，希望通过"自然美"和节约为主题进行设计。

■ **设计思路**

田园风格是通过装饰装修表现出田园的气息，不过这里的田园并非农村的田园，而是一种贴近自然、向往自然的风格。田园风格倡导"回归自然"，力求表现悠闲、舒畅、自然的田园生活情趣。在田园风格里，粗糙和破损是允许的，因为那样才更接近自然，如图2-79所示为田园风格的装修效果。

图2-79

2.3.2 材质配色方案

在田园风格的效果图中可以发现许多接近自然的植物、碎花以及木纹效果，这些元素都可以表达出贴近自然、展现朴实生活的气息。

■ 主材质

主材质使用布料，材质选择小碎花布料。碎花布料可以很好地表现清新、自然的氛围，适合田园风格。

■ 辅助材质

高光钛金金属材质为辅助材质，主要表现在台灯支架上，使用金属作为支架可以使模型整体干净利落。

■ 其他材质方案

以下是我们提供的其他材质的设计方案，可供客户选择，如图2-80所示。

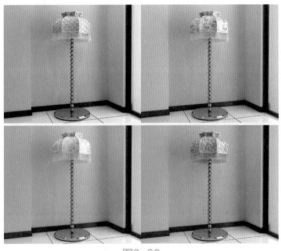

图2-80

2.3.3 同类作品欣赏

2.3.4 项目实战

■ 案例效果剖析

本案例主要使用"星形"和"圆"创建截面图形；使用"线"创建路径图形；使用"放样"放样出灯罩和装饰；使用"编辑样条线"修改器调整图形；使用"编辑多边形"修改器通过选择边，创建样条线；使用VRayFur创建毛发；使用"球体"组合出支架；使用"切角圆柱体"制作底座；最后，对场景设置材质和渲染，如图2-81所示。

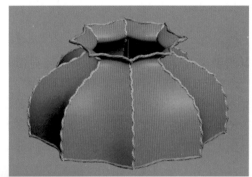

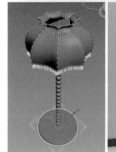

图2-81

■ 技术要点

使用"星形"和"圆"创建截面图形；

使用"放样"放样出灯罩和装饰；

使用"编辑多边形"修改器通过选择边，创建样条线；

使用VRayFur创建毛发；

使用"切角圆柱体"制作底座。

■ 操作步骤

制作模型

首先，通过星形、圆、球体、切角圆柱体、放样、VRayFur等工具，结合使用"编辑样条线""编辑多边形"修改器创建落地灯模型。

01 设置场景单位为毫米，单击"➕（创建）> （图形）>样条线>星形"按钮，在"顶"视图中创建星形，在"参数"卷展栏中设置"半径1"为400、"半径2"为500、"点"为8、"圆角半径1"为100、"圆角半径2"为0，如图2-82所示。

取作为灯罩的图形，如图2-85所示。

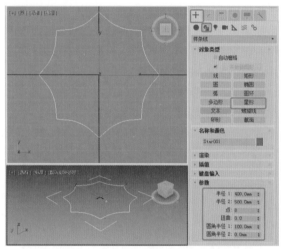

图2-82

02 切换到 （修改）命令面板，为其添加"编辑样条线"修改器，将选择集定义为"样条线"，在场景中选择矩形样条线，在"几何体"卷展栏中设置"轮廓"为5，按Enter键，确定设置轮廓，如图2-83所示，调整轮廓后，关闭选择集，该图形作为放样图形。

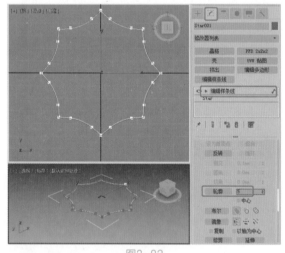

图2-83

03 单击" ＋ （创建）> （图形）>样条线>线"按钮，在"前"视图中创建两点一线，作为放样的路径，如图2-84所示。

04 选择创建的线，单击" ＋ （创建）> （几何体）>复合对象>放样"按钮，在"创建方法"卷展栏中单击"获取图形"按钮，在场景中拾

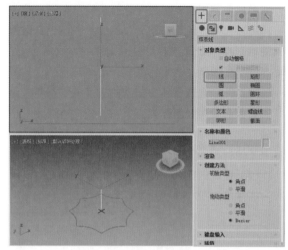

图2-84

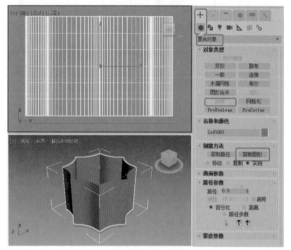

图2-85

放样的使用和提示

"放样"对象是沿着第3个轴挤出的二维图形，从两个或多个现有样条线对象中创建放样对象。这些样条线其中一条会作为路径，其余的会作为放样对象的横截面或图形，如图2-86所示。

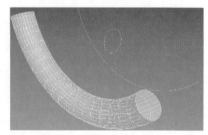

图2-86

中文版3ds Max/VRay商业案例项目设计完全解析

05 切换到 ✎（修改）命令面板，在"变形"卷展栏中单击"缩放"按钮，在弹出的"缩放变形"对话框中使用 ✎（插入角点）按钮插入控制点，使用 ✛（移动控制点）按钮，调整控制点，鼠标右击控制点，可以在弹出的快捷菜单中选择控制点的类型，调整出的变形曲线如图2-87所示。

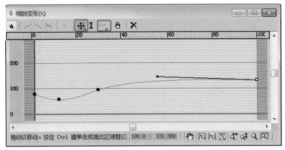

图2-87

06 可以实时观察场景模型的调整，直至得到满意的效果，调整变形后，关闭对话框，如图2-88所示。

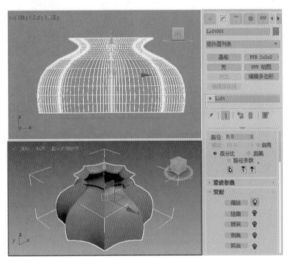

图2-88

放样变形的使用和提示

放样功能之所以灵活，不仅仅在于可以通过它使二维图形产生"厚度"，更重要的是放样自带了5个功能强大的修改命令，通过它们可以实现对放样对象的截面进行随意修改，分别为"缩放""扭曲""倾斜""倒角"和"拟合"，如图2-89所示。

图2-89

- 缩放：放样的截面图在X、Y轴向上缩放变形。
- 扭曲：放样的截面图在X、Y轴向上扭曲变形。
- 倾斜：放样的截面图在Z轴向上倾斜变形。
- 倒角：放样的模型产生倒角变形。
- 拟合：进行拟合放样建模，功能无比强大。

07 为模型添加"编辑多边形"修改器，将选择集定义为"边"，在场景中选择如图2-90所示的边。

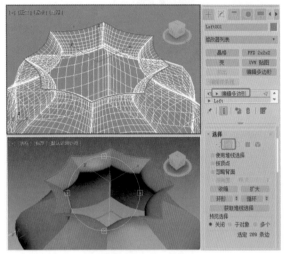

图2-90

08 在"编辑边"卷展栏中单击"创建图形"后的 ▣（设置）按钮，在弹出的"创建图形"对话框中选择"图形类型"为"线性"，如图2-91所示。

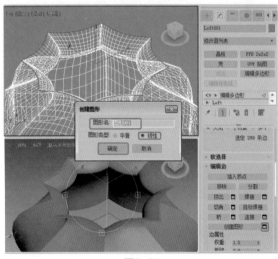

图2-91

09 创建图形后，关闭选择集，在场景中选择图形，将选择集定义为"样条线"，删除不需要的样条线，如图2-92所示，该图形作为放样路径。

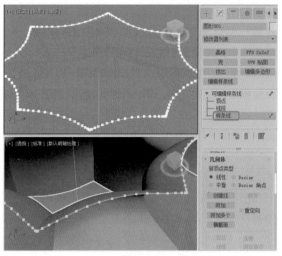

图2-92

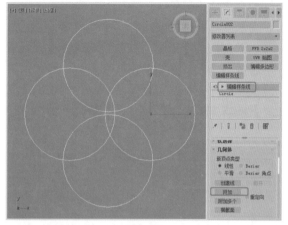

图2-94

⑩ 单击"➕（创建）>🕱（图形）>样条线>圆"按钮，在"顶"视图中创建圆，在"参数"卷展栏中设置"半径"为5，在场景中复制圆，如图2-93所示。

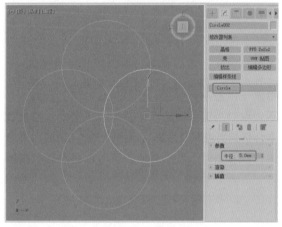

图2-93

⑪ 为圆添加"编辑样条线"修改器，在"几何体"卷展栏中单击"附加"按钮，在场景中其他的圆上单击，将图形附加为一个，如图2-94所示。

⑫ 将选择集定义为"样条线"，在"几何体"卷展栏中单击"修剪"按钮，使用修剪工具，在不需要的线段上单击，将其修剪掉，如图2-95所示。

⑬ 将选择集定义为"分段"，在场景中删除不需要的分段，如图2-96所示。

⑭ 删除分段后，将选择集定义为"顶点"，按Ctrl+A组合键，全选顶点，在"几何体"卷展栏中单击"焊接"按钮，焊接顶点，如图2-97

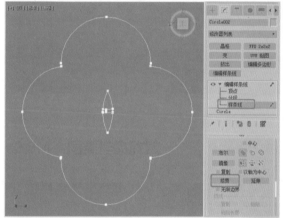

图2-95

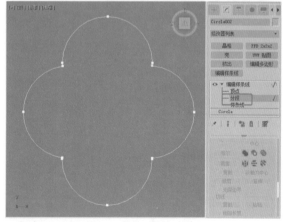

图2-96

⑮ 在场景中选择根据灯罩分离出的图形，单击"➕（创建）>●（几何体）>复合对象>放样"按钮，在"创建方法"卷展栏中单击"获取图形"按钮，在视图中拾取组合修剪后的圆，如图2-98所示。

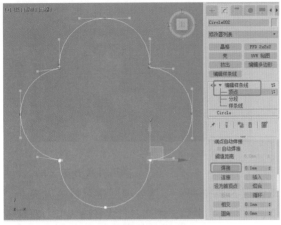

图2-97

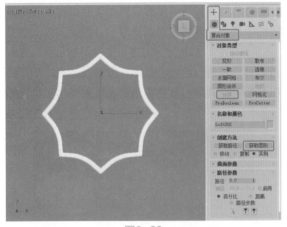

图2-98

16 将放样后的模型放置到合适的位置，切换到 ✐（修改）命令面板，在"变形"卷展栏中单击"扭曲"按钮，在弹出的"扭曲变形"对话框中选择右侧的控制点，设置移动参数为-6000，如图2-99所示。

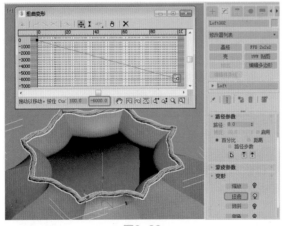

图2-99

17 在场景中选择作为灯罩的模型，将选择集定义

为"边"，在场景中选择底部的两圈边，在"编辑边"卷展栏中单击"创建图形"后的 ▣（设置）按钮，在弹出的"创建图形"对话框中使用默认的参数，单击"确定"按钮，如图2-100所示，创建出图形。

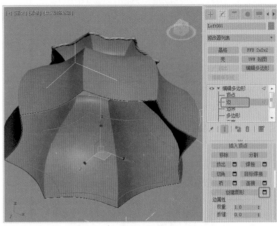

图2-100

18 创建图形后，关闭选择集，选择创建的图形，在场景中删除不需要的分段和样条线，如图2-101所示。

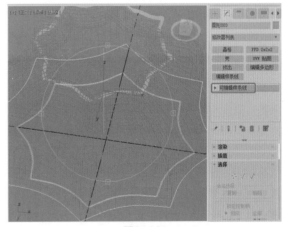

图2-101

19 创建出灯罩底部的图形后，单击 "➕（创建）> ●（几何体）>复合对象>放样"按钮，在"创建方法"卷展栏中单击"获取图形"按钮，在视图中拾取组合修剪后的圆，切换到 ✐（修改）命令面板，在"变形"卷展栏中单击"扭曲"按钮，在弹出的"扭曲变形"对话框中选择右侧的控制点，设置移动参数为-6000，如图2-102所示。

20 选择灯罩，将选择集定义为"边"，在场景中选择灯罩突出的边，如图2-103所示。

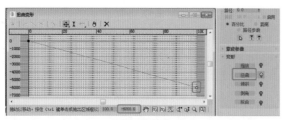

图2-102

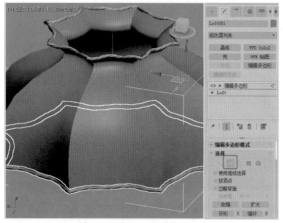

图2-103

21 在"编辑边"卷展栏中单击"创建图形"后的
■（设置）按钮，在弹出的"创建图形"对话
框中使用默认的参数，单击"确定"按钮，创
建图形。创建图形后，在舞台下面单击■（孤
立当前选择切换）按钮，此时场景中处于选择
的对象将被孤立，没被选中的模型将被隐藏，
如图2-104所示。

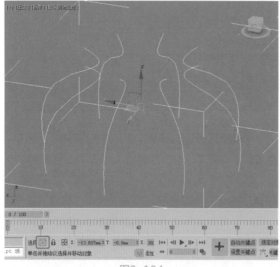

图2-104

22 将选择集定义为"样条线"，在场景中选择其中
一个样条线，在"几何体"卷展栏中单击"分
离"按钮，在弹出的"分离"对话框中使用默认

的参数，单击"确定"按钮，如图2-105所示。

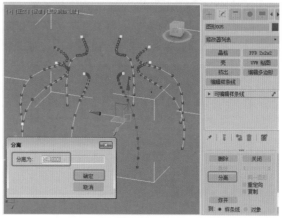

图2-105

23 选择分离出的样条线，单击"＋（创建）>●
（几何体）>复合对象>放样"按钮，在"创
建方法"卷展栏中单击"获取图形"按钮，单
击■（孤立当前选择切换）按钮，显示其他模
型，在场景中选择附加修剪后的圆，创建的放
样模型如图2-106所示。

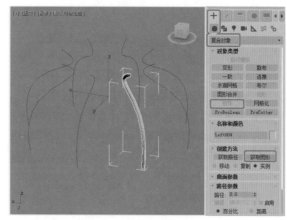

图2-106

24 切换到☑（修改）命令面板，在"变形"卷展
栏中单击"扭曲"按钮，在弹出的"扭曲变
形"对话框中选择右侧的控制点，设置移动参
数为-4000，如图2-107所示。

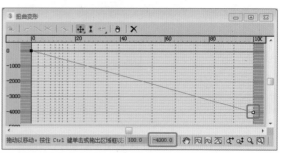

图2-107

25 调整放样变形后，切换到（层次）■命令面板，在"调整轴"卷展栏中单击"仅影响轴"按钮，在"顶"视图中调整轴的位置，如图2-108所示，调整后关闭"调整轴"按钮。

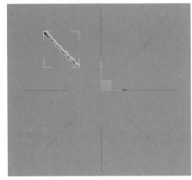

图2-108

26 调整轴后，激活"顶"视图，在菜单栏中选择"工具>阵列"命令，在弹出的"阵列"对话框中设置合适的参数，单击"确定"按钮，如图2-109所示。

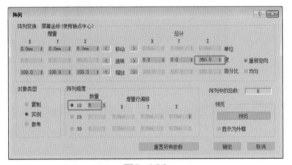

图2-109

27 阵列复制出的模型，效果如图2-110所示。

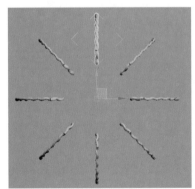

图2-110

28 在制作的过程中可以随时进入和退出孤立模型，在舞台中调整模型的位置，制作出灯罩装饰边（或者称为龙骨）模型，如图2-111所示。

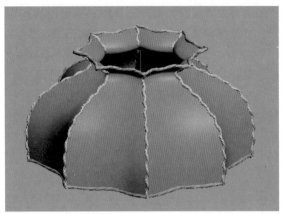

图2-111

29 选择作为灯罩的模型，将选择集定义为"多边形"，选择底部的多边形，如图2-112所示。

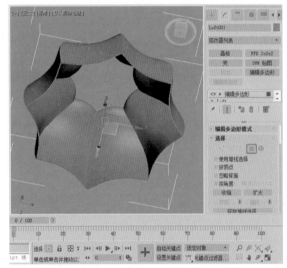

图2-112

30 在"编辑几何体"卷展栏中单击"分离"后的■（设置）按钮，在弹出的"分离"对话框中使用默认的参数，如图2-113所示，单击"确定"按钮。

图2-113

31 分离多边形后，关闭选择集，选择分离的多边形，单击"➕（创建）>●（几何体）>VRay>VRayFur"按钮，根据多边形创建VR毛发，设置合适的参数，用毛发模拟灯罩的流苏，如图2-114所示。

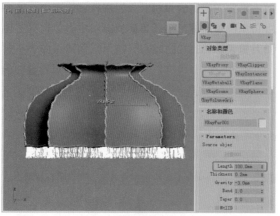

图2-114

32 单击"➕（创建）>●（几何体）>标准基本体>球体"按钮，在"顶"视图中创建球体，设置合适的参数即可，在"前"视图中使用➕（选择并移动）工具，按住Shift键，沿着Y轴向下移动复制，当按住Shift键移动复制到合适的位置时，释放鼠标，在弹出的"克隆选项"对话框中设置"副本数"为20，单击"确定"按钮，如图2-115所示。

图2-115

33 移动复制模型后，单击"➕（创建）>●（几何体）>扩展基本体>切角圆柱体"按钮，在"顶"视图中创建切角圆柱体，在"参数"卷展栏中设置合适的参数，如图2-116所示。

34 在场景中调整切角圆柱体的位置，作为底座，如图2-117所示，这样台灯模型就制作完成了。

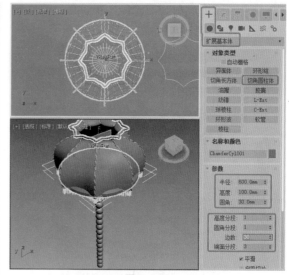

图2-116

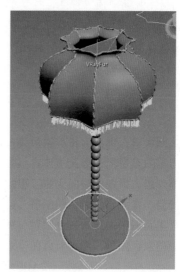

图2-117

设置材质和渲染

模型制作完成后，将为场景中的模型设置钛金材质和布艺材质。

01 在工具栏中单击 （渲染设置）按钮，在弹出的"渲染设置"对话框中选择"渲染器"为V-Ray，并设置渲染的尺寸，如图2-118所示。

02 打开材质编辑器，从中选择一个新的材质样本球，将材质转换为VRayMtl材质，在"贴图"卷展栏中单击"漫反射"后的"无贴图"按钮，在弹出的"材质/贴图浏览器"对话框中选择"位图"贴图，单击"确定"按钮，弹出"选择位图图像文件"对话框，从中选择随书配备资源中的"花布01.png"文件。

单击 ▦（转到父对象）按钮，返回主材质面板，在"贴图"卷展栏中单击"反射"后的"无贴图"按钮，在弹出的"材质/贴图浏览器"对话框中选择"衰减"贴图，单击"确定"按钮，指定衰减贴图，如图2-119所示。在场景中选择作为灯罩的模型，单击 ▦（将材质指定给选定对象）按钮，将材质指定给场景中选中的模型。

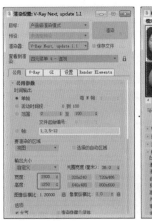 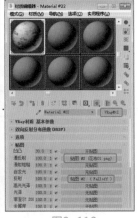

图2-118　　　图2-119

03 选择一个新的材质样本球，将材质转换为VRayMtl材质，在"VRay材质 基本参数"卷展栏中设置"漫反射"的红绿蓝为255、240、216，如图2-120所示。在场景中选择作为流苏的毛发对象和灯罩龙骨，单击 ▦（将材质指定给选定对象）按钮，将材质指定给场景中选中的模型。

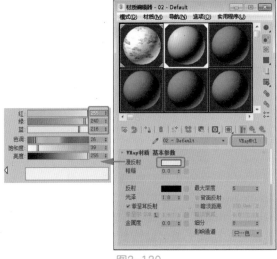

图2-120

04 选择一个新的材质样本球，将材质转换为VRayMtl材质，在"VRay材质 基本参数"卷展栏中设置"漫反射"的红绿蓝为72、56、41，设置"反射"的红绿蓝为138、111、82，如图2-121所示，将设置后的材质指定给场景中的支架模型。

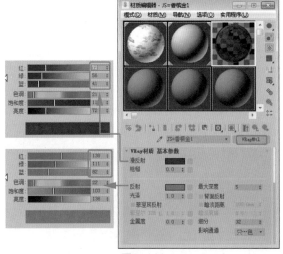

图2-121

05 设置材质后，选择作为灯罩的模型，为其添加"UVW贴图"修改器，设置"贴图"类型为"长方体"，设置合适的长度、宽度和高度；可以将模型进行存储，将其合并到合适的场景中，如图2-122所示，渲染即可得到最终效果。

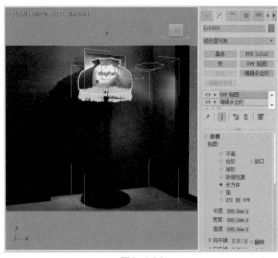

图2-122

中文版3ds Max/VRay商业案例项目设计完全解析

03

第 3 章

厨具设计

厨房在家庭中占有重要的地位，也是人们经常出入的地方，因此厨具成为人们的生活伴侣。如何更好地开发新厨具，就成为设计者关心的话题。本章将介绍厨具设计的一些基础知识，并通过案例来介绍如何设计和制作厨具效果。

★★★★ 3.1 厨具设计概述

厨具设计是指将厨具和各种厨用家电按其形状、尺寸及使用要求进行合理布局，巧妙搭配，实现厨房用具一体化。

它依照家庭成员的身高、色彩偏好、文化修养、烹饪习惯及厨房空间结构、照明，结合人体工程学、人体工效学、工程材料学和装饰艺术的原理，进行科学合理的设计，使科学和艺术的和谐统一在厨房中体现得淋漓尽致，如图3-1所示。

图3-1

3.1.1 厨具的分类

厨具根据用途可以分为5类。

（1）储藏用具：储藏用具即为食品和物品的储藏。物品储藏是为餐具、炊具、器皿等提供存储的空间。食品储藏又分为冷藏和非冷藏，冷藏则主要使用冰箱、冷藏柜等实现。非冷藏用具是通过各种底柜、吊柜、角柜、多功能装饰柜等完成，如图3-2所示。

图3-2

（2）洗涤用具：包括供水系统、垃圾箱和卫生桶以及消毒柜、食品垃圾粉碎器等设备，如图3-3所示。

图3-3

（3）调理用具：包括台面，以及整理、切菜、配料、调制的工具和器皿，各种榨汁机、切削机、绞肉机等，如图3-4所示。

图3-4

（4）烹调用具：包括炉具、灶具和烹调时的相关工具和器皿，如图3-5所示。

图3-5

（5）进餐用具：主要包括进食的用具和器皿等，如图3-6所示。

图3-6

3.1.2　厨具的设计原则

厨房中的各种器具，包括锅碗瓢盆、厨房电器、置物家具和配件都属于厨具的设计范围，厨具设计要遵循以下4种原则。

（1）卫生原则：厨房用具要有抵御污染的设计原则（特别是防止蛇虫鼠蚁的污染），又要有抵御油烟侵蚀的设计原则。

（2）防火、防潮原则：厨房是现代家具中唯一使用明火的区域，材料必须能够防火、阻火，达到室内安全的设计原则。除此之外，还必须使用防潮的材料，因为厨房除了火之外，最多的就是水，多数洗刷都在厨房中进行，所以防潮是厨具一项重要的设计原则。

（3）方便原则：在厨具的设计上，能按正确的流程设计各部位的排列，对日后使用方便十分重要。再就是灶台的高度、吊柜的位置等，都直接影响到使用的方便程度。因此，要选择符合人体工程原理和厨房操作程序的厨房用具。

（4）易清洁原则：厨具不仅要求造型、色彩赏心悦目，而且要有持久性，因此要求有易清洁的性能，这就要求表层材质有很好的抗油渍、抗油烟的能力，使厨具能较长时间地保持表面洁净如新。

★★★★
3.2 商业案例——平底锅的设计

3.2.1 设计思路

扫码看视频

■ 案例类型

本案例制作一款平底锅模型。

■ 设计背景

平底锅是一种用来煎煮食物的器具，直径为20~30cm，是低锅边并且向外倾斜的铁制平底煮食用器具，如图3-7所示。平底锅适合做焙、烘、蒸、烤或炒海鲜、肉类和家禽类佳肴，煮蔬菜或便于用手指取食的健康小吃。容易使用，只需短短几分钟，就能烹调出各式各样的佳肴。

图3-7

■ 设计定位

本案例将制作一款普通且常用的平底锅模型。

3.2.2 配色材质方案

配色方案将会采用基于功能的颜色，并在此颜色上添加一些装饰色。

■ 主色

主色将采用橙色，橙色是自然界中果实、太阳的颜色，代表着华丽、健康、温暖和欢乐。橙色常作为装饰色出现在日常生活中，如图3-8所示。

图3-8

■ 辅助色

辅助色将采用黑色。黑色的不干锅区域，并采用不锈钢材质作为连接锅与把的区域。

■ 其他配色方案

由于平底锅的种类和样式非常多，所以我们提供了一些其他材质方案以供欣赏，如图3-9所示。

图3-9

3.2.3　同类作品欣赏

3.2.4　项目实战

■　制作流程

本案例主要创建"线"作为平底锅截面图形，使用"车削"修改器旋转出平底锅模型；通过使用"编辑多边形"修改器，旋转多边形，设置多边形的"分离"，分离出不干锅区域；使用"壳"修改器设置不干锅区域的厚度；使用"椭圆"工具创建椭圆截面，使用"圆角"修改器设置出锅把的厚度；使用FFD变形修改器修改出模型的形状，制作出锅把的基本效果；使用ProBoolean布尔出锅把的孔，如图3-10所示。

图3-10

■　技术要点

使用"矩形"工具创建基本尺寸；

使用"车削"修改器旋转出平底锅模型；

使用"壳"修改器设置不干锅区域的厚度；

使用"圆角"修改器设置出锅把的厚度；

使用FFD变形修改器修改出模型的形状；

使用ProBoolean布尔出锅把的孔。

■　操作步骤

创建平底锅模型

使用各种图形结合各种二维图形的修改器制

作出基本模型的形状，使用各种工具调整出平底锅模型的效果，这种案例是最基本的变形和复合对象的案例，希望通过对该模型的制作读者能够掌握FFD变形修改器和ProBoolean布尔工具的使用。

01　单击"＋（创建）＞（图形）＞样条线＞矩形"按钮，在"前"视图中创建矩形，在"参数"卷展栏中设置"长度"为60、"宽度"为200，如图3-11所示。

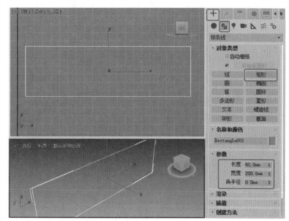

图3-11

02　单击"＋（创建）＞（图形）＞样条线＞线"按钮，在"前"视图中根据矩形的大小创建线，由于线没有尺寸，所以先创建了矩形，规定线的大小，如图3-12所示。

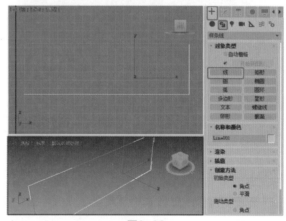

图3-12

03　切换到（修改）命令面板，将选择集定义为"样条线"，在场景中选择样条线，在"几何体"卷展栏中设置"轮廓"参数为5，按Enter键，确定设置轮廓，如图3-13所示。

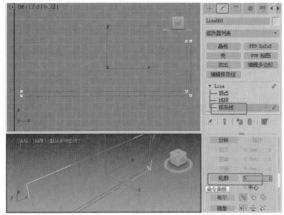

图3-13

04 将选择集定义为"顶点",在场景中选择右下角的两个拐角顶点,在"几何体"卷展栏中单击"圆角"按钮,在舞台中选择的顶点上拖曳,可以拖曳出圆角效果,如图3-14所示,设置合适的圆角效果后,关闭"圆角"按钮。

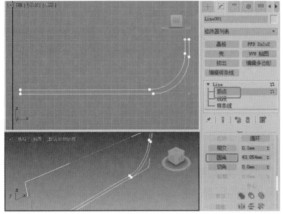

图3-14

05 选择如图3-15所示的顶点,在"几何体"卷展栏中设置"圆角"参数为1,没有选择圆角按钮,按Enter键,确定通过参数设置圆角。

06 设置图形的形状后,关闭选择集。在"修改器列表"中选择"车削"修改器,在"参数"卷展栏中选择"方向"为Y,设置"对齐"为"最小",如图3-16所示。

07 车削出锅底模型后,为模型添加"编辑多边形"修改器,将选择集定义为"多边形",在"选择"卷展栏中勾选"忽略背面"复选框,在"顶"视图中框选多边形,如图3-17所示,选择后可以看到会有许多的多边形。

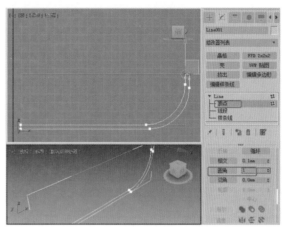

图3-15

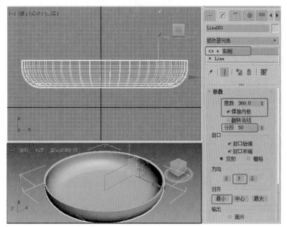

图3-16

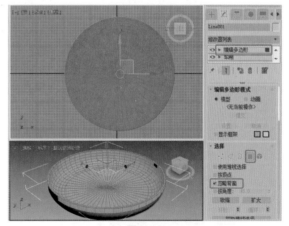

图3-17

08 按住Alt键,减选多边形,如图3-18所示。

09 选择多边形后,在"编辑几何体"卷展栏中单击"分离"后的 ■（设置）按钮,在弹出的"分离"对话框中选中"分离为克隆"复选框,单击"确定"按钮,选择的多边形变为单独的对象,如图3-19所示。

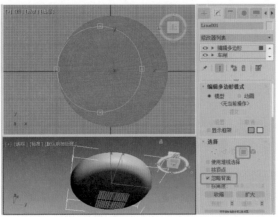

图3-18

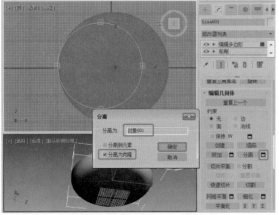

图3-19

10 关闭选择集，选择分离出的对象，为其添加"壳"修改器，设置"外部量"为1，如图3-20所示。

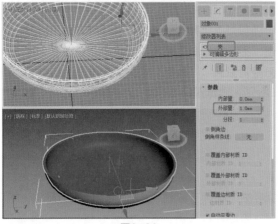

图3-20

通过添加一组朝向现有面相反方向的额外面，"壳"修改器"凝固"对象或者为对象赋予厚度，

无论曲面在原始对象中的任何地方消失，边将连接内部和外部曲面。可以为内部和外部曲面、边的特性、材质 ID 以及边的贴图类型指定偏移距离，重要参数介绍如下。

• 内部量、外部量：这两个设置值决定了对象壳的厚度，也决定了边的默认宽度。

• 分段：每一边的细分值。

创建锅把模型

下面接着制作锅把模型。

01 单击" + （创建）> ■（图形）>样条线> 椭圆"按钮，在"前"视图中创建椭圆，在"参数"卷展栏中设置"长度"为30、"宽度"为70，如图3-21所示。

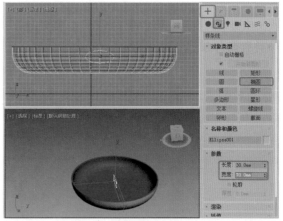

图3-21

02 创建椭圆后，切换到 ■ （修改）命令面板，在"修改器列表"中选择"倒角"修改器，为椭圆添加倒角，在"倒角值"卷展栏中设置"级别1"的"高度"为3、"轮廓"为3；勾选"级别2"复选框，设置"高度"为50；勾选"级别3"复选框，设置"高度"为3、"轮廓"为-3，如图3-22所示。

"倒角"命令只用于二维形体的编辑，可以对二维形体进行挤出，还可以对形体边缘进行倒角。

"倒角值"卷展栏用于设置不同倒角级别的高度和轮廓。

• 起始轮廓：用于设置原始图形的外轮廓大小。

• 级别1/级别2/级别3：可分别设置3个级别的高度和轮廓大小。

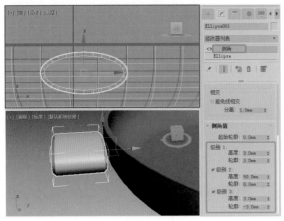

图3-22

03 为了使模型与锅底模型衔接得更加真实，为其添加"FFD 4×4×4"修改器，将选择集定义为"控制点"，在"顶"视图中选择调整控制点的位置，可以调整模型的变形，继续在"左"视图中调整控制点，调整左视图的变形效果，如图3-23所示。

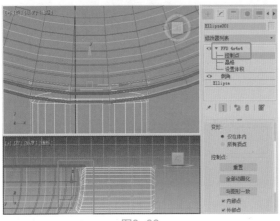

图3-23

04 复制切角后的椭圆，在修改器堆栈中删除"FFD 4×4×4"修改器，在"前"视图中缩放模型的大小，使其比衔接的模型小一圈，如图3-24所示。

FFD变形修改器的技巧和提示

FFD变形有FFD 2×2×2和FFD 4×4×4，以及FFD（长方体）和FFD（圆柱体）等，为模型添加FFD变形修改器后，可以发现修改器堆栈又有子物体层级，通过使用子物体层级调整变形框。

子物体层级面板介绍如下。

• 控制点：在此子对象层级，可以选择并操纵晶格的控制点，可以一次处理一个或以组为单位处理（使用标准方法选择多个对象）。操纵控制点将影响基本对象的形状，可以给控制点使用标准变形方法，当修改控制点时如果启用了"自动关键点"

按钮，此点将变为动画。

• 晶格：在此子对象层级，可从几何体中单独地摆放、旋转或缩放晶格框。当首先应用FFD时，默认晶格是一个包围几何体的边界框。移动或缩放晶格时，仅位于体积内的顶点子集合可应用局部变形。

• 设置体积：在此子对象层级，变形晶格控制点变为绿色，可以选择并操作控制点而不影响修改对象。这使晶格更精确地符合不规则图形对象，当变形时，将提供更好的控制。

大部分的变形都是通过"控制点"选择集来调整的，通过调整"控制点"来改变模型的形状。

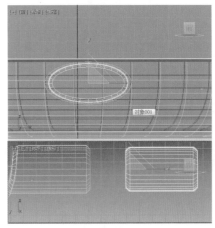

图3-24

05 在修改器堆栈中选择"倒角"修改器，在"倒角值"卷展栏中修改倒角值的参数，在"参数"卷展栏中设置"分段"为10，如图3-25所示。

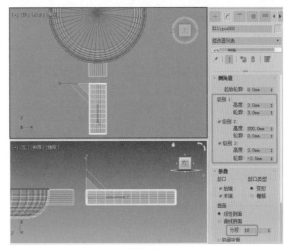

图3-25

06 为模型添加"FFD 4×4×4"修改器，将选择集定义为"控制点"，在"左"视图中调整控制点以调整模型的形状，如图3-26所示。

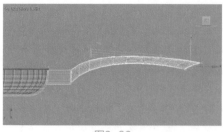

图3-26

07 继续在"顶"视图中缩放每组的控制点，调整出模型的变形效果，如图3-27所示。

图3-27

08 单击"+（创建）>●（几何体）>标准基本体>圆柱体"按钮，在"顶"视图中创建圆柱体，在"参数"卷展栏中设置"半径"为5mm左右，设置"高度"为50，如图3-28所示。

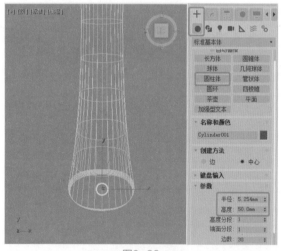

图3-28

09 在场景中调整圆柱体，使其穿插到平底锅把中，如图3-29所示。

10 在场景中选择锅把模型，单击"+（创建）>●（几何体）>复合对象>ProBoolean"按钮，在"拾取布尔对象"卷展栏中单击"开始拾取"按钮，在场景中拾取圆柱体，如图3-30所示。

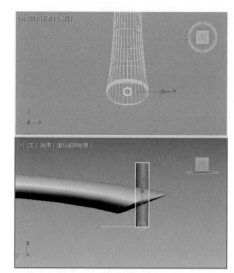

图3-29

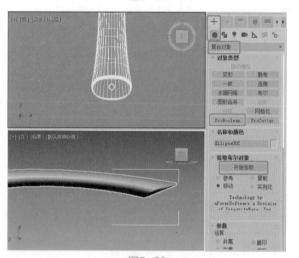

图3-30

▶ **ProBoolean工具的使用技巧和提示**

ProBoolean是高级布尔工具，它比普通的布尔工具功能制作的模型更加细腻一些。由于ProBoolean是最为常用的复合对象工具，下面将讲述ProBoolean的一些常用参数。

（1）"拾取布尔对象"卷展栏中的重要参数介绍如下（如图3-31所示）。

图3-31

开始拾取：在场景中拾取操作对象。

（2）"参数"卷展栏中的重要参数介绍如下

（如图3-32所示）。

图3-32

• 合集：将对象组合到单个对象中，而不移除任何几何体。在相交对象的位置创建新边。

• 附加（无交集）：将两个或多个单独的实体合并成单个布尔对象，而不更改各实体的拓扑。实质上，操作对象在整个合并成的对象内仍为单独的元素。

• 插入：先从第一个操作对象减去第二个操作对象的边界体积，然后再组合这两个对象。

• 盖印：将图形轮廓（或相交边）打印到原始网格对象上。

• 切面：切割原始网格图形的面，只影响这些面。选定运算对象的面未添加到布尔结果中。

• 应用运算对象材质：布尔运算产生的新面获取运算对象的材质。

• 保留原始材质：布尔运算产生的新面保留原始对象的材质。

（3）"高级选项"卷展栏中的重要参数介绍如下（如图3-33所示）。

图3-33

• 设为四边形：启用该复选框时，会将布尔对象的镶嵌从三角形改为四边形。当启用"设为四边形"复选框后，对"消减%"设置没有影响。"设为四边形"可以使用四边形网格算法重设平面曲面的网格。将该能力与"网格平滑""涡轮平滑"和"可编辑多边形"中的细分曲面工具结合使用可以产生动态效果。

• 四边形大小%：确定四边形的大小作为总体布尔对象长度的百分比。

• 全部移除：移除一个面上的所有其他共面的边，这样该面本身将定义多边形。

• 只移除不可见：移除每个面上的不可见边。

• 不移除边：不移除边。

设置材质

下面将设置场景中平底锅模型的材质。

01 将当前的渲染器指定为V-Ray。在工具箱中单击 ▣（材质编辑器）按钮，打开"材质编辑器"对话框，从中选择一个新的材质样本球，将材质转换为VRayMtl材质，在"VRay材质 基本参数"卷展栏中设置"漫反射"的红绿蓝为255、120、0，设置"反射"的红绿蓝为13、13、13，设置反射的"光泽"为0.9，勾选"菲涅耳反射"复选框，如图3-34所示。在场景中选择作为锅底和锅把的模型，单击 ▣（将材质指定给选定对象）按钮，将材质指定给场景中选中的模型。

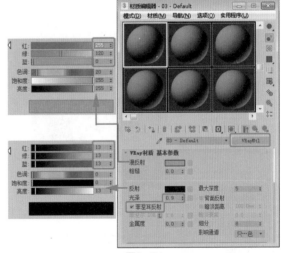

图3-34

02 选择一个新的材质样本球，将材质转换为VRayMtl材质，在"VRay材质 基本参数"卷展栏中设置"漫反射"的红绿蓝为128、128、128，设置"反射"的红绿蓝为233、233、233，设置反射的"光泽"为0.85，取消勾选"菲涅耳反射"复选框，设置"细分"为16，如图3-35所示。在场景中选择作为锅底和锅把的连接模型，单击 （将材质指定给选定对象）按钮，将材质指定给场景中选中的模型。

图3-37

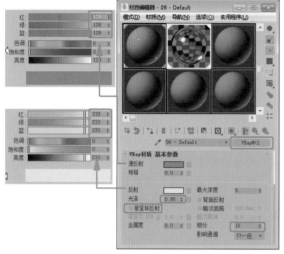

图3-35

03 选择一个新的材质样本球，将材质转换为VRayMtl材质，在"VRay材质 基本参数"卷展栏中设置"漫反射"的红绿蓝为0、0、0，设置"反射"的红绿蓝为4、4、4，设置反射的"光泽"为0.7，勾选"菲涅耳反射"复选框，设置"细分"为16，如图3-36所示。在场景中选择作为不干锅区域的模型，单击 （将材质指定给选定对象）按钮，将材质指定给场景中选中的模型。

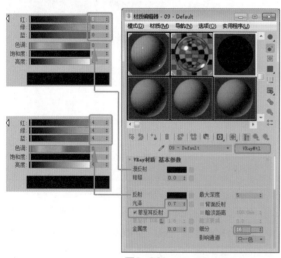

图3-36

最后，将制定材质后的模型合并到一个场景中，如图3-37所示，对模型进行渲染输出即可。

★★★★ 3.3 商业案例——制作烧水壶

3.3.1 案例设计分析

扫码看视频

■ 案例类型

本案例制作烧水壶模型。

■ 项目诉求

烧水壶是盛水的容器，通过加热将壶内的水烧开成为热水。通常放置在厨房中，如图3-38所示。

图3-38

图3-38（续）

根据需求，下面将制作一款烧水壶模型效果，作为制作厨房效果图时的装饰构件。

3.3.2 材质配色方案

烧水壶一般有两种材质，一种是导热快的金属材质，一种是把手上的隔热的塑料或其他材质。

■ 主材质

主材质使用有色金属材质，有色金属包括比较流行和常用的珠光漆和金属漆。有色金属材质给单调的黑白金属带来生机，随着技术的不断创新和发展，有色金属也逐渐使用到耐热的厨具中，如图3-39所示。

图3-39

■ 辅助材质

辅助材质为黑色的有漆金属和黑色塑料材质。

■ 其他材质方案

为了更好地配合各种场景，下面提供了多种有漆金属材质的烧水壶以供选择，如图3-40所示。

图3-40

3.3.3 同类作品欣赏

3.3.4 项目实战

■ 制作流程

本案例主要使用"球体"和"圆柱体"创建基本模型的形状；使用"编辑多边形"修改器调整模型的挤出、倒角、切角、拆分、分离等调整模型的形状；使用"壳"修改器设置模型的厚度；使用"网格平滑"修改器设置模型的平滑效果；使用"弯曲"修改器设置烧水壶把的弯曲，制作出烧水壶模型；参考平底锅场景设置有漆金属材质和黑色塑料材质，最后将模型导入一个场景中，渲染场景，得到最终效果图，如图3-41所示。

图3-41

■ 技术要点

使用 "球体"和"圆柱体"创建基本模型的形状；

使用"编辑多边形"修改器调整模型的形状；

使用"壳"修改器设置模型的厚度；

使用"网格平滑"修改器设置模型的平滑效果；

使用"弯曲"修改器设置烧水壶把的弯曲。

■ 操作步骤

制作模型

这次将采用多边形建模的方式制作烧水壶模型，并结合使用"壳"修改器和"网格平滑"修改器完成烧水壶模型的制作。

01 单击"＋（创建）>●（几何体）>标准基本体>球体"按钮，在"顶"视图中创建球体，在"参数"卷展栏中设置"半径"为200、"分段"为32，如图3-42所示。

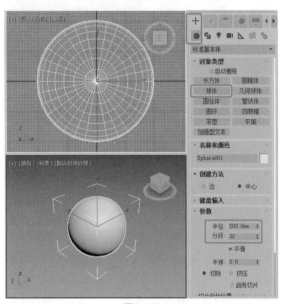

图3-42

02 切换到 （修改）命令面板，为模型添加"编辑多边形"修改器，将选择集定义为"顶点"，在"前"视图中框选下半部分的顶点，

在"编辑几何体"卷展栏中单击"塌陷"按钮，将顶点塌陷为一个顶点，如图3-43所示。

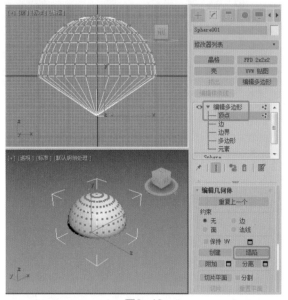

图3-43

03 在"前"视图中移动调整顶点，调整模型至如图3-44所示的效果。

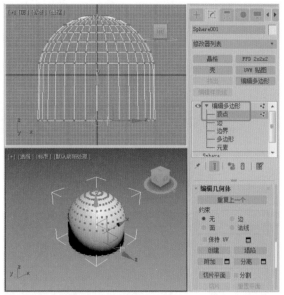

图3-44

04 将选择集定义为"边"，在"前"视图中框选最下方的垂直的边，在"编辑边"卷展栏中单击"连接"按钮后的 （设置）按钮，在弹出的助手小盒中设置分段为1，单击 （确定）按钮，如图3-45所示。

05 将选择集定义为"顶点"，在场景中调整顶点，如图3-46所示。

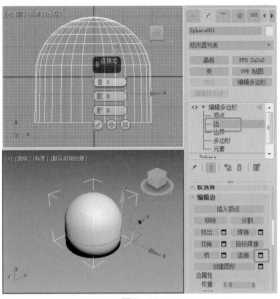

图3-45

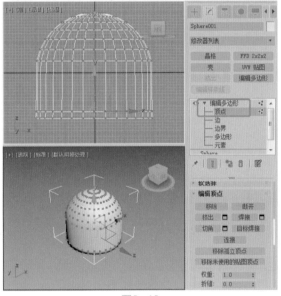

图3-46

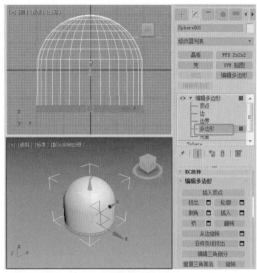

图3-47

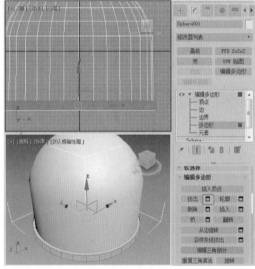

图3-48

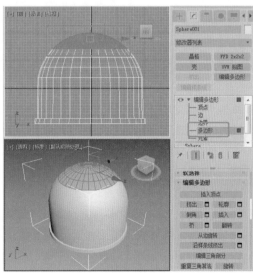

图3-49

06 调整顶点后，将选择集定义为"多边形"，在"前"视图中选择如图3-47所示的多边形。

07 在"编辑多边形"卷展栏中单击"挤出"后的 ▣（设置）按钮，在弹出的助手小盒中设置合适的挤出数量，单击 ☑（确定）按钮，如图3-48所示。

08 选择如图3-49所示的多边形。

09 在"编辑几何体"卷展栏中单击"分离"后的 ▣（设置）按钮，在弹出的"分离"对话框中勾选"分离为克隆"复选框，单击"确定"按钮，如图3-50所示。

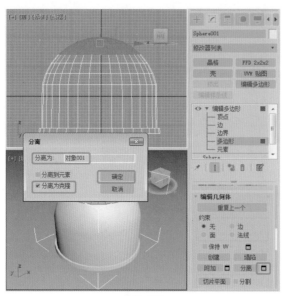

图3-50

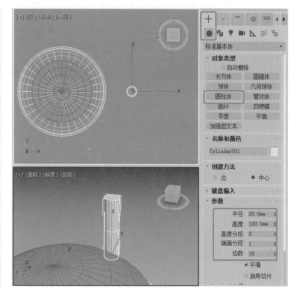

图3-52

⑩ 关闭选择集，选择分离出的模型，为模型添加"壳"修改器，在"参数"卷展栏中设置"外部量"为1，如图3-51所示。

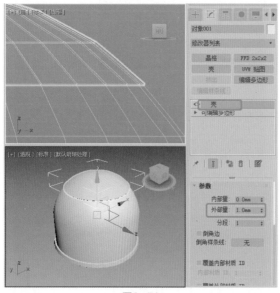

图3-51

⑪ 单击"➕（创建）>● （几何体）>标准基本体>圆柱体"按钮，在"顶"视图中创建圆柱体，在"参数"卷展栏中设置"半径"为20、"高度"为180、"高度分段"为2、"端面分段"为1、"边数"为18，如图3-52所示。

⑫ 为模型添加"编辑多边形"修改器，将选择集定义为"顶点"，在"前"视图中调整顶点的位置，再将选择集定义为"多边形"，选择"前"视图如图3-53所示的多边形。

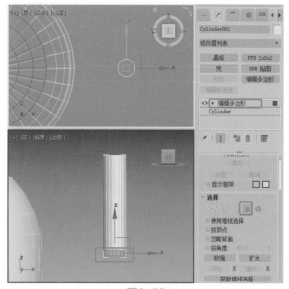

图3-53

⑬ 选择多边形后，在"编辑多边形"卷展栏中单击"挤出"后的▣（设置）按钮，在弹出的助手小盒中设置合适的挤出数量，单击◢（确定）按钮，设置后的挤出多边形如图3-54所示。

⑭ 选择顶部的多边形，使用"倒角"工具设置多边形的倒角，不要设置倒角高度，使用完倒角工具后关闭"倒角"工具按钮，如图3-55所示。

⑮ 设置多边形的倒角轮廓后，使用"挤出"工具，设置多边形向内挤出，使其形成一种管状模型效果，如图3-56所示。

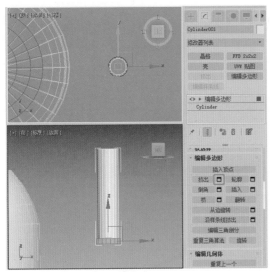

图3-54

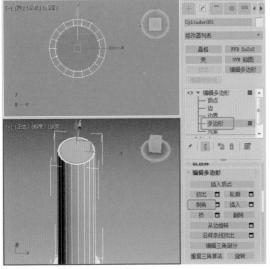

图3-55

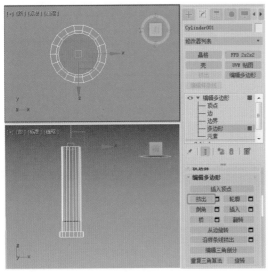

图3-56

16 调整模型后，关闭选择集，在场景中调整模型的位置和角度，该模型作为烧水壶的壶嘴，如图3-57所示。

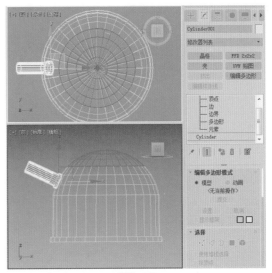

图3-57

17 选择壶嘴模型，按Ctrl+V组合键，在弹出的"克隆选项"对话框中选择"复制"选项，单击"确定"按钮，如图3-58所示。

图3-58

18 复制模型后，在修改器堆栈中删除"编辑多边形"修改器，修改模型的"半径"和"高度"，如图3-59所示。

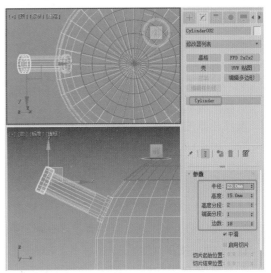

图3-59

19 为模型添加"编辑多边形"修改器,将选择集定义为"顶点",选择如图3-60所示的顶点,在工具栏中右击 ▓（选择并均匀缩放）按钮,在弹出的"缩放变换输入"对话框中设置合适的缩放参数,缩放顶点。

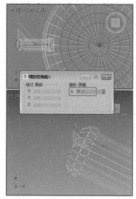

图3-60

20 将选择集定义为"多边形",选择如图3-61所示的多边形。

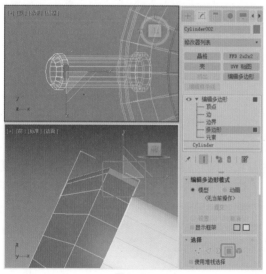

图3-61

21 在"编辑多边形"卷展栏中单击"挤出"后的 ■（设置）按钮,在弹出的助手小盒中设置挤出高度为10,单击 ◉（应用并继续）按钮,如图3-62所示。

22 继续设置挤出高度为2,单击 ✓（确定）按钮,如图3-63所示。

23 选择如图3-64所示的多边形。

24 在"编辑多边形"卷展栏中单击"倒角"后的 ■（设置）按钮,在弹出的助手小盒中设置轮廓为-2.5,单击 ✓（确定）按钮,如图3-65所示。

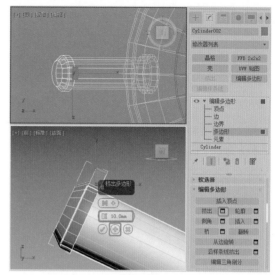

图3-62

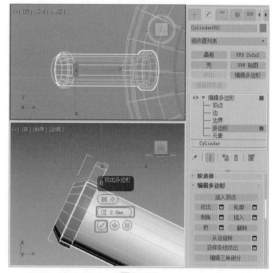

图3-63

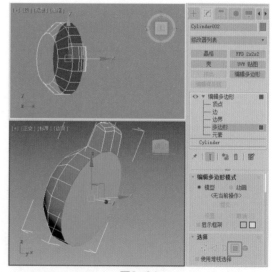

图3-64

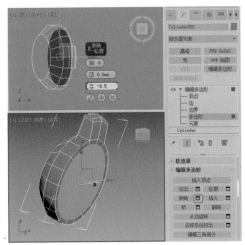

图3-65

25 继续单击"挤出"后的 ■（设置）按钮，在弹出的助手小盒中设置挤出高度为-4，单击 ✓（确定）按钮，如图3-66所示。

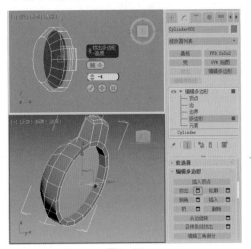

图3-66

26 关闭选择集，为模型添加"网格平滑"修改器，使用默认的参数，如图3-67所示。

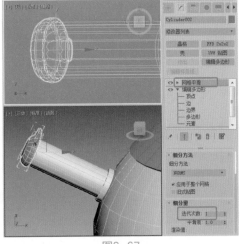

图3-67

"网格平滑"修改器通过多种不同方法平滑场景中的几何体。它允许用户细分几何体，同时在角和边插补新面的角度，以及将单个平滑组应用于对象中的所有面。"网格平滑"的效果是使角和边变圆，就像它们被锉平或刨平一样，如图3-68所示。使用"网格平滑"参数可控制新面的大小和数量，以及它们如何影响对象曲面。

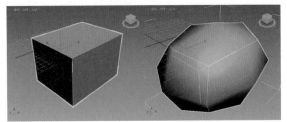

图3-68

其中最重要的一个参数就是"迭代次数"。在增加迭代次数时要注意，对于每次迭代，对象中的顶点和曲面数量（以及计算时间）增加4倍，参数越大就越平滑。对平均适度的复杂对象应用4次迭代会花费很长时间来进行计算。可按 Esc 键停止计算。

27 为分离出的烧水壶的盖模型添加"网格平滑"修改器，使用默认的参数，并修改"壳"的"外部量"为3，增加一些厚度，如图3-69所示。

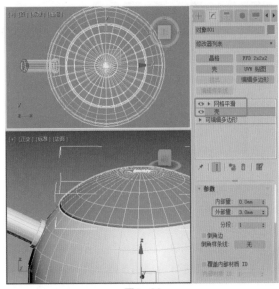

图3-69

28 单击 " ➕（创建）> ● （几何体）>标准基本体> 球体"按钮，在"顶"视图中创建球体，在"参数"卷展栏中设置合适的参数，如图3-70所示。

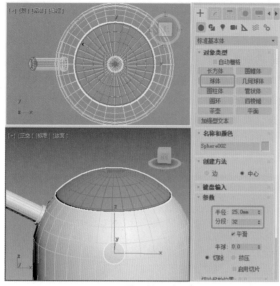

图3-70

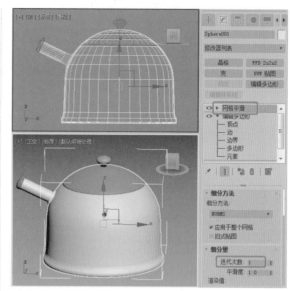

图3-72

㉙ 在场景中缩放球体，为球体添加"编辑多边形"修改器，在"前"视图中调整顶点，调整模型的效果如图3-71所示。

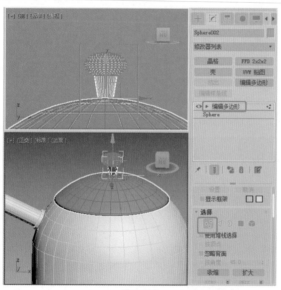

图3-71

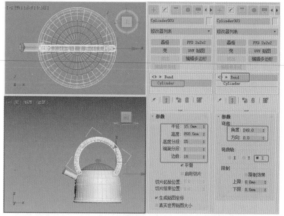

图3-73

㉚ 在场景中选择烧水壶壶体，为其添加"网格平滑"修改器，使用默认的参数，如图3-72所示。

㉛ 作为场景中创建"圆柱体"，在"参数"卷展栏中设置圆柱体合适的参数，并为其添加"弯曲"修改器，在"参数"卷展栏中设置"角度"为249、"方向"为0，选择"弯曲轴"为Z，在场景中旋转模型合适的角度，如图3-73所示。

㉜ 为设置弯曲后的圆柱体，添加"编辑多边形"修改器，将选择集定义为"边"，在场景中选择如图3-74所示的边，在"编辑边"卷展栏中单击"挤出"后的 ■（设置）按钮，在弹出的助手小盒中设置合适的挤出参数。

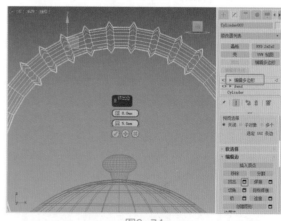

图3-74

中文版3ds Max/VRay商业案例项目设计完全解析

33 确定挤出后的边处于选择状态，在"编辑边"卷展栏中单击"切角"后的 ■（设置）按钮，在弹出的助手小盒中设置切角量为6、分段为4，单击 ✓（确定）按钮，如图3-75所示。

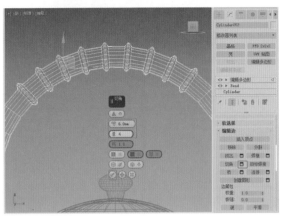

图3-75

34 调整模型后，关闭选择集，为模型添加"网格平滑"修改器，使用默认的参数，如图3-76所示。

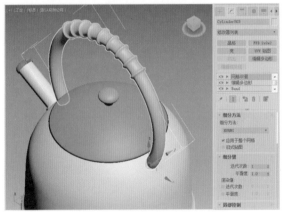

图3-76

最后，参考平底锅模型的材质，设置一个红色的有漆金属和黑色的亚光材质，将完成的场景合并到一个可渲染的场景中，对模型渲染输出即可，如图3-77所示。

图3-77

3.4 商业案例——制作实木橱柜

3.4.1 案例设计分析

扫码看视频

■ 案例类型

本案例制作一款实木橱柜。

■ 项目背景

橱柜是指厨房中存放厨具以及做饭操作的平台。此外使用明度较高的色彩搭配，由五大件组成，柜体、门板、五金件、台面、电器，如图3-78所示。

图3-78

第3章 厨具设计

根据要求，下面将制作一款一字形橱柜组合，中间要留出抽油烟机的位置。

■ 设计思路

因为厨房尺寸较小，所以客户要求设计一款一字形橱柜，根据提供的尺寸在中间留出抽油烟机的位置。本款案例针对的客户为退休老人，所以需要设计一款稍微带点仿古效果的橱柜门，参考图如图3-79所示。

图3-79

3.4.2 材质配色方案

根据项目的要求，本案例主要设置一个主材质为木纹的橱柜，辅助材质将使用黑色的大理石材质，门把手将采用钛金材质，使整个搭配看起来实用和方便即可。

■ 其他材质方案

在此橱柜的基础上设置了其他的3种适合青年

人的时尚橱柜材质可供选择，如图3-80所示。

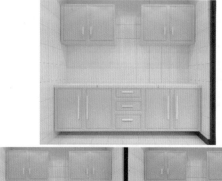

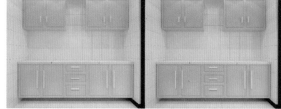

图3-80

3.4.3 同类作品欣赏

3.4.4 项目实战

■ 制作流程

本案例主要使用"编辑多边形"修改器编辑并调整模型；使用"圆柱体"和可渲染的"线"制作把手；创建"矩形"，使用"编辑样条线"修改器修改矩形的形状；通过使用"挤出"修改器设置出橱面的效果；制作出模型后设置合适的材质；最后，导入到场景中对其进行调整和渲染，即可得到最终效果如图3-81所示。

图3-81

■ 技术要点

使用"编辑多边形"修改器调整长方体为柜门和抽屉；

使用"圆柱体"和可渲染的"线"制作把手；

使用"矩形"和"编辑样条线"修改器调整柜面的界面图形；

使用"挤出"修改器设置出柜面的厚度。

■ 操作步骤

制作模型

首先，我们来制作橱柜的3D模型，该模型为多边形建模，通过使用"编辑多边形"可以制作出许多效果，所以熟练掌握多边形建模是必要的进阶方法。

01 单击"➕（创建）>●（几何体）>标准基本体>长方体"按钮，在"前"视图中创建长方体，在"参数"卷展栏中设置"长度"为600、"宽度"为400、"高度"为350，如图3-82所示。

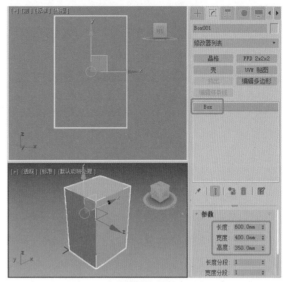

图3-82

02 为长方体添加"编辑多边形"修改器，将选择集定义为"多边形"，在"前"视图中选择正面的多边形，如图3-83所示。

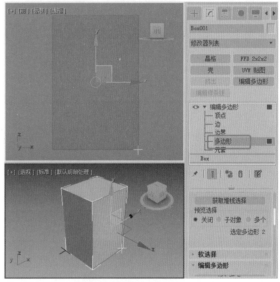

图3-83

03 在"编辑多边形"卷展栏中单击"倒角"按钮，在舞台中设置多边形的轮廓，不要设置倒角高度，设置合适后在舞台中单击即可，如图3-84所示。

04 继续设置模型向内的倒角效果，如果对"倒角"工具使用不熟练的话，可以单击"倒角"后的▫（设置）按钮，在弹出的助手小盒中精确设置倒角效果，如图3-85所示。

05 继续设置模型向外突出的倒角效果，如图3-86所示。

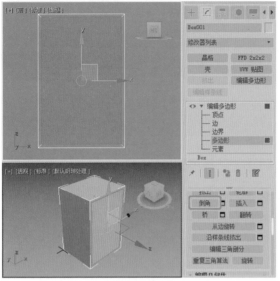

图3-84

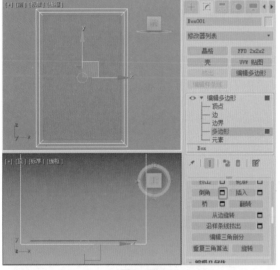

图3-85

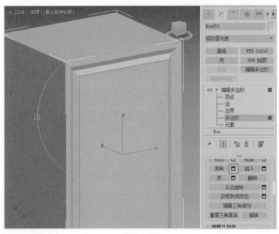

图3-86

06 设置倒角后，关闭选择集，设置模型的倒角效果如图3-87所示。

图3-87

07 单击"+（创建）>●（几何体）>标准基本体>圆柱体"按钮，在"顶"视图中创建圆柱体，在"参数"卷展栏中设置"半径"为10、"高度"为300、"高度分段"为1，如图3-88所示。

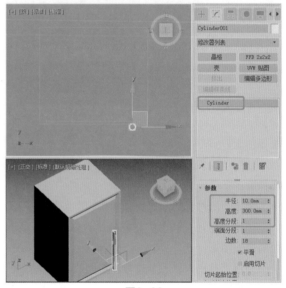

图3-88

08 调整圆柱体的位置，单击"+（创建）>◎（图形）>样条线>线"按钮，在"顶"视图中创建线，在"渲染"卷展栏中勾选"在渲染中启用"和"在视口中启用"复选框，设置"径向"的"厚度"为8，如图3-89所示。

09 复制可渲染的样条线，制作出把手的效果，如图3-90所示。

10 对模型进行复制，调整模型的位置，组合出一组柜子效果，如图3-91所示。

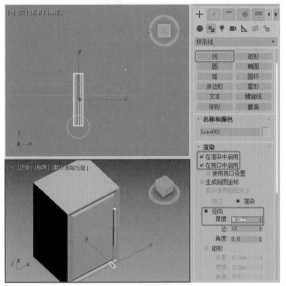

图3-89

图3-90

图3-91

11 选择柜子模型，对模型进行复制，将选择集定义为"顶点"，在场景中调整模型作为橱柜的透视，调整柜子的抽屉模型，如图3-92所示。

12 复制模型，得到如图3-93所示的效果。

13 单击"⊕（创建）>◯（图形）>样条线>矩形"按钮，在"左"视图中创建矩形，在"参数"卷展栏中设置"长度"为35、"宽度"为350，如图3-94所示。

图3-92

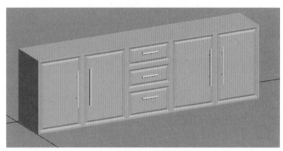

图3-93

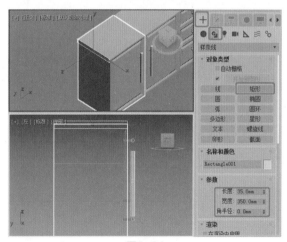

图3-94

14 切换到◯（修改）命令面板，为其添加"编辑样条线"修改器，将选择集定义为"顶点"，在"几何体"卷展栏中单击"优化"按钮，优化顶点，如图3-95所示。

15 优化顶点后，关闭"优化"按钮，通过调整顶点，调整图形的形状，如图3-96所示。

16 调整矩形的形状后，关闭选择集，为图形添加

"挤出"修改器，在"参数"卷展栏中设置"数量"为2020，如图3-97所示。

改器，将选择集定义为"顶点"，统一调整模型，如图3-98所示。

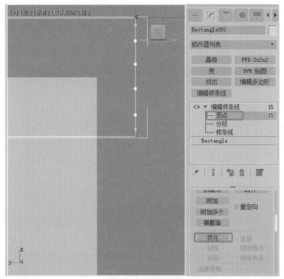

图3-95

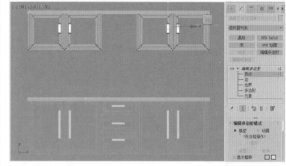

图3-98

18 调整出的壁橱模型效果，如图3-99所示。

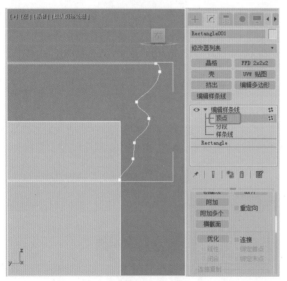

图3-96

图3-99

橱柜材质的设置

模型调整完成之后，下面将为橱柜整体设置木纹材质、为橱面设置黑色大理石、为把手设置钛金材质，材质设置的具体参数和步骤如下。

01 设置当前渲染器为VRay，打开材质编辑器，选择一个新的材质样本球，将材质转换为VRayMtl材质，将材质命名为"木纹"，在"基本参数"卷展栏中勾选"反射"组中的"菲涅耳反射"复选框，如图3-100所示。

02 在"贴图"卷展栏中为"漫反射"指定"位图"贴图，贴图为随书配备资源中的"0Tutash157.JPG"文件，并为"反射"指定"衰减"贴图，设置好材质后，在场景中选择柜子模型，单击（将材质指定给选定对象）按钮，将材质指定给场景中选中的模型，如图3-101所示。

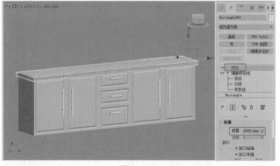

图3-97

17 复制并调整出上面橱柜的模型效果，可以选择需要调整的模型，为其添加"编辑多边形"修

中文版3ds Max/VRay商业案例项目设计完全解析

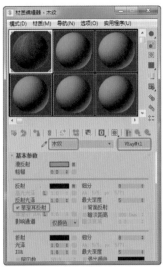

图3-100

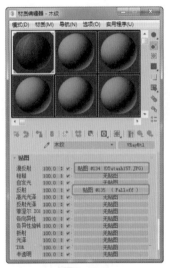

图3-101

03　确定场景模型处于选择状态，为模型添加 "UVW贴图" 修改器，在 "参数" 卷展栏中选择贴图类型为 "长方体"，设置 "长度" "宽度" "高度" 均为1200，如图3-102所示。

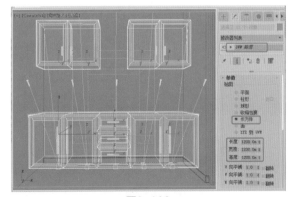

图3-102

04　选择一个新的材质样本球，设置大理石材质，将材质转换为VRayMtl材质，在 "基本参数" 卷展栏中设置 "反射" 的红绿蓝为13、13、13，设置 "高光光泽" 为0.6、"反射光泽" 为0.9，勾选 "菲涅耳反射" 复选框，如图3-103所示。

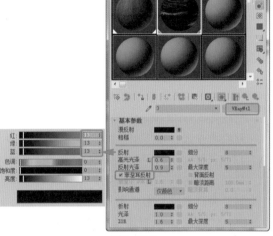

图3-103

05　在 "贴图" 卷展栏中为 "漫反射" 指定 "位图"，位图为随书配备资源中的 "云石黑色.jpg" 文件，如图3-104所示。在场景中选择柜面模型，单击 （将材质指定给选定对象）按钮，将材质指定给场景中选中的模型。

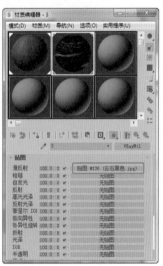

图3-104

06　在场景中为柜面模型添加 "UVW贴图" 修改器，在 "参数" 卷展栏中选择贴图类型为 "长方体"，设置"长度""宽度""高度"均为1200，如图3-105所示。

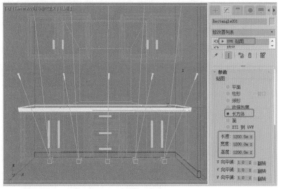

图3-105

07 选择一个新的材质样本球，设置钛金参数，将材质转换为VRayMtl材质，在"基本参数"卷展栏中设置"漫反射"的红绿蓝为89、64、43，设置"反射"的红绿蓝为89、64、43，设置"反射光泽"为0.85，取消"菲涅耳反射"复选框的勾选，设置"细分"为16，如图3-106所示，将材质指定给场景中的柜门把和抽屉把。

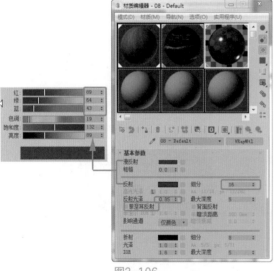

图3-106

08 至此，橱柜模型就制作完成。

最后，将橱柜模型合并到一个场景中进行渲染即可，这里就不详细介绍了。

04

第 4 章

卫浴洁具设计

卫浴洁具是放置在卫生间中使用的陶瓷及五金家具设备。

4.1 卫浴洁具概述

卫浴洁具是供居住者进行便溺、洗浴、盥洗等日常卫生活动的空间及用品，空间则是日常所说的卫生间，如图4-1所示，器具则是洗手台、马桶、洗浴室、淋浴房、水龙头、浴缸、淋浴柱等。

图4-1

4.1.1 卫浴洁具的分类

卫生间中的卫浴洁具主要分为以下7类。

（1）坐便器：坐便器俗称马桶。马桶可分为分体坐便器（水箱与便体之间有缝隙）、连体坐便器、冲落式坐便器、虹吸式坐便器、蹲便器、斗式小便器等，如图4-2所示。

图4-2

（2）面盆：由于陶瓷盆的烧成温度高，均匀，抗急冷急热能力强，不易裂，性价比较高。根据卫生间的大小可以选择柱盆、台上盆、台下盆或者艺术盆，如图4-3所示。

图4-3

（3）浴室柜：浴室柜除了考虑尺寸、款式和颜色外，还要重点考虑防潮、防水、防蛀，所以材料的好坏直接影响产品的质量，最好采用经过防潮处理的材料，如图4-4所示。

图4-4

（4）淋浴房：淋浴房充分利用室内一角，用围栏将淋浴范围清晰地划分出来，形成相对独立的洗浴空间。按款式分转角形淋浴房、一字形浴屏、圆弧形淋浴房等；按底盘的形状分方形、全圆形、扇形、钻石形淋浴房等，如图4-5所示。

图4-5

（5）水龙头：水龙头就是水阀，是水的"指挥家"，用来控制水流的大小开关，有节水的功效，如图4-6所示。

图4-6

（6）浴缸：浴缸是供沐浴或淋浴之用，通常装置在家居浴室内。有钢板浴缸、铸铁浴缸、亚克力浴缸和珠光浴缸，如图4-7所示。

图4-7

（7）淋浴柱：淋浴柱也就是通常所说的花洒，随着生活水平的提高，越来越多的家庭开始使用淋浴柱，淋浴柱的功能也越来越丰富，如图4-8所示。

图4-8

4.1.2 卫浴洁具的设计原则

随着人们对卫浴间的重视，各式美观精巧的卫浴洁具吸引着消费者的视线，越来越多的卫浴洁具色彩和款式也成为卫浴间的视觉亮点，在设计卫浴洁具时要遵循以下原则。

（1）通风：卫生间里是潮气聚集的地方，所以卫生间通风是关键。选择有窗户的明卫，最好安装一个功率大的排气换气扇。

（2）光线：明卫是指有自然光照射进来的卫浴空间，如果没有自然光，那么卫生间需要使用柔和而不直射的灯光，瓷砖和其他的卫浴器具则选择一些有反射的白净的卫浴洁具，所以在设计卫浴洁具时，一般会设计为白色的陶瓷和不锈钢。

（3）下水：下水是卫浴空间中最为重要的一环，主要是注意地漏和干湿隔离的设计。

（4）空间：一般卫浴空间都不大，理想的卫浴空间为5~8m²，所以在设计卫浴洁具时，避免浪费空间是设计师首要考虑的问题。

（5）功能：在设计的同时应重视其卫浴洁具的功能，避免华而不实的设计作品。

卫生间是家中最隐秘的一个地方，精心对待卫生间，就是精心捍卫自己和家人的健康与舒适。卫生间与健康休戚相关，卫生间的陈设是否科学合理，标志着生活质量的高低。

4.2 商业案例——毛巾架的设计

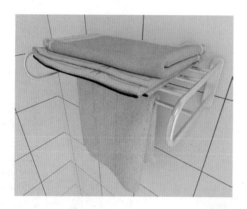

4.2.1 设计思路

扫码看视频

■ 案例类型

本案例制作一个毛巾架作为模型库。

■ 设计背景

毛巾架用来挂毛巾、浴巾用，主要出现的场合就是卫浴空间中，也可以用于美观装饰，如图4-9所示。

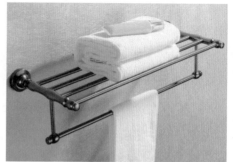

图4-9（续）

■ 设计定位

本案例将设计一款常用且简单的铁艺毛巾架，设计上采用圆角的双层毛巾架，上面一层可以放叠放的毛巾或一些其他的装饰素材，下面可以挂毛巾，类似于图4-9中间的毛巾架。

4.2.2 材质配色方案

在卫浴空间中为了防水，多数卫浴洁具都会采用金属和瓷器，所以本案例也将采用不锈钢材质制作毛巾架。不锈钢材质在卫浴空间是最为常见的，除了毛巾架外，淋浴器具也常采用不锈钢材质，如图4-10所示。

图4-9

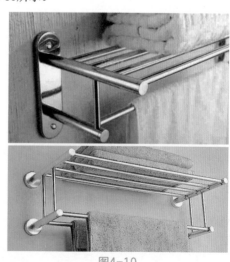

图4-10

■ 其他配色方案

除了采用不锈钢外，还可以采用有漆金属、塑料、钛金、玫瑰金等材质，这里就不一一列举了。

4.2.3 同类作品欣赏

4.2.4 项目实战

■ 制作流程

本案例主要模型的制作非常简单，只需使用创建图形，使用"倒角"修改器设置图形的厚度；使用"编辑样条线"修改器调整图形的形状；创建"矩形"和"线"，设置其可渲染，拼凑组合出毛巾架模型；制作出模型后，为其设置不锈钢材质，对模型进行渲染即可，如图4-11所示。

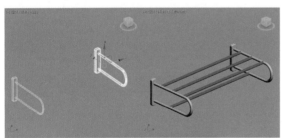

图4-11

■ 技术要点

使用"线"创建可渲染的线；

使用"倒角"修改器制作出作为底座矩形的厚度；

使用"编辑样条线"修改器调整图形的形状。

■ 操作步骤

创建毛巾架模型

通过分析本案例模型的主要制作流程，可以发现无论多么复杂的模型都是由最简单和最基础的工具，通过拼凑、组合来完成模型的制作。

01 单击"＋（创建）>■（图形）>矩形"按钮，在"前"视图中创建矩形，在"参数"卷展栏中设置"长度"为230、"宽度"为50、"角半径"为15，如图4-12所示。

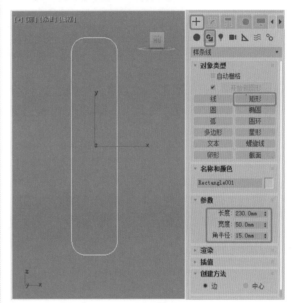

图4-12

02 切换到■（修改）命令面板，为矩形添加"倒角"修改器，在"倒角值"卷展栏中设置"级别1"的"高度"为20、"轮廓"为0；勾选"级别2"复选框，设置"高度"为5、"轮廓"为-5；在"参数"卷展栏中选择"曲面"组中的"曲线侧面"选项，设置"分段"为3，如图4-13所示，制作出毛巾架底座。

03 单击"＋（创建）>■（图形）>矩形"按钮，在"左"视图中创建矩形，在"参数"卷展栏中设置"长度"为150、"宽度"为500、"角半径"为70,如图4-14所示。

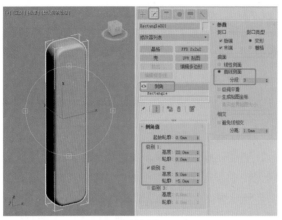

图4-13

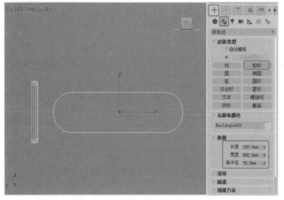

图4-14

04 切换到 ☑(修改)命令面板,在"渲染"卷展栏中勾选"在渲染中启用"和"在视口中启用"复选框,设置"径向"的"厚度"为15,如图4-15所示。

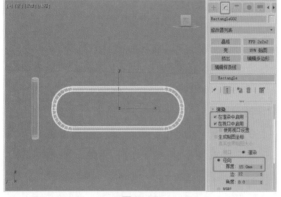

图4-15

05 为可渲染的矩形添加"编辑样条线"修改器,将选择集定义为"分段",在舞台中选择分段并删除,得到如图4-16所示的形状。

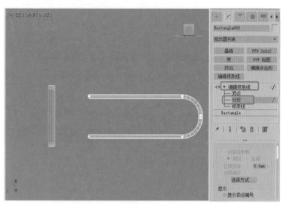

图4-16

06 删除分段后关闭选择集,选择两个模型,使用 ➕(选择并移动)工具,按住Shift键移动复制模型,如图4-17所示。

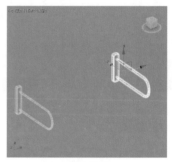

图4-17

07 单击"➕(创建)>◰(图形)>线"按钮,在场景中连接两个模型,作为置物区和毛巾杆,同时,可为修改后的图形添加"可渲染样条线"修改器,修改图形的可渲染的厚度,如图4-18所示。

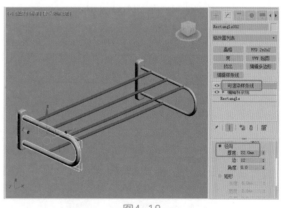

图4-18

08 组合出的毛巾架模型,如图4-19所示,在后期的调整过程中,可能会随时调整其大小和可渲染图形的效果。

图4-19

设置材质

模型创建完成后，接下来为毛巾架模型设置不锈钢材质。

01 设置渲染器为VRay。选择一个新的材质样本球，将材质转换为VRayMtl材质，设置"漫反射"的红绿蓝为42、42、42，设置"反射"的红绿蓝为235、235、235，设置"光泽"为0.8，取消"菲涅耳反射"的勾选，如图4-20所示。

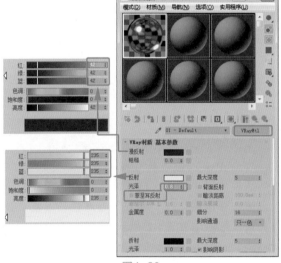

图4-20

02 指定材质后，将毛巾架模型合并到一个场景中，对其渲染输出即可，如图4-21所示。

图4-21

★★★★ 4.3 商业案例——制作浴盆

4.3.1 案例设计分析

扫码看视频

■ **案例类型**

本案例制作浴盆模型。

■ **项目诉求**

浴盆是卫生间的主要设备，浴盆的形式、大小有很多类别，归纳起来可分3种：深方形、浅长形及折中形。人入浴时需要水没肩，这样才可温暖全身，因此浴盆应保证有一定的水容量，短则深些，长则浅些，一般满水容量为230~320L，如图4-22所示。

图4-22

4.3.2 材质配色方案

本案例将制作白色陶瓷的浴盆，白色陶瓷在卫浴空间中是最常用的材质，防水的同时还便于清洁。

4.3.3　同类作品欣赏

4.3.4　项目实战

■　制作流程

本案例主要使用"矩形"创建浴盆的基本轮廓；创建"管状体"和圆柱体制作出出水孔和漏水孔的模型；使用"挤出"修改器，设置矩形图形的厚度；使用"编辑多边形"修改器设置模型的效果；使用"锥化"修改器制作出口大底小的效果；设置浴盆为白色陶瓷材质、设置出水和漏水口为金属材质，如图4-23所示。

图4-23

■　技术要点

创建"管状体"和圆柱体制作出出水孔和漏水孔的模型；

使用"挤出"修改器设置矩形图形的厚度；

使用"编辑多边形"修改器设置模型的效果；

使用"锥化"修改器制作出口大底小的

效果。

■　操作步骤

制作模型

这次来学习一个新的修改器"锥化"修改器。"锥化"修改器可以将模型设置为锥形，通过设置参数来设置锥化效果的强度。除此之外，还将学习"涡轮平滑"修改器，读者可以与"网格平滑"修改器进行对比，这里就不详细介绍了，下面来制作浴缸模型。

01　单击"　（创建）>　（图形）>矩形"按钮，在"顶"视图中创建矩形，在"参数"卷展栏中设置"长度"为1600、"宽度"为700、"角半径"为350，如图4-24所示。

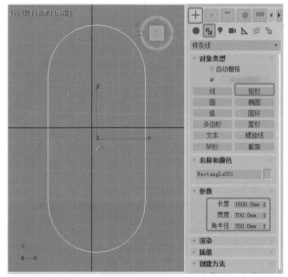

图4-24

02　切换到　（修改）命令面板，为其添加"挤出"修改器，在"参数"卷展栏在设置"数量"为400，如图4-25所示。

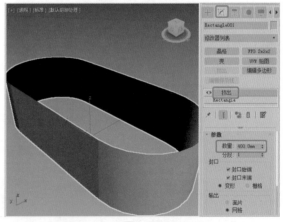

图4-25

中文版3ds Max/VRay商业案例项目设计完全解析

03 可以看到挤出的模型出现了错误。检查挤出的参数，如果无误的话返回到矩形参数中，修改其"角半径"为300，如图4-26所示。

"倒角"后的■（设置）按钮，在弹出的助手小盒中设置倒角高度为30、轮廓为35，如图4-30所示。

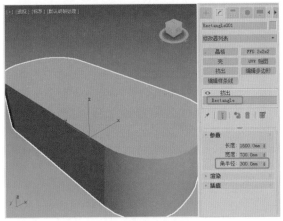

图4-26

04 返回到"挤出"修改器，为模型添加"编辑多边形"修改器，将选择集定义为"多边形"，在场景中选择底部的多边形，在"编辑多边形"卷展栏中单击"倒角"后的■（设置）按钮，在弹出的助手小盒中设置"高度"为40、轮廓为-35，单击◎（确定）按钮，如图4-27所示。

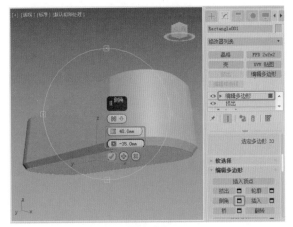

图4-27

05 将选择集定义为"边"，在场景中选择如图4-28所示的边。

06 在"编辑边"卷展栏中单击"切角"后的■（设置）按钮，在弹出的助手小盒中设置切角量为36左右、分段为4，单击◎（确定）按钮，如图4-29所示。

07 将选择集定义为"多边形"，在场景中选择顶部的多边形，在"编辑多边形"卷展栏中单击

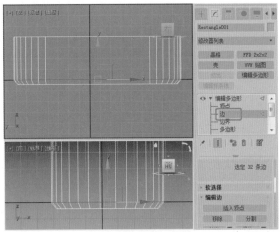

图4-28

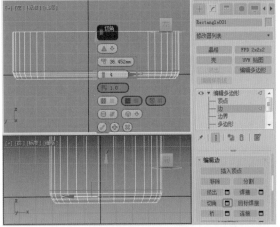

图4-29

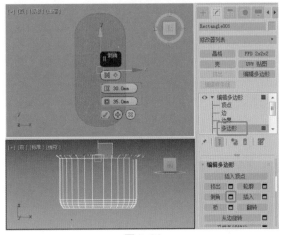

图4-30

08 单击◈（应用并继续）按钮，继续设置高度为30、轮廓为-35。

09 将选择集定义为"边",在场景中选择倒角中的一圈分段,在"编辑边"卷展栏中单击"切角"后的■（设置）按钮,在弹出的助手小盒中设置切角量为36左右、分段为4,单击◎（确定）按钮,如图4-31所示。

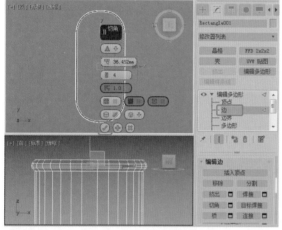

图4-31

10 将选择集定义为"多边形",在场景中选择顶部的多边形,在"编辑多边形"卷展栏中单击"倒角"后的■（设置）按钮,在弹出的助手小盒中设置倒角高度为0、轮廓为-16,如图4-32所示。

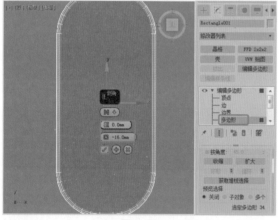

图4-32

11 单击"挤出"后的■（设置）按钮,在弹出的助手小盒中设置倒角高度为-462左右,如图4-33所示。

12 确定底部的多边形处于选择状态,按住Ctrl键,单击"选择"卷展栏中的▧（边）选择集按钮,可以看到多边形的一周圈边被选中,如图4-34所示。

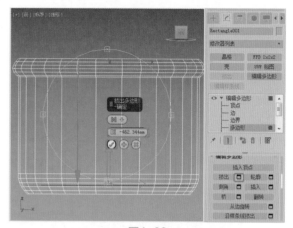

图4-33

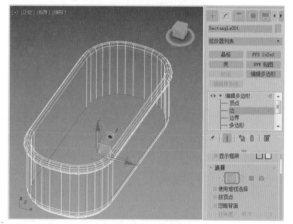

图4-34

13 在"编辑边"卷展栏中单击"切角"后的■（设置）按钮,在弹出的助手小盒中设置切角量为36左右、分段为4,单击◎（确定）按钮,如图4-35所示。

图4-35

14 设置切角后,关闭选择集,为模型添加"涡轮平滑"修改器,如图4-36所示。

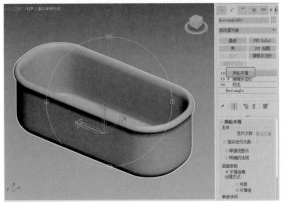

图4-36

▶ 涡轮平滑的使用和提示

"涡轮平滑"修改器被认为可以比网格平滑更快并更有效地利用内存。涡轮平滑提供网格平滑功能的限制子集。涡轮平滑使用单独平滑方法（NURBS），它可以仅应用于整个对象，不包含子对象层级并输出三角网格对象。

其使用方法与"网格平滑"修改器基本相同，都是通过设置"迭代次数"参数，增加网格的平滑细分。

15 为模型添加"锥化"修改器，在"参数"卷展栏中设置"数量"为0.45，如图4-37所示。

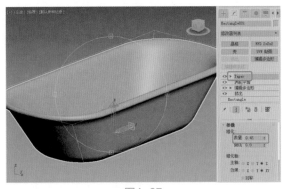

图4-37

16 单击"＋（创建）>●（几何体）>管状体"按钮，在"顶"视图中创建管状体，在"参数"卷展栏中设置"半径1"为45、"半径2"为30、"高度"为3、"高度分段"为1、"端面分段"为1、"边数"为30，如图4-38所示。

17 单击"＋（创建）>●（几何体）>圆柱体"按钮，在"参数"卷展栏中设置"半径"为30、"高度"为5、"高度分段"为1、"端面分

段"为1、"边数"为30，如图4-39所示。

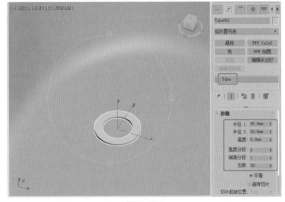

图4-38

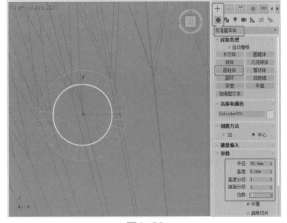

图4-39

18 创建圆柱体后，在场景中调整模型的位置，为模型添加"编辑多边形"修改器，将选择集定义为"边"，选择如图4-40所示的边。

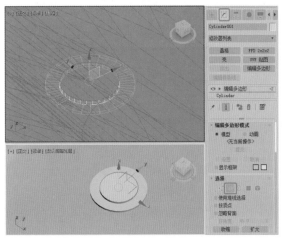

图4-40

19 在"编辑边"卷展栏中单击"切角"后的■（设置）按钮，在弹出的助手小盒中设置切角数量为2.199、分段为4，如图4-41所示。

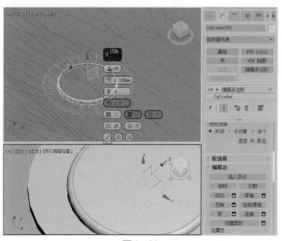

图4-41

20 在场景中复制调整后的圆柱体，复制出模型后，在场景中调整模型的角度和位置，如图4-42所示。

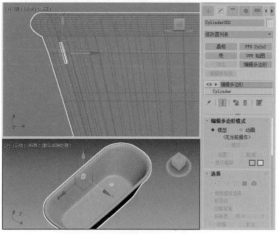

图4-42

21 调整模型后的浴缸模型，如图4-43所示。

图4-43

设置材质

下面将设置浴盆主材质为白色陶瓷材质，并设置一个不锈钢参数作为阻塞孔洞的塞子。

01 打开材质编辑器，选择一个新的材质样本球，

将材质转换为VRayMtl，可以为材质命名为"陶瓷"，在"基本参数"卷展栏中设置"漫反射"为白色，设置"反射"的红绿蓝为17、17、17，设置"细分"为16，设置"高光光泽"为0.85、"反射光泽"为0.92，如图4-44所示。在场景中选择浴缸模型，单击 （将材质指定给选定对象）按钮，将材质指定给场景中选中的模型。

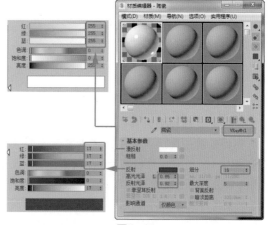

图4-44

02 打开材质编辑器，选择一个新的材质样本球，将材质转换为VRayMtl，在"基本参数"卷展栏中设置"漫反射"的红绿蓝为42、42、42，设置"反射"的红绿蓝为235、235、235，设置"反射光泽"为0.8、"细分"为16，如图4-45所示。在场景中选择光状体和调整后的圆柱体，单击 （将材质指定给选定对象）按钮，将材质指定给场景中选中的模型。

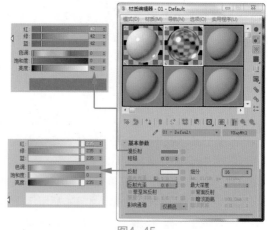

图4-45

最后，将浴缸模型合并到一个场景中，对其进行渲染输出即可。

4.4 商业案例——制作洗手盆和水龙头

4.4.1 案例设计分析

扫码看视频

■ 案例类型

本案例制作椭圆洗手盆和水龙头。

■ 项目背景

在选择洗手盆时，一般大家会选择白色陶瓷制作的洗手盆，虽然现在市场上不乏大理石和玻璃的洗手盆，但在习惯和搭配上，白色陶瓷的洗手盆是最为百搭的，如图4-46所示。

图4-46

水龙头一般采用金属质地，有些还会使用喷漆金属，在每个厨房和卫生间都会有至少一组水龙

头，如图4-47所示。

图4-47

■ 设计思路

本案例将制作一款放置于台面上的洗手盆。该洗手盆是最为常见的洗手盆类型，适用于一般装饰的卫生间，经济适用，虽不很美观，但是在制作室内效果时是最常用的一种，如图4-48所示。

图4-48

4.4.2 材质配色方案

本案例搭配使用不锈钢和白色陶瓷，两种材质搭配起来既简约又有现代感，如图4-49所示。

如果需要搭配其他场景，还可以调整白色陶瓷材质为大理石、金属、玻璃等。

图4-49

图4-49（续）

4.4.3 同类作品欣赏

4.4.4 项目实战

■ 制作流程

　　本案例主要介绍多边形建模，从开始到结束我们只使用了一种修改器，那就是"编辑多边形"修改器，通过对该案例的制作可以发现多边形建模的强大。如图4-50所示为制作的模型，以及导入到场景中的模型。

图4-50

■ 技术要点

　　创建"圆柱体"制作洗手盆模型；

　　使用"编辑多边形"修改器设置模型；

　　使用"切角圆柱体"创建下水塞子；

　　使用可渲染的"线"制作出水龙头的弯曲效果；

　　为模型指定瓷器和不锈钢材质。

■ 操作步骤

01　单击"＋（创建）>●（几何体）>圆柱体"按钮，在"顶"视图中创建圆柱体，在"参数"卷展栏中设置"半径"为200、"高度"为150、"高度分段"为1、"边数"为30，如图4-51所示。

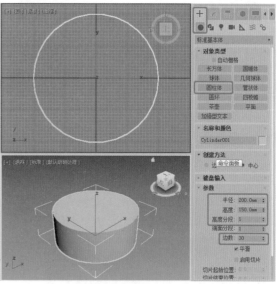

图4-51

02　为圆柱体添加"编辑多边形"修改器，将选择集定义为"多边形"，在"顶"视图中选择顶面的多边形。在"编辑多边形"卷展栏中单击"倒角"后的■（设置）按钮，在弹出的助手小盒中设置倒角为0、轮廓为-20，单击◎（确定）按钮，如图4-52所示。

03　确定多边形处于选择状态，在"编辑多边形"卷展栏中单击"挤出"后的■（设置）按钮，在弹出的助手小盒中设置挤出高度为-135，如图4-53所示。

04　设置挤出后，按住Ctrl键，单击■（边）选择集按钮，选择多边形的一圈边，如图4-54所示。

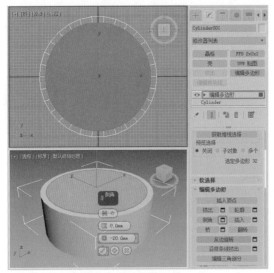

图4-52

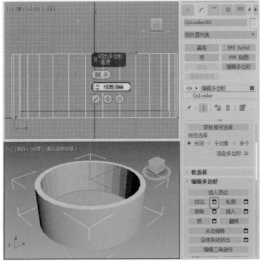

图4-53

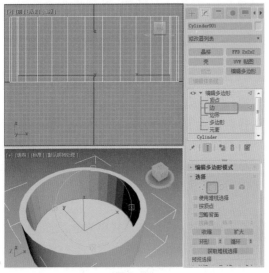

图4-54

05 选择边之后，在"编辑边"卷展栏中单击"切角"后的■（设置）按钮，在弹出的助手小盒中设置切角量为20、分段为4，如图4-55所示。

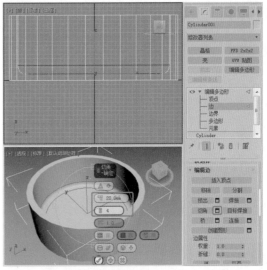

图4-55

06 继续选择如图4-56所示的边。

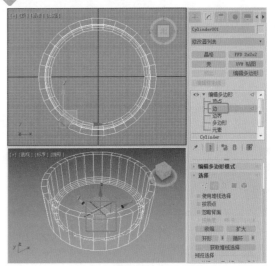

图4-56

07 在"选择"卷展栏中单击"循环"按钮，可以渲染选择的循环的边，如图4-57所示。

08 选择边后，在"编辑边"卷展栏单击"切角"后的■（设置）按钮，在弹出的助手小盒中设置切角量为7、分段为4，如图4-58所示。

09 单击"■（创建）>●（几何体）>扩展基本体>切角圆柱体"按钮，在"顶"视图中创建切角圆柱体。在"参数"卷展栏中设置"半径"为24、"高度"为17、"圆角"为3、"高度分段"为1、"圆角分段"为3、"边数"为30，如图4-59所示。

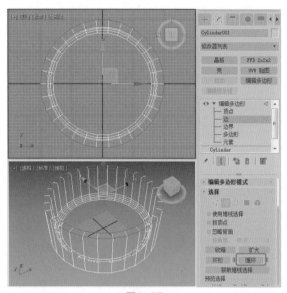

图4-57

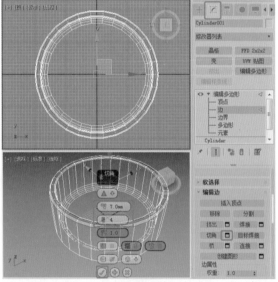

图4-58

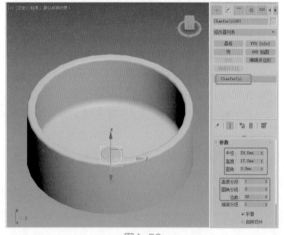

图4-59

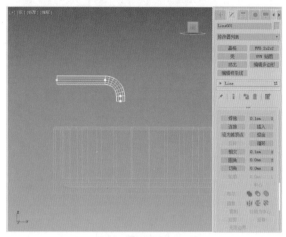

10 单击 "＋（创建）＞ 🔲（图形）＞线"按钮，在场景中创建线，设置合适的可渲染参数，并设置其圆角效果，如图4-60所示。

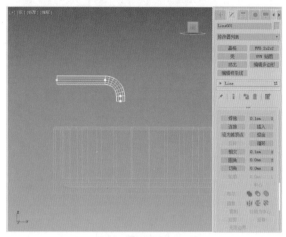

图4-60

11 为可渲染的线添加"编辑多边形"修改器，将选择集定义为"边"，在模型的下方可以看到转换为编辑多边形后出现的交叉线，这里需要将其选中，如图4-61所示。

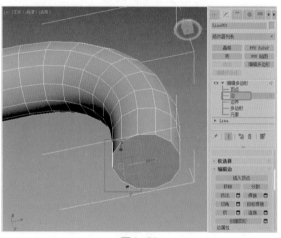

图4-61

12 在"编辑边"卷展栏中单击"移除"按钮，如图4-62所示。

13 将选择集定义为"多边形"，在场景中选择底部的多边形，在"编辑多边形"卷展栏中单击"倒角"后的🔲（设置）按钮，在弹出的助手小盒中设置倒角高度为0、轮廓为-1左右，如图4-63所示。

14 在"编辑多边形"卷展栏中单击"挤出"后的🔲（设置）按钮，在弹出的助手小盒中设置挤出的高度为-10左右，如图4-64所示。

中设置切角量为3、边数为4，如图4-66所示。

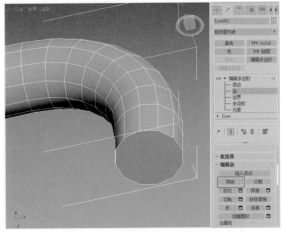

图4-62

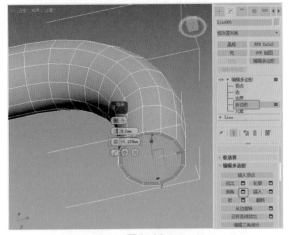

图4-63

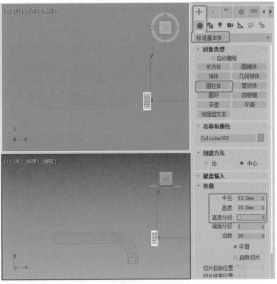

图4-65

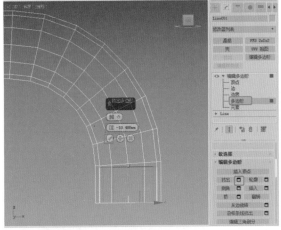

图4-64

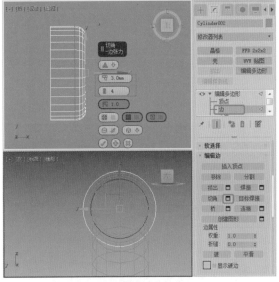

图4-66

⑰ 复制并组合模型作为水龙头的底座，如图4-67所示。

⑮ 设置挤出后，在场景中创建圆柱体，设置合适的参数即可，如图4-65所示。

⑯ 为圆柱体添加"编辑多边形"修改器，选择一侧的一圈边，在"编辑边"卷展栏中单击"切角"后的 ■（设置）按钮，在弹出的助手小盒

图4-67

⑱ 继续复制并调整模型为水龙头开关的底座，如图4-68所示。

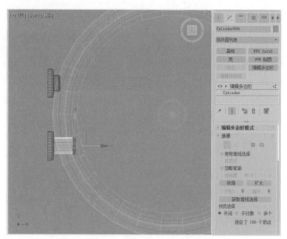

图4-68

19 复制并调整出开关模型的效果，如图4-69所示。

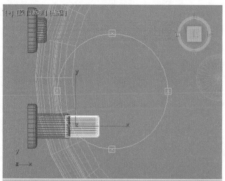

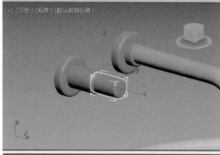

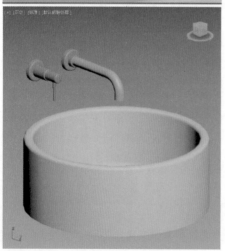

图4-69

至此，本案例制作完成，可以参考浴盆材质的设置，为本案例中的洗手盆设置陶瓷材质，为水龙头、水龙头开关设置不锈钢材质。

设置材质后，将模型导入到一个场景中，对其渲染输出即可。

★★★★
4.5 优秀作品欣赏

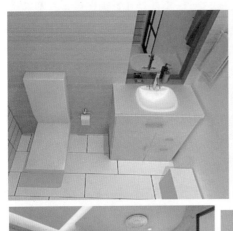 

05

第 5 章

家用电器设计

家用电器是人们日常生活中用电的、方便和提供服务的一些电器。在本章中，将带领大家认识什么是家电，以及家电的分类等。

★★★★ 5.1 家用电器概述

家电是在家庭及任何类似的场所中使用的各种电器，家用电器又被称为民用电器、日用电器，可帮助执行家庭杂务，如炊事、食物保存或清洁，除了家庭环境外，也可用于公司环境或是工业的环境里，如图5-1所示。

图5-1

5.1.1 家用电器的定义

家用电器简称家电，狭义上是指电路上的负载以及用来控制、调节或保护电路、电机等的设备，如扬声器、开关、变阻器、熔断器等。广义上的电器是指使用电气元件组合而成的产品，通常它们使用电力作为能量来源。

5.1.2 家电产品的分类

家用电器分为大型家电（白色家电、黑色家电）和小家电。这是家电行业早期根据电器产品的外观进行的一种笼统分类。

白色家电是指可以替代人们家务劳动的产品，以空调、冰箱、洗衣机为主。白色家电最早是指白色的家电产品，由于早期的家电体积较大，要保证电器的实际容积足够使用，必须将产品制造得很大，白颜色的外壳可以使机器本身看起来扁平一些，不那么突兀，同时白颜色可以有效地阻止机器内部能量的散失。现在白色家电产品是指减轻人们劳动强度的产品（如洗衣机、部分厨房电器），改善生活环境，提高物质生活水平。从本质上讲，白色家电更多的是通过电机将电能转换为热能、动能进行工作的产品，如图5-2所示为白色家电。

图5-2

图5-2（续）

黑色家电是指可提供娱乐的产品，如彩电、音响、游戏机、摄像机、照相机、电视游戏机、家庭影院、电话、电话应答机等。黑色家电最早是指采用珑管显示的电视机，它最外面有一圈黑色的边缘，因为黑褐色的外壳最不容易让消费者产生视觉反差，同时采用黑色的机身更容易散发热量。之后电视及其周边设备如家用游戏机、录像机等也被设计成黑色，如图5-3所示。

图5-3

小家电是指电脑信息产品、绿色家电，指在质量合格的前提下，可以高效使用且节约能源的产品，绿色家电在使用过程中不会对人体和周围环境造成伤害，在报废后还可以回收利用的家电产品，如：电饭锅，微波炉，电熨斗，饮水机等，如图5-4所示。

图5-4

5.2 商业案例——手机的设计

5.2.1 设计思路

扫码看视频

■ 案例类型

本案例制作一款手机模型。

■ 设计背景

在电器行业中，设计是一项比较高级的工作，需要工程师在其功能都具备的前提下，提高自身能力，如手机变薄、家电变小，这些都是设计师和家电工程师需要提升的。现在的电子产品以功能为主，轻薄、实用为辅。

本案例将要设计一款手机模型。手机又称为移动电话或无线电话，原本只是一种通信工具，从早期的大哥大到如今的便携式手机，经历了非常大的变化和升级，如图5-5所示，体现了移动电话的变化和升级。

图5-5

■ 设计定位

本案例将制作一款适合现代人的手机，功能包括双摄、红外线、大扩音等，全屏的智能手机模型需要制作出圆滑的效果，外观以传统的长方体为主。

本案例要求只制作出正面效果即可，所以在制作模型的过程中将忽略手机背面的制作。

5.2.2 材质配色方案

本案例需要设计一款白色和粉色相搭配的颜色，作为画册中的展示机型。

5.2.3 同类作品欣赏

5.2.4 项目实战

■ 制作流程

本案例主要使用多边形建模制作出手机的基础模型的形状，创建出与其交错的模型，布尔出手机的插孔和一些功能区域，创建一些基本模型，制作出侧按钮，如图5-6所示。

图5-6

■ 技术要点

使用"挤出"修改器设置矩形的厚度；

使用"编辑多边形"修改器制作手机模型；

使用"布尔"工具布尔孔洞；

设置场景模型为油漆金属和黑反射材质。

■ 操作步骤

创建手机模型

下面创建手机模型。

01 单击" ➕（创建）> ◢（图形）>矩形"按钮，在"顶"视图中创建矩形，在"参数"卷展栏中设置"长度"为200、"宽度"为100、"角半径"为10，如图5-7所示。

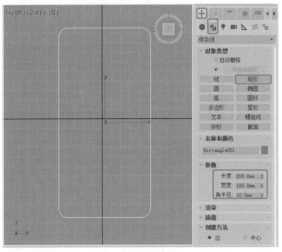

图5-7

02 切换到 (修改)命令面板，为矩形添加"挤出"修改器，在"参数"卷展栏中设置"数量"为10，如图5-8所示。

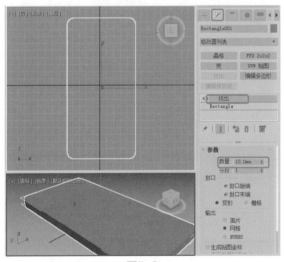

图5-8

03 为模型添加"编辑多边形"修改器，将选择集定义为"边"，在场景中选择如图5-9所示的边。

04 在"编辑边"卷展栏中单击"切角"后的 ■（设置）按钮，在弹出的助手小盒中设置切角量为2、分段为4，单击 ✓（确定）按钮，如图5-10所示。

05 选择底部的一圈边，在"编辑边"卷展栏中单击"切角"后的 ■（设置）按钮，在弹出的助手小盒中设置切角量为6、分段为4，单击 ✓

（确定）按钮，如图5-11所示。

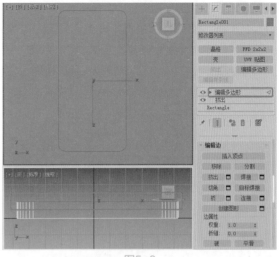

图5-9

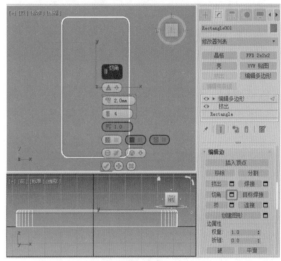

图5-10

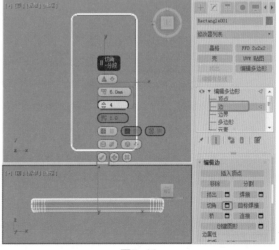

图5-11

06 将选择集定义为"多边形",在"顶"视图中
选择顶部的多边形,在"编辑多边形"卷展栏
中单击"倒角"后的■(设置)按钮,在弹
出的助手小盒中设置高度为0、轮廓为-5,如
图5-12所示。

图5-12

07 使用■(选择并均匀缩放)工具,在"顶"视
图中缩放多边形,缩放到合适的效果,如图5-13
所示。

图5-13

08 确定多边形处于选择状态,在"编辑几何体"卷
展栏中单击"分离"后的■(设置)按钮,弹出
"分离"对话框,单击"确定"按钮,如图5-14
所示。

09 在"顶"视图中创建"圆柱体",设置圆柱体
的"半径"为2、"高度"为5、"高度分段"
为1,如图5-15所示,复制出另外两个圆柱体,
调整圆柱体的位置。

图5-14

图5-15

10 单击"+(创建)>■(图形)>矩形"按钮,
在"顶"视图中创建矩形,在"参数"卷展栏
中设置"长度"为2、"宽度"为17、"角半
径"为1,如图5-16所示。

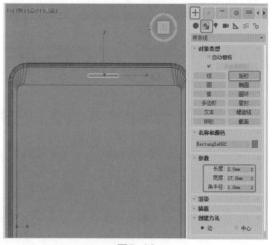

图5-16

11 切换到 ☑ （修改）命令面板，为其添加"挤
出"修改器，在"参数"卷展栏在设置"数
量"为10，如图5-17所示。

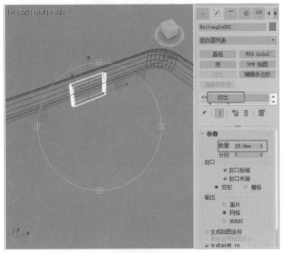

图5-17

12 复制模型，调整模型到如图5-18所示的位置，
修改其"半径"为0.1。

图5-18

13 复制模型，调整模型到如图5-19所示的位置，
修改其"半径"为0.3。

14 复制6个圆柱体到如图5-20所示的位置。

15 在场景中复制切角矩形，修改矩形的参
数，得到侧面音量键和开关机键，如图5-21
所示。

16 复制按钮到另一侧作为手机卡位置，如图5-22
所示。

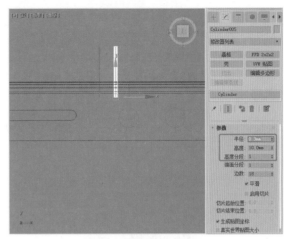

图5-19

图5-20

图5-21

图5-22

17 复制并调整出底部的布尔模型，如图5-23所示，选择所有作为手机模型的布尔对象，切换到 ✎ （实用程序）面板，在"实用程序"卷展栏中单击"塌陷"按钮，在"塌陷"卷展栏中单击"塌陷选定对象"按钮，将选择的对象塌陷为一个模型。

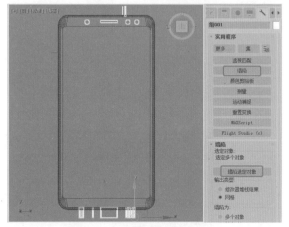

图5-23

18 在场景中选择手机模型，单击" ✛ （创建）> ● （几何体）>复合对象>ProBoolean"按钮，在"拾取布尔对象"卷展栏中单击"开始拾取"按钮，在场景中拾取塌陷的模型，如图5-24所示。

图5-24

19 在场景中选择作为手机卡的卡槽模型，使用ProBoolean工具布尔掉其圆柱体，作为针孔，如图5-25所示。

20 得到的模型如图5-26所示。

21 为手机模型添加"编辑多边形"修改器，将选择集定义为"多边形"，在场景中选择如图5-27所示的多边形。

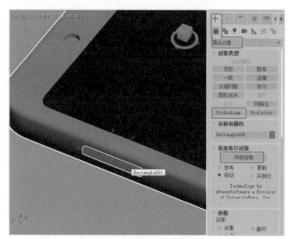

图5-25

图5-26

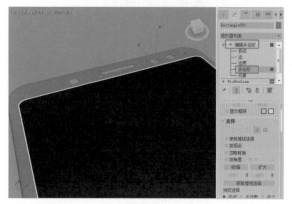

图5-27

22 选择多边形后，在"编辑几何体"卷展栏中单击"分离"后的 ▫ （设置）按钮，在弹出的"分离"对话框中单击"确定"按钮，如图5-28所示。

23 关闭选择集，选择分离后的多边形，为其添加"壳"修改器，为多边形设置一个厚度，在"参数"卷展栏中设置"外部量"为0.5，如图5-29所示。

24 可以改变一下模型的颜色，看一下手机模型当前的效果，如图5-30所示。

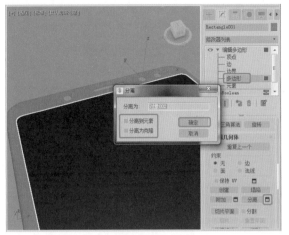

图5-28

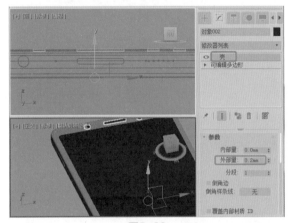

图5-29

图5-30

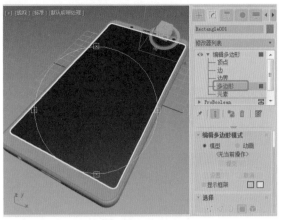

图5-31

图5-32

图5-33

㉕ 在场景中选择手机模型，将选择集定义为"多边形"，在场景中选择如图5-31所示的多边形。

㉖ 在"编辑几何体"卷展栏中单击"分离"后的 ▣（设置）按钮，在弹出的"分离"对话框中单击"确定"按钮，如图5-32所示。

㉗ 分离多边形后，关闭选择集，这样手机模型就制作完成了，如图5-33所示。

设置材质

手机模型制作完成后，下面介绍场景中手机模型材质的制作。

① 打开材质编辑器，选择一个新的材质样本球，将材质转换为VRayMtl，在"基本参数"卷展栏中设置"漫反射"的红绿蓝为5、5、5，设置"反射"的红绿蓝为208、208、208，设置"反射光泽"为0.9，取消"菲涅耳反射"复选框的勾选，如图5-34所示。在场景中选择手机屏

幕模型和手机屏幕上的摄像头等模型，单击 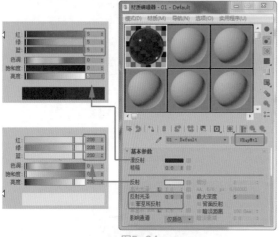（将材质指定给选定对象）按钮，将材质指定给场景中选中的模型。

选框的勾选，如图5-37所示。选择手机外壳和按键模型，单击 （将材质指定给选定对象）按钮，将材质指定给场景中选中的模型。

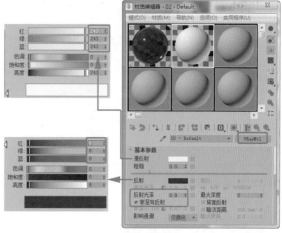

图5-34

图5-36

02 指定材质的模型，如图5-35所示。

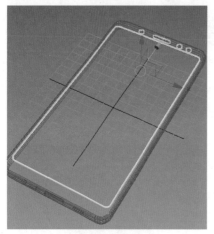

图5-35

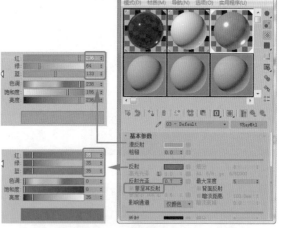

图5-37

03 选择一个新的材质样本球，将材质转换为VRayMtl，在"基本参数"卷展栏中设置"漫反射"的红绿蓝为243、243、243，设置"反射"的红绿蓝为8、8、8，设置"反射光泽"为0.9，勾选"菲涅耳反射"复选框，如图5-36所示。选择屏幕外侧的模型，单击 （将材质指定给选定对象）按钮，将材质指定给场景中选中的模型。

05 指定材质后，将手机模型合并到一个场景中，对其进行渲染输出即可，如图5-38所示。

04 接着设置外壳颜色，选择一个新的材质样本球，将材质转换为VRayMtl，在"基本参数"卷展栏中设置"漫反射"的红绿蓝为236、64、133，设置"反射"的红绿蓝为35、35、35，设置"反射光泽"为0.7，取消"菲涅耳反射"复

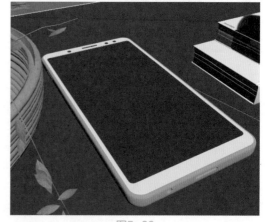

图5-38

中文版3ds Max/VRay商业案例项目设计完全解析

5.3 商业案例——制作音响

5.3.1 案例设计分析

扫码看视频

■ 案例类型

本案例设计制作一款音响。

■ 项目诉求

音响特指电器设备组合发出声音的一整套音频系统。随着社会的进步，人们向往的生活更多姿多彩。歌舞作为一种流传数千年的娱乐形式，深入各族人民的生活。大到满足上万人演唱会现场扩声需求，小到满足个人家庭弹奏乐器、K歌的需要，如图5-39所示。

图5-39

■ 设计定位

本案例将主要制作一个方形的、常规的音响，从中制作出凹进去的喇叭形状，达到简约效果。

5.3.2 材质配色方案

本案例中将采用木纹材质为主要材质，因为木质音响的音质效果好，所以在销量上木质音响还是稳居榜首的；除了木纹材质外还使用了黑色的材质制作喇叭效果，并在此基础上点缀一些不锈钢材质。

5.3.3 同类作品欣赏

5.3.4 项目实战

■ 制作流程

本案例主要使用ProBoolean工具和一些常用的基本修改器，制作堆砌模型，通过"编辑多边形"修改器修改音响的效果，如图5-40所示。

图5-40

技术要点

使用ProBoolean工具布尔出喇叭效果；

使用"编辑多边形"修改器设置音响模型的效果；

使用"挤出"修改器设置厚度；

为音响设置木纹、黑色反光、不锈钢材质。

操作步骤

制作模型

本案例主要使用ProBoolean工具进行布尔模型，然后通过"编辑多边形""壳""挤出"修改器进行编辑，再创建一些常用几何体和图形拼搭出模型的效果。

01 单击"➕（创建）>● （几何体）>扩展基本体>切角长方体"按钮，在"顶"视图中创建"切角长方体"，在"参数"卷展栏中设置"长度"为120、"宽度"为150、"高度"为150、"圆角"为5，如图5-41所示。

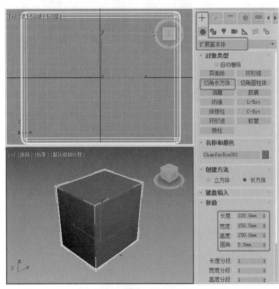

图5-41

02 单击"➕（创建）>● （几何体）>标准基本体>球体"按钮，在"前"视图中创建"球体"，在"参数"卷展栏中设置"半径"为50，如图5-42所示。

03 在场景中调整球体的位置，如图5-43所示。

04 在场景中选择切角长方体，单击"➕（创建）>● （几何体）>复合对象>ProBoolean"按钮，在"拾取布尔对象"卷展栏中单击"开始拾取"按钮，在场景中拾取球体，布尔模型，如图5-44所示。

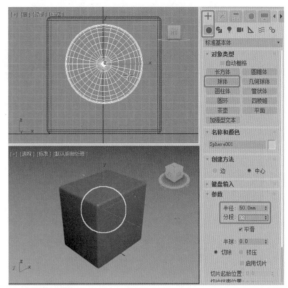

图5-42

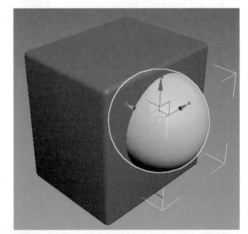

图5-43

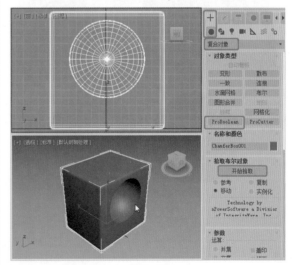

图5-44

05 为布尔后的模型添加"编辑多边形"修改器，将选择集定义为"多边形"，在场景中选择如

图5-45所示的多边形，在选择的过程中可以在"顶"视图中框选多边形，按住Alt键，减选不需要的多边形。

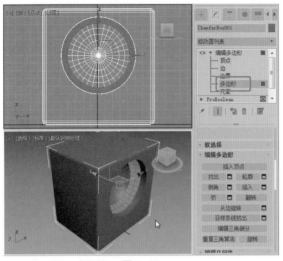

图5-45

06 选择多边形后，在"编辑几何体"卷展栏中单击"分离"后的 ■（设置）按钮，在弹出的"分离"对话框中勾选"分离为克隆"复选框，单击"确定"按钮，如图5-46所示。

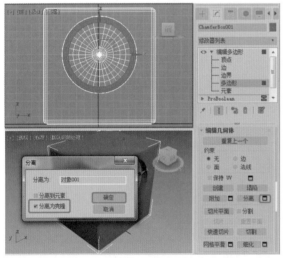

图5-46

07 分离多边形后关闭选择集，选择分离出的多边形，为其添加"壳"修改器，在"参数"卷展栏中设置"外部量"为1，如图5-47所示。

08 选择布尔的模型，将选择集定义为"多边形"，在场景中选择如图5-48所示的多边形。

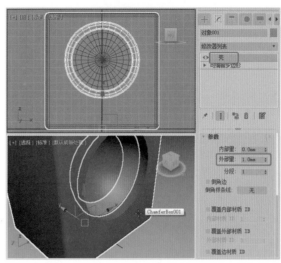

图5-47

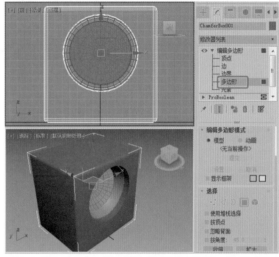

图5-48

09 选择多边形后，在"编辑几何体"卷展栏中单击"分离"后的 ■（设置）按钮，在弹出的"分离"对话框中勾选"分离为克隆"复选框，单击"确定"按钮，如图5-49所示。

10 关闭选择集，选择分离出的多边形，为其添加"壳"修改器，在"参数"卷展栏中设置"外部量"为1，如图5-50所示。

11 激活"顶"视图，在工具栏中单击 ■（镜像）按钮，在弹出的"镜像"对话框中选择"镜像轴"为Y，选择"克隆当前选择"组中的"不克隆"选项，单击"确定"按钮，如图5-51所示。

12 在"顶"视图中调整模型的位置，如图5-52所示。

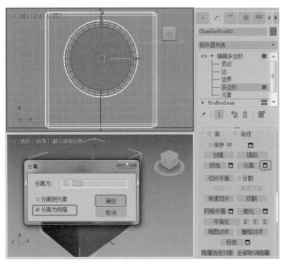

图5-49

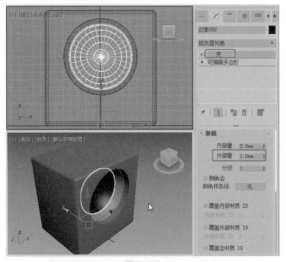

图5-50

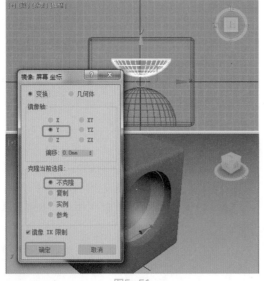

图5-51

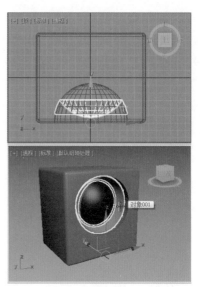

图5-52

13 单击"➕（创建）> 📐（图形）> 圆"按钮，在"前"视图中创建圆，在"参数"卷展栏中设置"半径"为38，在"渲染"卷展栏中勾选"在渲染中启用"和"在视口中启用"复选框，设置"厚度"为7，如图5-53所示。

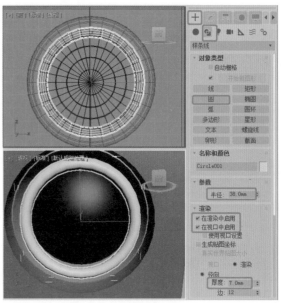

图5-53

14 在场景中调整可渲染的圆，在"插值"卷展栏中设置"步数"为12，通过设置插值参数可以设置出模型的平滑效果，如图5-54所示。

15 单击"➕（创建）> 📐（图形）> 矩形"按钮，在"前"视图中创建矩形，在"参数"卷展栏中设置"长度"为10、"宽度"为60、"角半径"为3，如图5-55所示。

图5-54

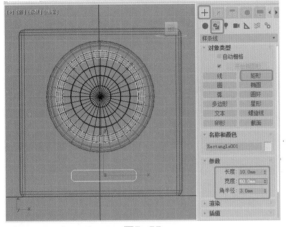

图5-55

16 为模型添加"挤出"修改器，在"参数"卷展栏中设置"数量"为1，如图5-56所示。

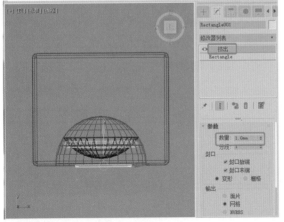

图5-56

17 单击"⊞（创建）>⚏（图形）>文本"按钮，在"前"视图中单击即可创建文本，创建文本后，在"参数"卷展栏中设置"大小"为10，在文本框中输入文本，设置合适的字体，如图5-57所示。

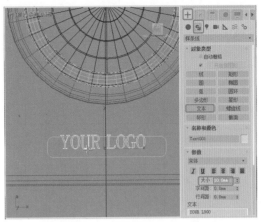

图5-57

18 切换到⚏（修改）命令面板，为其添加"挤出"修改器，在"参数"卷展栏中设置"数量"为1，在场景中调整模型的位置，如图5-58所示。

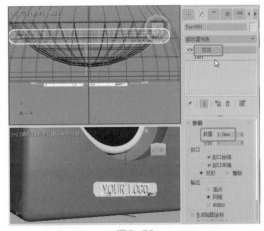

图5-58

19 单击"⊞（创建）>●（几何体）>标准基本体>圆锥体"按钮，在"顶"视图中创建圆锥体，在"参数"卷展栏中设置"半径1"为7、"半径2"为3、"高度"为-8，如图5-59所示。

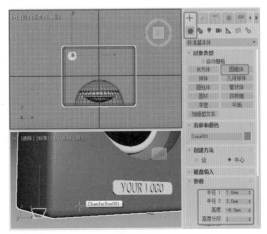

图5-59

⑳ 使用 ✛（选择并移动）工具，在"前"视图中按住Shift键移动复制模型，释放鼠标和按键，在弹出的"克隆选项"对话框中选择"复制"选项，单击"确定"按钮，如图5-60所示。

图5-60

㉑ 在"顶"视图中调整模型的位置，选择两个圆锥体，移动复制模型，如图5-61所示。

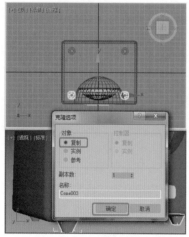

图5-61

㉒ 这样模型就制作完成了，如图5-62所示。

图5-62

设置材质

下面为音响设置3种材质：木纹材质、黑色反射材质、镜面不锈钢材质。

⓵ 设置不锈钢材质。打开材质编辑器，选择一个新的材质样本球，将材质转换为**VRayMtl**，在"基本参数"卷展栏中设置"漫反射"的红绿蓝为128、128、128，设置"反射"的红绿蓝为240、240、240，设置"高光光泽"为0.7，取消"菲涅耳反射"的勾选，如图5-63所示。在场景中选择文字和第一次分离出的多边形模型，单击 ⃟（将材质指定给选定对象）按钮，将材质指定给场景中选中的模型。

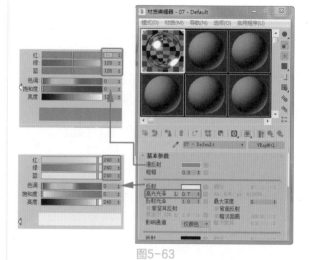

图5-63

⓶ 设置木纹材质。打开材质编辑器，选择一个新的材质样本球，将材质转换为**VRayMtl**，在"基本参数"卷展栏中设置"反射"的红绿蓝为67、67、67，设置"高光光泽"为0.68，勾选"菲涅耳反射"复选框，如图5-64所示。

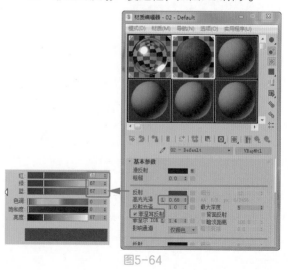

图5-64

03 在"贴图"卷展栏中为"漫反射"指定"位图"贴图，贴图位于随书配备资源中的"木纹_0114.JPG"文件，将材质指定给场景中的音箱模型，如图5-65所示。

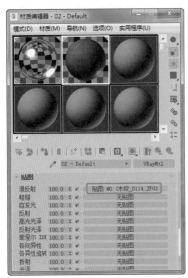

图5-65

04 设置黑色反射材质。选择一个新的材质样本球，将材质转换为VRayMtl，在"基本参数"卷展栏中设置"漫反射"的红绿蓝为20、20、20，设置"反射"的红绿蓝为134、134、134，设置"高光光泽"为0.7、"反射光泽"为0.92，勾选"菲涅耳反射"复选框，如图5-66所示。在场景中选择音箱模型、音箱喇叭、文字底座模型，单击（将材质指定给选定对象）按钮，将材质指定给场景中选中的模型。

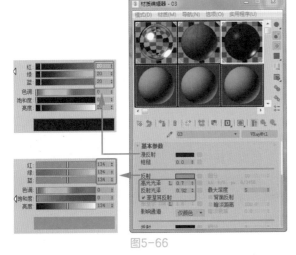

图5-66

05 将音箱模型合并到一个场景中，对其渲染输出即可，如图5-67所示。

图5-67

5.4 商业案例——制作冰箱

5.4.1 案例设计分析

扫码看视频

■ 案例类型

本案例设计制作一款冰箱。

■ 项目背景

冰箱是保持恒定低温的一种制冷设备，也是一种使食物或其他物品保持恒定低温冷态的家用电器，如图5-68所示。

图5-68

图5-68（续）

■ 设计思路

本案例制作一款三门式冰箱，整体设计要求时尚大气，这里初步定义为金属喷漆效果的红色外观，因为红色是代表时尚的颜色，所以这里初步定义冰箱的外观，从而对冰箱模型进行制作。

5.4.2　材质配色方案

外观颜色使用红色的金属喷漆色，这种材质既干净又时尚；冰箱背面将采用传统的银色来搭配。

红色，鲜艳夺目，是一种鲜艳的颜色，象征着喜庆，代表活泼、积极、热情、爽快，意寓新的开始，如图5-69所示。

图5-69

银色是一种近似灰色的颜色，并不是一种单色，而是渐变的灰色，代表了高尚、尊贵、纯洁和永恒，也代表了神秘感，用于室内家具或电器中，会给人以干净、节约的效果，特别适合作为辅助色，如图5-70所示。

图5-70

5.4.3　同类作品欣赏

5.4.4　项目实战

■ 制作流程

本案例主要使用几何体模型堆砌出冰箱模型效果，使用ProBoolean工具布尔出冰箱门的拉手，模型的制作相对比较简单，最后为其设置红色和灰色的反光材质，对冰箱模型进行渲染，完成本案例的制作，如图5-71所示的制作流程。

图5-71

■ 技术要点

使用"挤出"修改器挤出图形的厚度；

使用ProBoolean工具布尔出柜门拉手；

使用"可渲染样条线"修改器设置样条线的渲染；

为模型设置红色和灰色的反射材质。

■ 操作步骤

创建冰箱模型

本案例的制作方法属于堆砌法。将最基本的模型进行调整，堆砌成需要的模型，这就叫堆砌法建模。

01 单击"＋（创建）>●（几何体）>扩展基本体>切角长方体"按钮，在"顶"视图中创建切角长方体，在"参数"卷展栏中设置"长度"为

700、"宽度"为700、"高度"为2000、"圆角"为10，如图5-72所示。

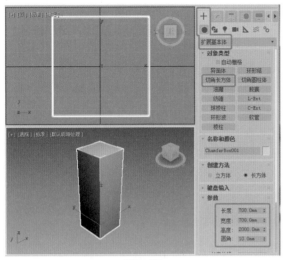

图5-72

02 按Ctrl+V组合键，在弹出的"克隆选项"对话框中选择"复制"选项，单击"确定"按钮，复制切角长方体，在"参数"卷展栏中设置"长度"为20、"宽度"为700、"高度"为700、"圆角"为5，如图5-73所示。

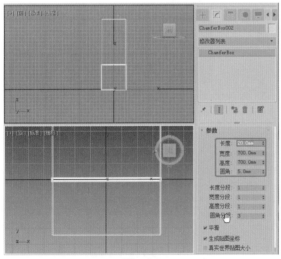

图5-73

03 在"顶"视图和"前"视图中调整切角长方体的位置，作为冰箱门，如图5-74所示。

04 移动复制模型，在弹出的"克隆选项"对话框中选择"复制"选项，单击"确定"按钮，如图5-75所示。

05 继续复制切角长方体，调整模型的位置，在"参数"卷展栏中修改"长度"为20、

"宽度"为700、"高度"为600，如图5-76所示。

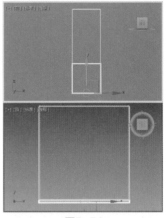

图5-74

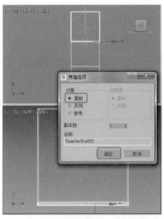

图5-75

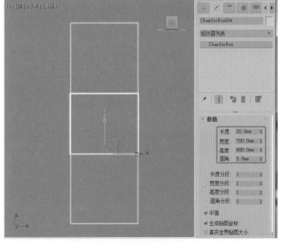

图5-76

06 单击" （创建）> （图形）>弧"按钮，在"顶"视图中创建弧，在"参数"卷展栏中设置"半径"为747.491、"从"为242.316、"到"为297.477，如图5-77所示。

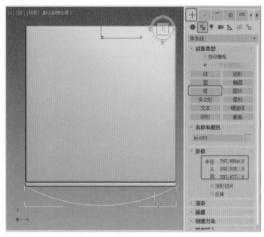

图5-77

图5-80

07 在场景中选择弧，隐藏其他模型，为弧添加"编辑样条线"修改器，在"几何体"卷展栏中单击"创建线"按钮，在场景中将弧进行封口，如图5-78所示。

09 关闭选择集，为图形添加"挤出"修改器，设置"数量"为700，如图5-80所示。

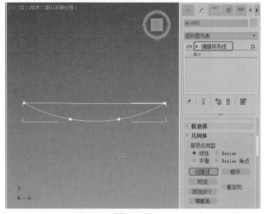

图5-78

10 在场景中按Ctrl+V组合键，在弹出的"克隆选项"对话框中使用默认参数，单击"确定"按钮，复制模型，如图5-81所示。

图5-81

08 将选择集定义为"顶点"，在场景中按Ctrl+A组合键，全选择顶点，在"几何体"卷展栏中设置"焊接"为1，单击"焊接"按钮，如图5-79所示。

11 在"顶"视图中缩放模型，如图5-82所示。

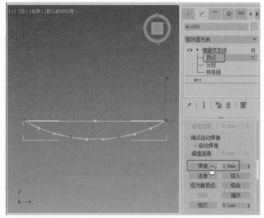

图5-79

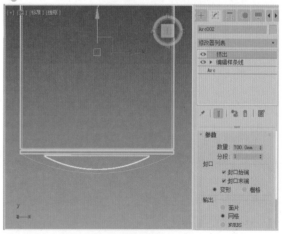

图5-82

12 在"前"视图中移动模型到如图5-83所示的位置，调整其大小，该模型作为布尔柜门把手的对象。

中文版3ds Max/VRay商业案例项目设计完全解析

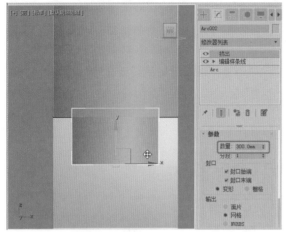

图5-83

⑬ 在场景中选择弧形柜门，单击"➕（创建）>
●（几何体）>复合对象>ProBoolean"按钮，
在"拾取布尔对象"卷展栏中单击"开始拾
取"按钮，在场景中拾取缩放后的弧形模型，
如图5-84所示。

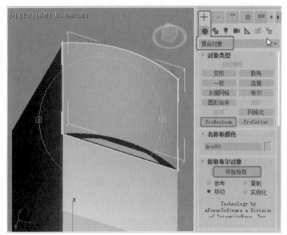

图5-84

⑭ 复制柜门，使用 ▦（镜像）调整模型的朝向，
调整模型的位置，如图5-85所示。

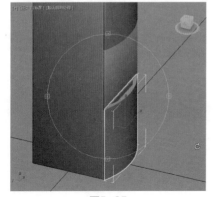

图5-85

⑮ 单击"➕（创建）> ▣（图形）>矩形"按钮，
在"左"视图中创建矩形，在"参数"卷展栏
中设置"长度"为580、"宽度"为70、"角半
径"为30，如图5-86所示。

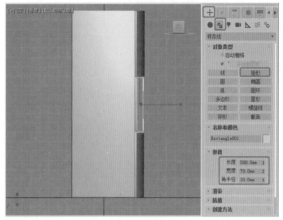

图5-86

⑯ 为创建的圆角矩形添加"编辑样条线"修改
器，将选择集定义为"分段"，在"左"视图
中选择左侧的线段，如图5-87所示。

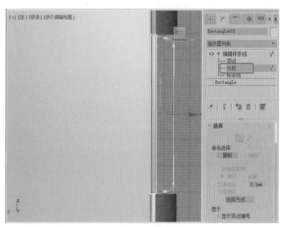

图5-87

⑰ 按Delete键，删除选择的分段。关闭选择集，
为其添加"可渲染样条线"修改器，在"渲
染"卷展栏中勾选"在渲染中启用"和"在
视口中启用"复选框，选择渲染类型为"矩
形"，设置"长度"为50、"宽度"为10，如
图5-88所示。

⑱ 可以在修改器堆栈中返回到"编辑样条线"
中，将选择集定义为"顶点"，在场景中调整
图形，如图5-89所示。

⑲ 在场景中创建"切角长方体"作为底座，在
"参数"卷展栏中设置"长度"为650、"宽

度"为650、"高度"为20、"圆角"为0.05，在场景中调整模型，作为底座，如图5-90所示。

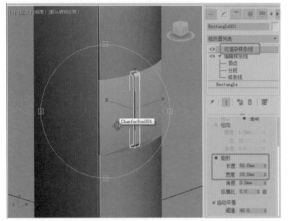

图5-88

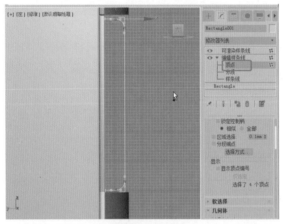

图5-89

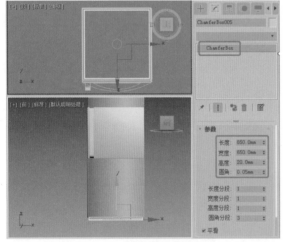

图5-90

设置材质

这样模型就制作完成了，下面为其设置红色和灰色反光材质。

01 红色反射材质。打开材质编辑器，选择一个新的材质样本球，将材质转换为VRayMtl，命名材质为"红色反射"，在"基本参数"卷展栏中设置"漫反射"的红绿蓝为132、0、0，设置"反射"的红绿蓝为89、89、89，设置"高光光泽"为0.8，勾选"菲涅耳反射"复选框，如图5-91所示。选择两扇弧形的柜门，单击 （将材质指定给选定对象）按钮，将材质指定给场景中选中的模型。

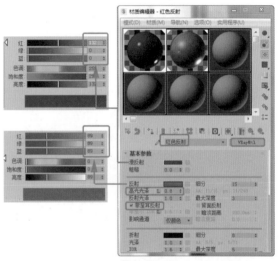

图5-91

02 灰色反射材质。打开材质编辑器，选择一个新的材质样本球，将材质转换为VRayMtl，在"基本参数"卷展栏中设置"漫反射"的红绿蓝为114、114、114，设置"反射"的红绿蓝为215、215、215，设置"高光光泽"为0.68，勾选"菲涅耳反射"复选框，如图5-92所示。

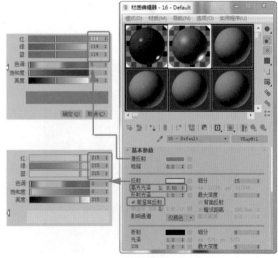

图5-92

设置材质后，将模型导入到一个场景中，如图5-93所示，对其渲染输出即可。

图5-93

06

第 6 章

五金构件设计

日常生活中的常见构件包括门、窗、开关、水龙头、管道、挂钩、拉手、暖气、石膏线、柱子、壁炉、屏风隔断、护栏、楼梯、铁艺、雕花、天花、地面等。

6.1 五金构件概述

五金构件涵盖的范围很广，包括门窗五金、五金工具、五金配件等，总体来说，是安装的建筑物上的各种金属和非金属的配件的统称，如图6-1所示。

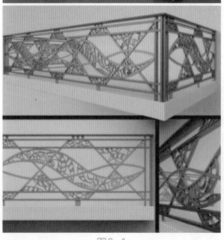

图6-1

6.1.1 五金配件设计概述

五金配件设计属于产品设计，五金配件为产品，五金配件的设计是企业运用设计的关键环节，它实现了将原料的形态改变为更有价值的形态。工业设计师通过对生理、心理、生活习惯等一切关于人的自然属性和社会属性的认知，进行产品的功能、性能、形式、价格、使用环境的定位，结合材料、技术、结构、工艺、形态、色彩、表面处理、装饰、成本等因素，从社会的、经济的、技术的角度进行创意设计，在企业生产管理中保证设计质量实现的前提下，使产品既是企业的产品、市场中的商品，又是老百姓的用品，达到顾客需求和企业效益的完美统一，如图6-2所示。

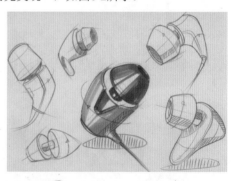

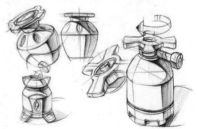

图6-2

配件的设计是企业与市场的桥梁：一方面将生产和技术转化为适合市场需求的产品，另一方面将市场信息反馈到企业，促进企业的发展。

6.1.2　五金构件的分类

五金可以分为机械五金、电器五金、物件材料、五金机械设备、五金材料制品、通用配件、五金工具、建筑五金、电子电工等，其中将在本章中主要介绍室内常用的建筑五金。

建筑物件包括建筑型材和结构件、建筑门窗及其五金配件、钉和网、水暖器材、消防器材和火灾自动报警装置等，如图6-3所示。

图6-3

6.2　商业案例——中式月亮门的设计

6.2.1　设计思路

扫码看视频

■　案例类型

本案例设计制作一款中式月亮门。

■　设计背景

月亮门又称月洞门或月门，属于中式门洞，

在传统的中式装修中墙上开设的圆弧形洞门，在朝鲜传统建筑中则见于室内。因圆形如月而得名，既作为院与院之间的出入通道，又可透过门洞引入另一侧的景观，兼具实用性与装饰性，如图6-4所示。

图6-4

■　设计定位

本案例将设计一款新中式简约的月亮门效果，主要放置在酒店、餐厅的过道中，希望可以通过这种古典的装饰，展现出不一样的中式风格。

6.2.2　材质配色方案

因为整个月亮门要搭配到整体为裸墙的室内空间中，所以在材质上将主要设计为黑色，使用黑色的木纹来表现月亮门，因为整个场景比较复古和简朴，所以黑色是最好的选择。

6.2.3 同类作品欣赏

6.2.4 项目实战

■ 制作流程

本案例主要使用创建和编辑样条线创建月亮门原始图形和装饰花格，结合使用"倒角剖面"修改器，制作出月亮门边框效果；为月亮门设置一个黑色的胡桃木效果，最后合并到一个场景中对其进行渲染输出，如图6-5所示。

图6-5

■ 技术要点

使用"矩形"和"圆"组合图形；

使用"编辑样条线"修改器调整出门洞图形和倒角剖面图形；

使用"倒角剖面"修改器制作门洞框；

设置月亮门洞模型为黑色木纹材质。

■ 操作步骤

创建月亮门

本案例着重学习"倒角剖面"修改器，该修改器类似于复合对象中的"放样"，都是由路径和图形来完成最终图形转换三维模型的操作。

01 单击" ＋（创建）> （图形）>矩形"按钮，在"前"视图中创建矩形，在"参数"卷展栏中设置"长度"为2200、"宽度"为3000，如图6-6所示。

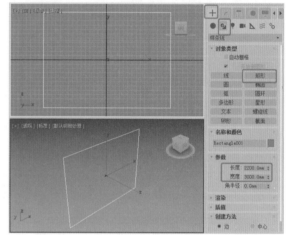

图6-6

02 单击" ＋（创建）> （图形）>圆"按钮，在"前"视图中创建圆，在"参数"卷展栏中设置"半径"为1000，如图6-7所示。

03 使用"矩形"工具，在"前"视图中创建矩形，在"参数"卷展栏中设置"长度"为600、"宽度"为1500，如图6-8所示。

04 在场景中选择圆和小矩形，在工具栏中选择 （对齐）按钮，在舞台中选择较大的矩形，在弹出的"对齐当前选择"对话框中选择"对齐位置"为"X\Y\Z位置"，选择"当前对象"组中的"轴点"选项，选择"目标对象"中的"轴点"选项，如图6-9所示。

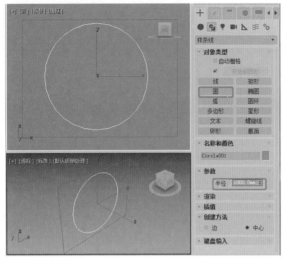

图6-7

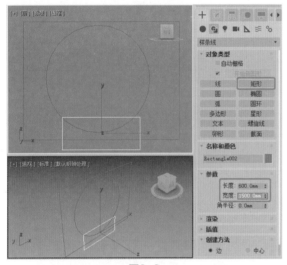

图6-8

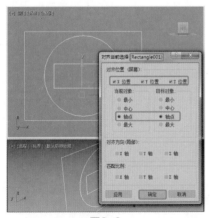

图6-9

命令面板，为图形添加"编辑样条线"修改器，在"几何体"卷展栏中单击"附加"按钮，在场景中拾取另一个矩形和圆，将图形附加到一起，如图6-11所示。

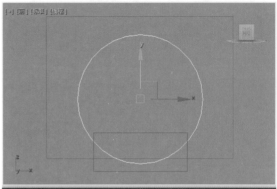

图6-10

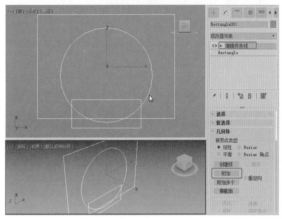

图6-11

05 在场景中沿着Y轴向下调整图形的位置，如图6-10所示。

06 在场景中选择较大的矩形，切换到 🖉 （修改）

07 将选择集定义为"样条线"，在"几何体"卷展栏中单击"修剪"按钮，在场景中将多余的样条线修剪掉，如图6-12所示。

08 将选择集定义为"顶点"，在场景中按Ctrl+A组合键，全选顶点，在"几何体"卷展栏中单击"焊接"按钮，焊接顶点，如图6-13所示。

09 单击" + （创建）> 🝆 （图形）>矩形"按钮，在"顶"视图中创建矩形，在"参数"卷展栏中设置"长度"为80、"宽度"为40，设置合适的参数，如图6-14所示。

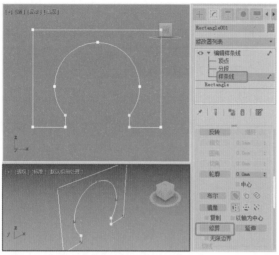

图6-12

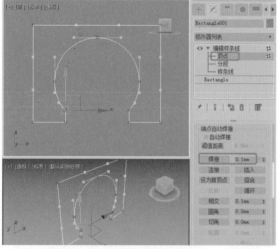

图6-13

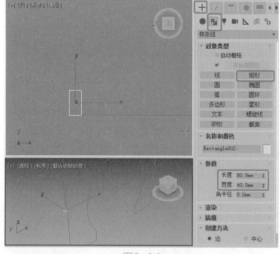

图6-14

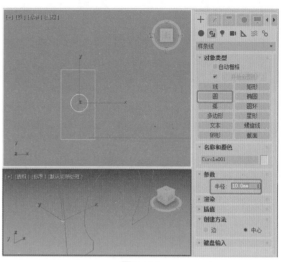

图6-15

11 在场景中调整圆的位置，按住Shift键移动复制圆到4个角上，如图6-16所示。

图6-16

12 在场景中选择矩形，为矩形添加"编辑样条线"修改器，在"几何体"卷展栏中单击"附加"按钮，附加另外4个圆，如图6-17所示。

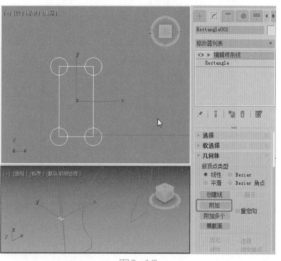

10 使用"圆"工具，在"顶"视图中创建圆，在"参数"卷展栏中设置"半径"为10，如图6-15所示。

图6-17

13 将选择集定义为"样条线",在"几何体"卷展栏中单击"修剪"按钮,在场景中将多余的样条线修剪掉,如图6-18所示。

型较为平滑了。

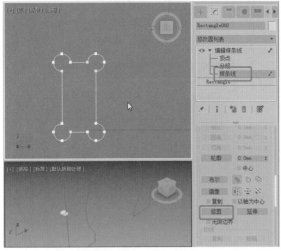

图6-18

14 将选择集定义为"顶点",在场景中按Ctrl+A组合键,全选顶点,在"几何体"卷展栏中单击"焊接"按钮,焊接顶点,如图6-19所示。

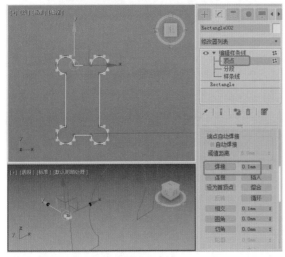

图6-19

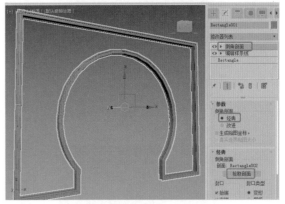

图6-20

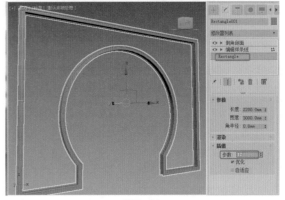

图6-21

17 单击"➕(创建)>🎯(图形)>线"按钮,在"前"视图中创建可渲染的线,在"渲染"卷展栏中勾选"在渲染中启用"和"在视口中启用"复选框,选择"矩形"渲染类型,设置"长度"为40、"宽度"为30,如图6-22所示。

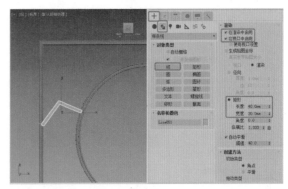

图6-22

15 在场景中选择月亮门的挤出图形,为其添加"倒角剖面"修改器,在"参数"卷展栏中选择"倒角剖面"为"经典",在"经典"卷展栏中单击"拾取剖面"按钮,在场景中拾取截面图形,如图6-20所示。

16 从倒角剖面出的模型可以看到不够平滑,在场景中选择倒角剖面出的模型,在修改器堆栈中选择矩形,在"插值"卷展栏中设置"步数"为12,如图6-21所示,设置插值后可以看到模

18 继续在场景中创建花格,如图6-23所示。

19 在场景中选择花格模型,在菜单栏中选择"组>成组"命令,在弹出的"组"对话框中使用默认的组名,单击"确定"按钮,如图6-24所示。

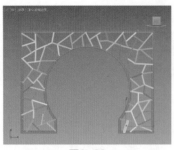

图6-23

图6-24

设置材质

场景模型创建完成后，下面为模型设置黑胡桃材质。

01 在场景中选择花格模型，并选择中式的门洞边框，打开材质编辑器，选择一个新的材质样本球，将材质转换为VRayMtl，在"基本参数"卷展栏中设置"反射"的红绿蓝为20、20、20，设置"反射光泽"为0.6，取消"菲涅耳反射"复选框的勾选，如图6-25所示。

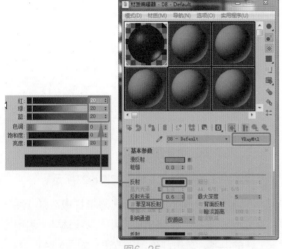

图6-25

02 在"贴图"卷展栏中为"漫反射"指定"位图"贴图，贴图位于随书配备资源中的"黑胡桃木.jpg"文件，如图6-26所示。在场景中选择花格和边框，单击 （将材质指定给选定对象）按钮，将材质指定给场景中选中的模型。

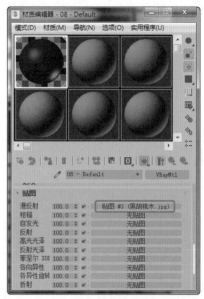

图6-26

03 指定材质给模型后，为其添加"UVW贴图"修改器，设置合适的参数，如图6-27所示。

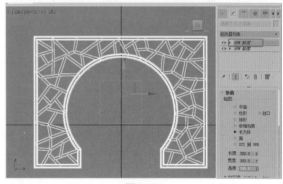

图6-27

最后，将模型合并到一个场景中，对场景进行渲染输出即可。

中文版3ds Max/VRay商业案例项目设计完全解析

6.3 商业案例——新中式简约屏风的设计

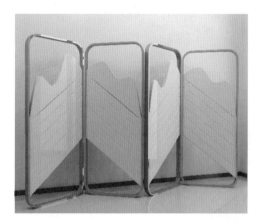

6.3.1 设计思路

扫码看视频

■ 案例类型
本案例设计制作一款新中式屏风。

■ 项目诉求
屏风是中国传统建筑物内部挡风用的一种家具，是中国古代居室内重要的家具、装饰品，其形制、图案及文字均包含有大量的文化信息，既能表现文人雅士的高雅情趣，也包含了人们祈福迎祥的深刻内涵。各式各样的屏风，还凝聚着手工艺人富于创意的智慧和巧夺天工的技术，如图6-28所示。

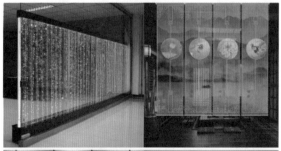

图6-28

■ 设计定位
本案例将风格定义为新中式，在中式风格中大多采用木质结构，并且以古老的花纹进行雕刻和阵列组合出精美的图案效果，新中式与中式风格的不同就是，新中式比较简约，本案例中主要采用一款金属和有色反射的材质制作，其中将会使用弧形状来模拟古画中的山的效果，如图6-29所示为新中式屏风的一些优秀作品。

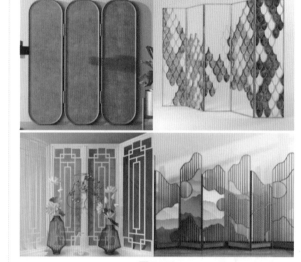

图6-29

6.3.2 材质配色方案

本案例采用金色金属作为外框，反光粉蓝色和粉绿色来制作屏风的内部模型，整体的色调较为冷，因为在家装中出现的屏风，颜色都不会太花哨，因为花哨的颜色会使人亢奋，也容易使人产生视觉疲劳，所以，在家装中使用较少的冷色调也是有必要的。

6.3.3 同类作品欣赏

第6章 五金构件设计

139

6.3.4 项目实战

■ 制作流程

本案例主要创建图形，并结合使用一些修改器和工具来调整完成屏风模型，根据情况设置合适的材质，最后，对场景进行渲染输出即可，如图6-30所示。

图6-30

■ 技术要点

创建"矩形"设置其圆角和可渲染制作边框；

创建"线"制作屏风内侧装饰的图形；

为图形设置"倒角"和"挤出"，设置出图形的厚度；

为屏风设置黄色金属和带有颜色的反光材质。

■ 操作步骤

制作模型

本案例是使用了最简单的工具、修改器和命令来完成的，下面来介绍新中式简约屏风模型的制作。

01 单击" ➕（创建）> 🔷（图形）>矩形"按钮，在"前"视图中创建矩形，在"参数"卷展栏中设置"长度"为1500、"宽度"为600、"角半径"为100，如图6-31所示。

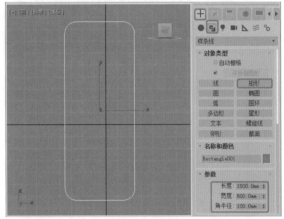

图6-31

02 在"渲染"卷展栏中勾选"在渲染中启用"和"在视口中启用"复选框，设置渲染类型为"矩形"，设置"长度"为50、"宽度"为15，如图6-32所示。

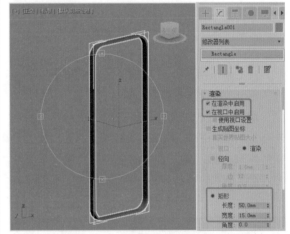

图6-32

03 单击" ➕（创建）> 🔷（图形）>线"按钮，在"前"视图中创建线，如图6-33所示。

04 取消线的可渲染，切换到 🔧（修改）命令面板，将选择集定义为"样条线"，选择样条线，在"几何体"卷展栏中设置"轮廓"为120，按Enter键，确定设置轮廓，如图6-34所示。

05 将选择集定义为"顶点"，在场景中调整顶点，将其调整至屏风边框上，如图6-35所示。

06 关闭选择集，为图形添加"倒角"修改器，在"倒角值"卷展栏中设置"级别1"的"高度"为2、"轮廓"为5；勾选"级别2"复选框，设置其"高度"为30；勾选"级别3"复选框，设置"高度"为2、"轮廓"为-5，如图6-36所示。

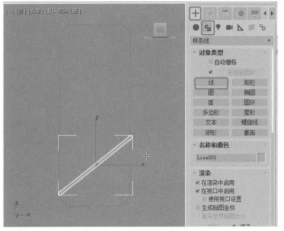

图6-33

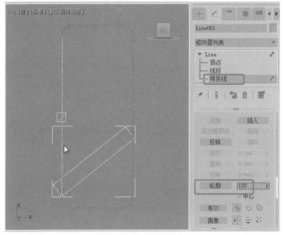

图6-34

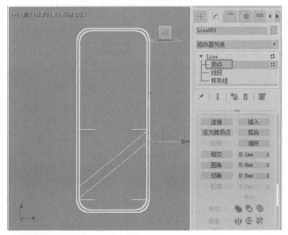

图6-35

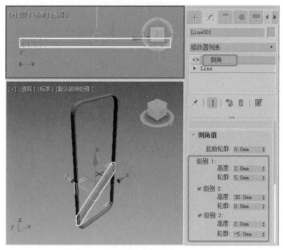

图6-36

07 复制模型，如图6-37所示，调整模型的位置。

图6-37

08 单击"＋（创建）>（图形）>线"按钮，在"前"视图中创建线，如图6-38所示。

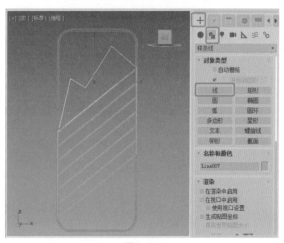

图6-38

09 切换到（修改）命令面板，将选择集定义为"顶点"，在场景中调整图形，如图6-39所示。

⑩ 调整图形后，关闭选择集，在"插值"卷展栏中设置"步数"为12，如图6-40所示。

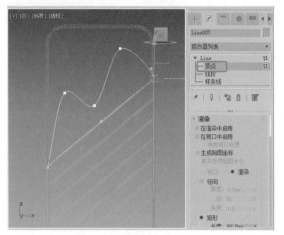

图6-39

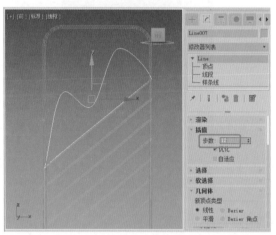

图6-40

⑪ 为图形添加"挤出"修改器，在"参数"卷展栏中设置"数量"为34，如图6-41所示。

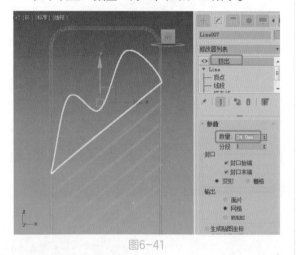

图6-41

⑫ 在场景中调整模型的位置，得到单扇屏风的效果，如图6-42所示。

图6-42

⑬ 在场景中选择单扇屏风模型，在菜单栏中选择"组>组"命令，在弹出的"组"对话框中使用默认的名称，单击"确定"按钮，如图6-43所示。

图6-43

⑭ 在"顶"视图中旋转模型的角度，如图6-44所示。

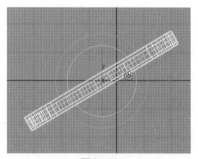

图6-44

⑮ 在"顶"视图中选择模型，在工具栏中单击 [图标]（镜像）工具，在弹出的"镜像"对话框中选择合适的径向轴，设置合适的"偏移"参数，单击"确定"按钮，如图6-45所示。

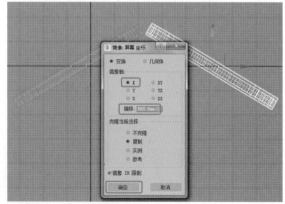

图6-45

⑯ 移动复制出屏风模型，如图6-46所示。

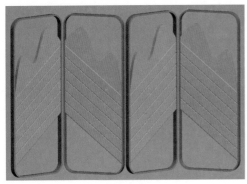

图6-46

设置材质

创建完成模型后，下面为屏风设置材质。

① 设置黄色金属材质。打开材质编辑器，选择一个新的材质样本球，将材质转换为VRayMtl，在"基本参数"卷展栏中设置"漫反射"和"反射"的红绿蓝为91、67、24，设置"高光光泽"为0.68，如图6-47所示。在场景中选择屏风边框，单击 （将材质指定给选定对象）按钮，将材质指定给场景中选中的模型。

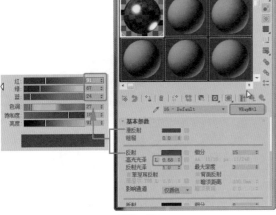

图6-47

② 设置有色反射材质。选择一个新的材质样本球，将材质转换为VRayMtl，在"基本参数"卷展栏中设置"漫反射"的红绿蓝为111、187、152，设置"反射"的红绿蓝为89、89、89，设置"高光光泽"为0.8，勾选"菲涅耳反射"复选框，如图6-48所示。在场景中选择一组屏风内侧的模型（将成组的屏风模型"解组"后选择模型），单击 （将材质指定给选定对象）按钮，将材质指定给场景中选中的模型。

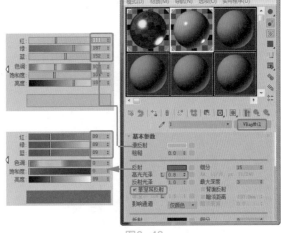

图6-48

③ 将第二个材质样本球拖曳到新的材质样本球上，可以对当前材质进行复制，重新命名材质名称，修改"漫反射"的红绿蓝为111、107、223，如图6-49所示。

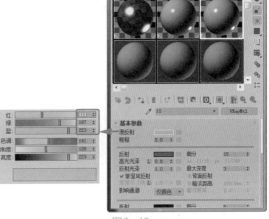

图6-49

指定材质后，将屏风模型导入到一个场景中，如图6-50所示，对其渲染输出即可。

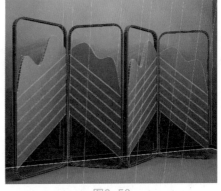

图6-50

6.4 商业案例——制作直线楼梯

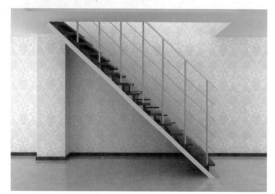

6.4.1 案例设计分析

扫码看视频

■ 案例类型

本案例设计制作直线楼梯。

■ 项目背景

楼梯是建筑物中作为楼层间垂直交通用的构件。用于楼层之间和高差较大时的交通联系。在设有电梯、自动梯作为主要垂直交通手段的多层和高层建筑中也要设置楼梯，如图6-51所示。

图6-51

■ 设计思路

本案例需要设计一款直线楼梯，楼梯本身是放置到一个复式楼层中的，要求楼梯要简约设计，整体装修风格为简欧风格，其中踢脚线为红木的，所以为了协调，将楼梯设置为红木楼梯。

6.4.2 材质配色方案

在设计思路中讲述了环境和风格，初步定义了主材质为红木，另外辅助材质使用白色反光和不锈钢材质，由于整体设计风格为简约的欧式，所以辅助材质采用简单的不锈钢和白色反射材质。

6.4.3 同类作品欣赏

6.4.4 项目实战

■ 制作流程

本案例主要使用创建基本图形和基本模型进行组合和堆砌而成的，其中在复制台阶的过程中将会使用到"间隔工具"复制，组合得到直线楼梯模型；为直线楼梯设置红木、不锈钢和白色反射材质，最后，对场景进行渲染输出，如图6-52所示的制作流程。

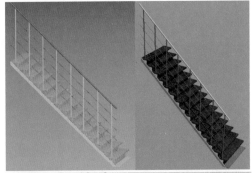

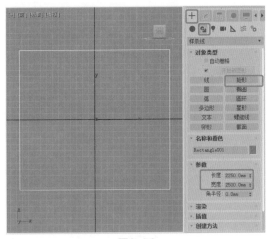

图6-53

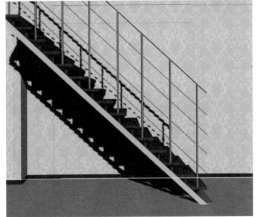

图6-52

■ 技术要点

　　使用"矩形"创建矩形图形；

　　使用"线"创建线和图形；

　　使用"切角长方体"制作直线楼梯；

　　使用"间隔工具"复制模型；

　　使用"编辑网格"修改器调整模型；

　　使用"挤出"工具设置图形的厚度；

　　为模型设置红木、不锈钢、白色反射材质。

■ 操作步骤

创建直线楼梯模型

　　本案例将使用最基础的模型、图形和修改器制作出直线楼梯模型，在本案例中将学到"间隔工具"命令，对模型进行间隔复制。

01 先计算下楼梯剖面的整体高度和宽度，在"前"视图中创建矩形作为标尺，在"参数"卷展栏中设置"长度"为2250、"宽度"为2500，如图6-53所示。

02 使用"线"工具，根据矩形创建2点直线作为踏步路径，如图6-54所示。

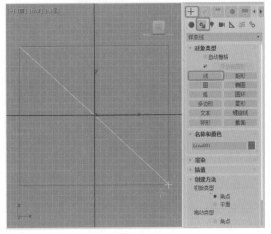

图6-54

03 单击"＋（创建）>●（几何体）>扩展基本体>切角长方体"按钮，在"顶"视图中创建切角长方体，在"参数"卷展栏中设置"长度"为1000、"宽度"为240、"高度"为35、"圆角"为3，如图6-55所示。

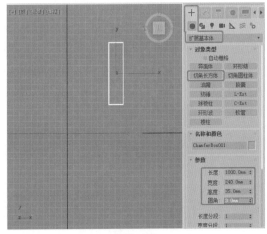

图6-55

04 使用（选择并旋转）↻，在"前"视图中按住Shift键，旋转复制模型，释放鼠标和按键，在弹出的"克隆选项"对话框中选择"复制"选项，单击"确定"按钮，如图6-56所示。

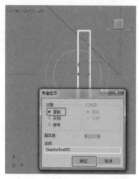

图6-56

05 在场景中调整选择旋转复制的模型，在"参数"卷展栏中修改模型的参数，设置"长度"为900、"宽度"为150、"高度"为35、"圆角"为3，如图6-57所示。

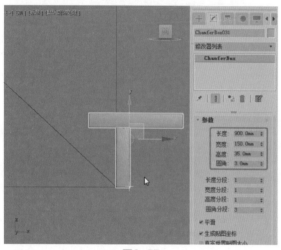

图6-57

06 在场景中选择两个切角长方体，在菜单栏中选择"组>组"命令，在弹出的"组"对话框中使用默认的组名，单击"确定"按钮，如图6-58所示。

图6-58

07 选择成组的切角长方体，在菜单栏中选择"工具>对齐>间隔工具"命令，在弹出的"间隔工具"对话框中单击"拾取路径"按钮，在场景中拾取创建的矩形两角之间的直线，在"参数"卷展栏中设置"计数"为15，设置"前后关系"为"边"，设置"对象类型"为"实例"，单击"应用"按钮，如图6-59所示，设置间隔复制后，关闭"间隔工具"对话框。

图6-59

▶ **间隔工具的使用提示和技巧**

使用"间隔工具"可以基于当前选择沿样条线或一对点定义的路径分布对象。

分布的对象可以是当前选定对象的副本、实例或参考。通过拾取样条线或两个点并设置许多参数，可以定义路径，也可以指定确定对象之间间隔的方式，以及对象的轴点是否与样条线的切线对齐。

间隔工具沿着弯曲的街道两侧分布花瓶，花瓶之间均等距，在较短一边花瓶的数量较少，如图6-60所示。

图6-60

可以使用包含多个样条线的复合图形作为分布对象的样条线路径。在创建图形之前，请禁用"创建"面板上的"开始新图形"复选框。然后再创建图形。3ds Max 可将每个样条线添加到当前图形中，直至重新勾选"开始新图形"复选框。如果选择复合图形以便间隔工具可以将它用作路径，则对象会沿复合图形的所有样条线进行分布。例如，沿着单独样条线定义的路径为灯光标准设置间隔时，您可能会发现此技术非常有用。

08 在场景中选择"组001"，因为是实例复制出的模型，所以更改其中一个模型，与其相关联的模型也会随着更改；为"组001"添加"编辑网格"修改器，将选择集定义为"顶点"，在场景中调整模型的顶点，调整出间隔复制的模型效果，如图6-61所示。

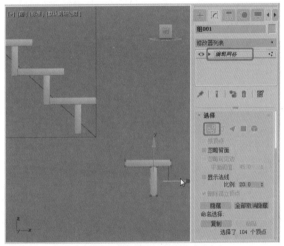

图6-61

09 调整出的模型效果，如图6-62所示。在场景中可以将"组001"选中，切换到 ▣（显示）层级面板，在"隐藏"卷展栏中单击"隐藏选定对象"按钮，将"组001"隐藏。

隐藏与显示的提示和技巧

在场景中没有用到的模型通常就会删除掉，如果不想将模型删除，可以将其进行隐藏。选择隐藏的对象，单击"隐藏选定对象"按钮即可隐藏选择的对象；单击"隐藏未选定对象"按钮，可以隐藏没有被选中的对象；单击"全部取消隐藏"按钮，可以将模型全部显示。

10 单击" ➕（创建）> ▣（图形）>线"按钮，在"前"视图中创建图形，如图6-63所示。

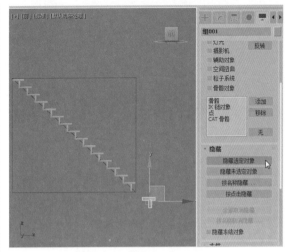

图6-62

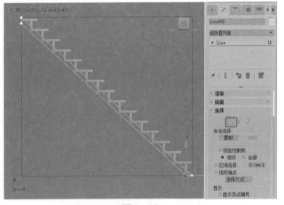

图6-63

11 为创建的图形添加"挤出"修改器，在"参数"卷展栏中设置"数量"为15，在场景中调整模型到台阶的一侧，作为侧面挡板，如图6-64所示。

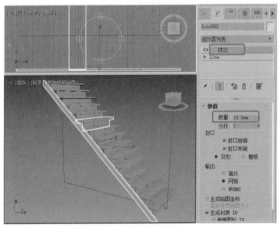

图6-64

12 在场景中创建"线"，在"渲染"卷展栏中勾选"在渲染中启用"和"在视口中启用"复选框，设置"厚度"为8，如图6-65所示，并对线进行复制。

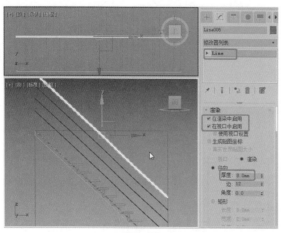

图6-65

13 继续创建"线"作为扶手，在"渲染"卷展栏中勾选"在渲染中启用"和"在视口中启用"复选框，设置"厚度"为30，如图6-66所示。

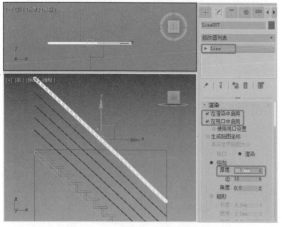

图6-66

14 使用"线"创建垂直的支撑杆，在"渲染"卷展栏中勾选"在渲染中启用"和"在视口中启用"复选框，设置"厚度"为25，如图6-67所示。

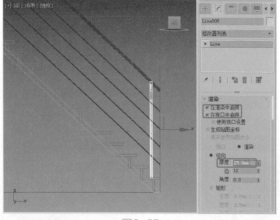

图6-67

15 对垂直的支撑杆进行复制，如图6-68所示。

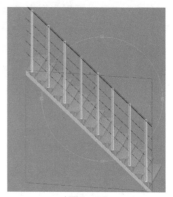

图6-68

16 在"顶"视图中创建"矩形"，在"参数"卷展栏中设置"长度"为1000、"宽度"为160、"角半径"为20，如图6-69所示。

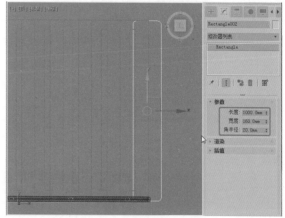

图6-69

17 为圆角矩形添加"挤出"修改器，在"参数"卷展栏中设置"数量"为15，在场景中调整矩形到楼梯的下面，组合成支架的最底层，如图6-70所示。

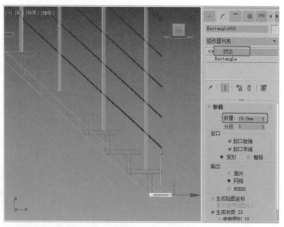

图6-70

18 这样直线楼梯模型就制作完成了，如图6-71所示。

图6-71

设置材质

模型制作完成后，下面为其设置红木、白色反射和不锈钢材质。

01 设置白色反射材质。打开材质编辑器，选择一个新的材质样本球，将材质转换为VRayMtl，在"基本参数"卷展栏中设置"漫反射"的红绿蓝为220、220、220，设置"反射"的"反射光泽"为0.78，取消勾选"菲涅耳反射"复选框，如图6-72所示。

图6-72

02 为"反射"指定"衰减"贴图，进入层级面板，在"衰减参数"卷展栏中选择"衰减类型"为Fresnel，如图6-73所示。在场景中选择侧面挡板和扶手模型，单击 （将材质指定给选定对象）按钮，将材质指定给场景中选中的模型。

03 设置红木材质。选择一个新的材质样本球，将材质转换为VRayMtl，在"基本参数"卷展栏中设置"反射"的"反射光泽"为0.92，取消

勾选"菲涅耳反射"复选框，如图6-74所示。

图6-73　　　　图6-74

04 在"贴图"卷展栏中为"漫反射"指定"位图"贴图，位图位于随书配备资源中的"010.JPG"文件，为"反射"指定"衰减"贴图，如图6-75所示。

05 进入红木的反射贴图层级面板，在"衰减参数"卷展栏中设置"衰减类型"为Fresnel，如图6-76所示。在场景中选择台阶模型，单击 （将材质指定给选定对象）按钮，将材质指定给场景中选中的模型。

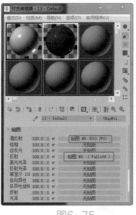

图6-75　　　　图6-76

06 设置不锈钢材质。选择一个新的材质样本球，将材质转换为VRayMtl，在"基本参数"卷展栏中设置"漫反射"和"反射"的红绿蓝为111、111、111，设置"反射"的"高光光泽"为0.8、"反射光泽"为0.85，取消勾选"菲涅耳反射"复选框，如图6-77所示。在场景中选择作为支架的模型，单击 （将材质指定给选定对象）按钮，将材质指定给场景中选中的模型。

07 这样场景材质就设置完成了，将直线楼梯模型

合并到一个场景中，对其进行渲染即可，如图6-78所示。

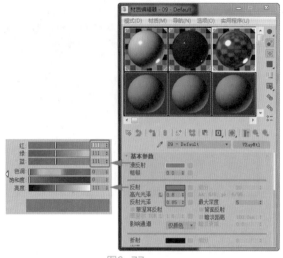

图6-77

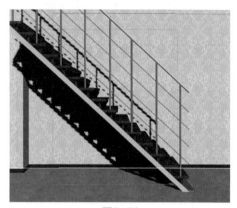

图6-78

★★★★

6.5 优秀作品欣赏

07

第 7 章

陈设品设计

室内陈设品是随处可见的点缀生活空间的一种摆件和装饰物体，如装饰画、墙饰、花盆、家具、图案、布艺、绿植、装饰品等都是室内陈设品。

7.1 陈设品概述

陈设品就是室内设计中所说的软装设计，陈设品是用来美化或强化环境视觉效果的、具有观赏价值或文化意义的物品。只有当一件物品既具有观赏价值、文化意义，又具备被摆设（或陈设、陈列）的观赏条件时，该物品才能被称为陈设品。

室内陈设设计不仅是一种简单的摆设技术，而且是融关系学、色彩学、人文学、心理学等学科为一体，达到室内物体组合形、色、光、质统一的空间气场营造艺术，如图7-1所示。

图7-1

7.1.1 陈设品的分类

陈设品的作用是突出室内设计主题、强化室内环境风格、营造和烘托环境气氛、体现地域特征和民族特色、柔化空间环境、张扬个性、陶冶情操等。

下面介绍陈设品的5种类型。

（1）艺术陈设品。包括美术作品、工艺品等，如图7-2所示。

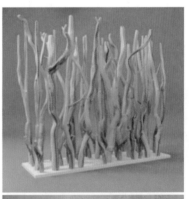

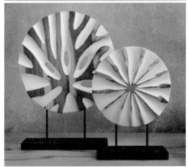

图7-2

（2）纪念品、收藏品。包括获奖的证书、奖杯、赠品、古玩、标本、战利品、民间器物等，如图7-3所示。

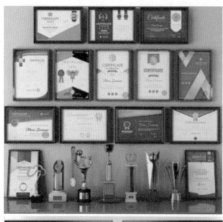

图7-3

（3）织物陈设品。织物陈设品面积大、装饰性强，对设计风格、气氛都有很大的影响，所以选择织物装饰时，色彩、图案、质感、样式等都要根据室内整体情况综合考虑，如图7-4所示。

图7-4

（4）帷幔窗帘类。主要包括窗帘、门帘、沙曼、流苏等，有分割空间、遮挡视线、调节光线、防尘、隔音等作用，如图7-5所示。

图7-5

（5）绿化小品。绿化给人带来自然的气息，令人赏心悦目，起到更新室内的人工环境，协调人们心理平衡的作用，如图7-6所示。

图7-6

7.1.2 陈设品与色彩

陈设品在不同的环境中起不同的作用，不同的陈设品也会适当地为室内环境做点睛之笔，不同颜色的陈设品可以影响人们的心理活动，色彩与陈设品结合产生什么样的感受？又应在什么情况下设置什么颜色或材质合适呢？下面就来了解一下陈设品与色彩的关系。

（1）蓝色：蓝色的陈设品适合放置在白色的空间中，这样会使蓝色的饰物有种冲击感，也不会使白色的室内空间呆板、不立体。蓝色适合出现在简约装修风格中，蓝色使整个室内空间环境显得清新浪漫。

（2）红色：红色给人的感觉就是热情奔放，这种颜色不适合大量放置到家装中，少量点缀一些是可以的，有一种时尚感的意味。

（3）黄色：黄色给人营造温馨的环境，黄色会让人联想到柔软的沙发和抱枕，给人以温暖和慵懒的气息，暖黄色特别适合使用到卧室空间中。

（4）粉绿：粉绿的颜色给人以淡雅的效果，适合阳台装修中的色彩选择。

（5）白色：白色是大众色，也是大众偏爱的颜色，白色的空间使人清新、自然，整个空间会给人简单大方的效果，不过这种空间中适合放置饱和度较高的陈设品作为点缀，凸出一些层次。

（6）黑色：黑色是时尚的重要元素，黑色可以搭配一些简约风格的陈设品，否则，空间会显得凌乱。

（7）紫色：紫色是不适合装修中使用的大面积的颜色，紫色是代表神秘的颜色，少量使用紫色的陈设也会使人眼前一亮的。

7.1.3 陈设品与形状

形状也会感染人们的心态，所以在设计之前首先要了解该陈设品会放置在哪里，想要达到什么样的效果，具体介绍如下。

（1）直线：在一个空间中采用延长的直线给人以时尚，又有延伸的感觉，如图7-7所示。

图7-7

图7-7（续）

（2）曲线：曲线可以增减空间的动感和韵律，给人以轻松和无忧的感觉，如图7-8所示。

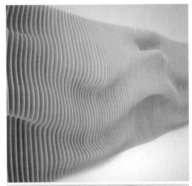

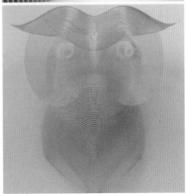

图7-8

（3）圆形：圆形适合制作温馨的形状，圆形的陈设品会有种活泼的效果，如图7-9所示。

图7-9

（4）规则体：不规则的形状会给室内空间带来一份活跃和生机；规则的效果给人一份安静的氛围，如图7-10所示。

图7-10

7.1.4 陈设品与材质

不同材质的陈设品给人不同的感觉，适合放置于不同的场所，具体介绍如下。

（1）织物：织物具有柔软性，给室内环境增添柔和感，如图7-11所示。

图7-11

（2）木质：木质陈设品有种庄重和淳朴的感觉，适合放置在办公场所和书房中，在中式风格装修中使用较多，如图7-12所示。

图7-12

（3）石材：因为石材具有一定的反射效果，所以会使空间更具有科技感，厚重的石材会使整个空间显得大气、上档次，如图7-13所示。

图7-13

（4）金属：包括高光金属和亚光金属，高光金属会使整个风格更加时尚和高端；黑色金属风格属于工业风的室内装饰，工业风的陈设品重在机械美，一般会将网架结构件都暴露出来，这样的设计既有时尚感又不失韵味，如图7-14所示。

图7-14

（5）玻璃：玻璃属于高洁的材质，在室内装饰中也非常常见，属于一种比较时尚和新颖的风格，如图7-15所示。

图7-15

7.2.1　设计思路

扫码看视频

■　案例类型
本案例设计制作盆栽。

■　设计背景
盆栽是指栽在盆里的、有生命的植物的总称，盆栽作为陈设品可以使整个空间富有生机感、清新感，如图7-16所示。

图7-16

■　设计定位
本案例制作一款小雏菊盆栽模型，主要在小雏菊下种上绿绿的草，使其变得更加真实，并将其放置到粉蓝色的清新花盆中，用花盆衬托出清新的盆栽植物效果，与其形成颜色的冲击和对比。

7.2.2 材质配色方案

盆栽的材质将采用仿真的花瓣、花蕊、叶子以及草地，并配上清新的粉蓝色作为花盆颜色，整体搭配清新自然、生机勃勃。

7.2.3 同类作品欣赏

7.2.4 项目实战

■ 制作流程

本案例主要创建"四边形面片"结合使用"编辑面片"修改器制作出花瓣和叶子；使用"圆柱体"制作出花蕊和花枝；使用"长方体"结合使用"编辑多边形"修改器制作花盆；使用"平面"和VRay毛发制作出草地效果；使用"弯曲"修改器设置花的弯曲；复制出多个花朵，设置合适的材质，完成本案例的制作，最后，对模型进行渲染，如图7-17所示。

图7-17

■ 技术要点

使用"编辑面片"修改器调整出花瓣和叶子；
使用"圆柱体"制作出花蕊和枝干；
使用"切角长方体"制作切角长方体；
使用"编辑多边形"修改器制作花盆；
使用"平面"和VRayFur制作出草地；
设置场景中植物的材质和有色陶瓷的材质。

■ 操作步骤

创建小雏菊模型

下面将采用面片建模制作小雏菊模型。

01 单击"➕（创建）> ⬤（几何体）> 面片栅格 > 四边形面片"按钮，在"前"视图中创建四边形面片，在"参数"卷展栏中设置"长度"为180、"宽度"为25、"长度分段"为1、"宽度分段"为1，如图7-18所示。

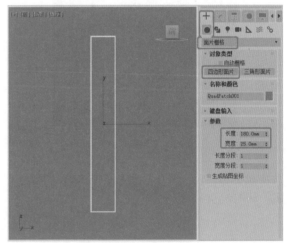

图7-18

02 切换到 ⬛（修改）命令面板中，为四边形面片添加"编辑面片"修改器，将选择集定义为"顶点"，可以发现顶点两端出现控制手柄，通过调整控制手柄，调整出模型的形状，如图7-19所示。

03 确定选择集定义为"顶点"，在"左"视图中调整控制手柄，如图7-20所示。

04 将选择集定义为"控制柄"，在"顶"视图中调整面片形状，如图7-21所示。

05 在场景中复制出一个四边形面片，调整花瓣的位置，将两个花瓣成组，如图7-22所示。

06 切换到 ⬛（层次）面板，在"调整轴"卷展栏中单击"仅影响轴"按钮，在场景中调整轴的位置，如图7-23所示。

调整轴后关闭"仅影响轴"按钮，在场景中选择
成组的花瓣，在工具栏中单击 C（选择并旋转）
按钮，按住Shift键，在"前"视图中旋转模型到
合适的角度，释放鼠标，在弹出的"克隆选项"
对话框中设置"副本数"为12，如图7-24所示。

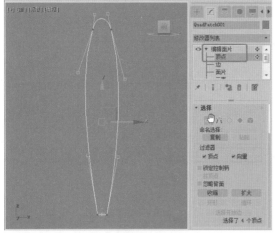

图7-19

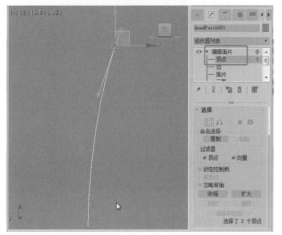

图7-20

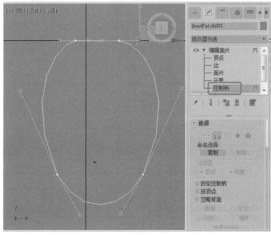

图7-21

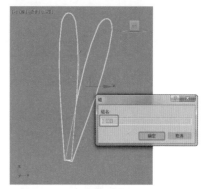

图7-22

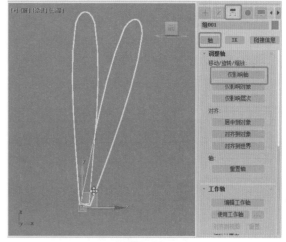

图7-23

图7-24

复制花瓣的提示

在复制花瓣的过程中，需要注意的是不要将两
个花瓣进行重叠，需将花瓣进行一前一后的排列。

08 复制模型后，调整模型，删除多余的花瓣，如
图7-25所示。

第7章 陈设品设计

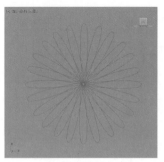

图7-25

09 单击 "+（创建）>●（几何体）>标准基本体>圆柱体" 按钮，在花瓣的中心创建 "圆柱体"，调整模型到合适的位置，在 "参数" 卷展栏中设置 "半径" 为35、"高度" 为5、"高度分段" 为1，如图7-26所示。

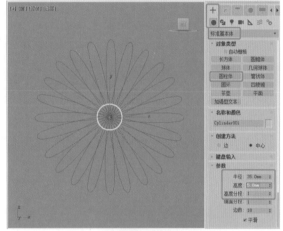

图7-26

10 复制圆柱体，在 "参数" 卷展栏中修改 "半径" 为6、"高度" 为1200、"高度分段" 为10，在场景中调整模型的位置，如图7-27所示。

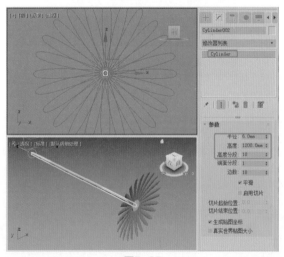

图7-27

11 参考花瓣的制作，制作出叶子，如图7-28所示。

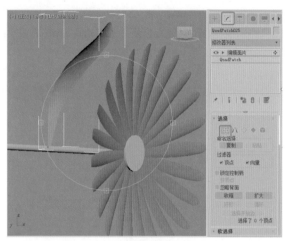

图7-28

12 复制叶子，并缩放和调整叶子，如图7-29所示。

图7-29

设置小雏菊模型材质

下面为小雏菊设置材质。

01 花瓣材质。打开材质编辑器，选择一个新的材质样本球，将材质转换为VRayMtl，在 "贴图" 卷展栏中为 "漫反射" 指定 "位图" 贴图，位图为随书配备资源中的 "花瓣01.jpg" 文件，如图7-30所示。在场景中选择花瓣模型，单击 （将材质指定给选定对象）按钮，将材质指定给场景中选中的模型。

02 在场景中选择成组后的花瓣，在菜单栏中选择 "组>解组" 命令，解组后，为花瓣添加 "UVW贴图" 修改器，在 "参数" 卷展栏中选择 "贴图" 类型为 "平面"，设置合适的参数，如图7-31所示。

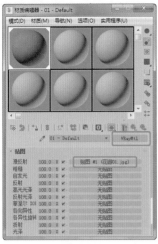

图7-30

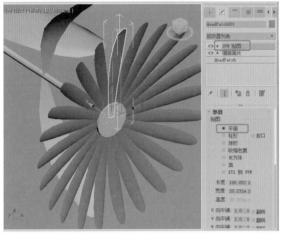

图7-31

03 使用同样的方法设置其他花瓣的贴图效果，如图7-32所示。

图7-32

04 花蕊材质。选择一个新的材质样本球，将材质转换为VRayMtl，在"贴图"卷展栏中为"漫反射"指定位图，位图为随书配备资源中的"花蕊01.jpg"文件，如图7-33所示。在场景中选择花蕊模型，单击 （将材质指定给选定对象）按钮，将材质指定给场景中选中的模型。

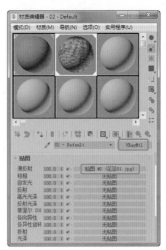

图7-33

05 指定材质后，在场景中选择花蕊模型，为其添加"UVW贴图"修改器，在"参数"卷展栏中选择"贴图"类型为"平面"，设置合适的参数，如图7-34所示。

图7-34

06 枝材质的设置。选择一个新的材质样本球，将材质转换为VRayMtl，在"贴图"卷展栏中为"漫反射"指定"位图"贴图，位图为随书配备资源中的"花径01.jpg"文件，如图7-35所示。在场景中选择枝模型，单击 （将材质指定给选定对象）按钮，将材质指定给场景中选中的模型。

07 叶子材质的设置。选择一个新的材质样本球，将材质转换为VRayMtl，在"贴图"卷展栏中为"漫反射"指定"位图"贴图，位图为随书配备资源中的"花叶01.jpg"文件，如图7-36所示。在场景中选择叶子模型，单击 （将材质指定给选定对象）按钮，将材质指定给场景中选中的模型。

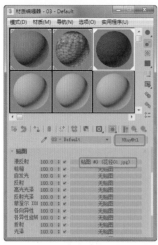

图7-35

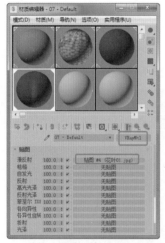

图7-36

08 为场景中的叶子模型添加"UVW贴图"修改器，设置合适的参数，如图7-37所示。

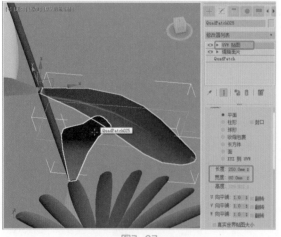

图7-37

09 还可以将选择集定义为Gizmo，在场景中移动、缩放、旋转Gizmo，如图7-38所示。

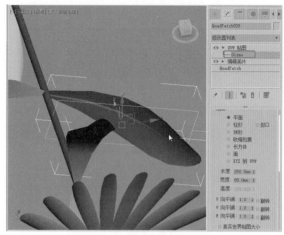

图7-38

10 设置好材质后的模型，如图7-39所示。

图7-39

11 在场景中选择小雏菊模型，将其成组，如图7-40所示。

图7-40

制作花盆草地

下面将制作花盆和草地模型。

01 单击"+（创建）>●（几何体）>扩展基本体>切角长方体"按钮，在"顶"视图中创建切角长方体，在"参数"卷展栏中设置"长度"为1500、"宽度"为3000、"高度"为500、"圆角"为20，如图7-41所示。

图7-41

02 为切角长方体添加"编辑多边形"修改器，将选择集定义为"多边形"，在场景中选择顶部的模型，在"编辑多边形"卷展栏中单击"倒角"后的▣（设置）按钮，在弹出的助手小盒中设置轮廓为-97.7，单击◢（确定）按钮，如图7-42所示。

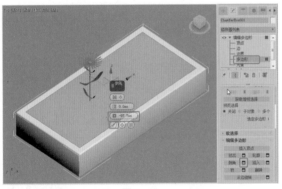

图7-42

03 在"编辑多边形"卷展栏中单击"挤出"后的▣（设置）按钮，在弹出的助手小盒中设置轮廓为-430，单击◢（确定）按钮，如图7-43所示。

图7-43

04 单击"＋（创建）>●（几何体）>标准基本体>平面"按钮，在"顶"视图中创建一个平面，

作为草地的载体，如图7-44所示。

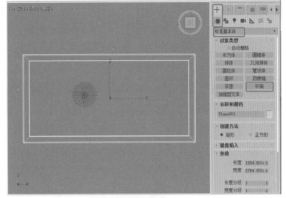

图7-44

05 在"前"视图中调整模型的位置，如图7-45所示。

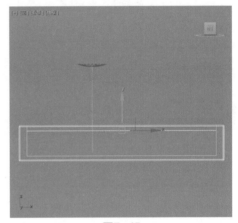

图7-45

06 确定平面处于选择状态，单击"＋（创建）>●（几何体）>VRay>VRayFur"按钮，创建毛发，在"VRay毛发 参数"卷展栏中设置合适的参数，如图7-46所示。

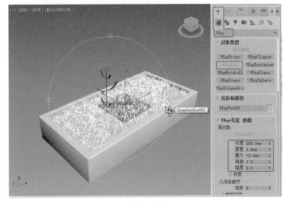

图7-46

设置花盆材质

花盆和草地模型设置完成之后，为其设置和指

定材质。

① 打开材质编辑器，选择一个新的材质样本球，将材质转换为VRayMtl，在"基本参数"卷展栏中设置"漫反射"的红绿蓝为18、124、159，设置"反射"的红绿蓝为23、23、23，设置"高光光泽"为0.6，取消"菲涅耳反射"复选框的勾选，如图7-47所示。在场景中选择作为花盆的模型，单击 ■（将材质指定给选定对象）按钮，将材质指定给场景中选中的模型。

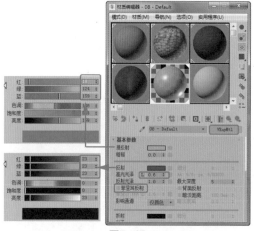

图7-47

② 为毛发和平面指定枝干的绿色材质即可。

组合出盆栽效果

模型创建完成后，下面调整花朵的效果。

① 在场景中调整小雏菊的位置和角度，为其添加"弯曲"修改器，设置合适的弯曲度，在场景中复制并调整小雏菊模型的位置、大小和角度，如图7-48所示。

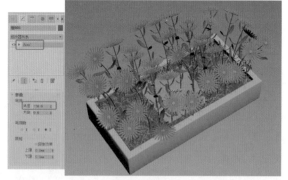

图7-48

② 设置完成后，将模型合并到一个场景中对其进行渲染输出，如图7-49所示，合并到场景中时需要注意修改一下毛发的参数，直至得到满意的效果。

图7-49

7.3 商业案例——渐变花瓶的设计

7.3.1 设计思路

扫码看视频

■ 案例类型

本案例设计制作一款渐变花瓶。

■ 设计背景

花瓶是一种器皿，用来盛放花枝的美丽植物，花瓶底部通常盛水，让植物保持活性与美丽。现代的家居装饰品，仅仅实用是不够的，越来越多的设计者融入巧妙的心思，将美化家居的功能应用在于平凡的家居装饰品上，如图7-50所示。

图7-50

图7-50（续）

■ 设计定位

本案例将主要设置一个圆滑星形的旋转花瓶，采用不规则的造型来制作，使效果更加时尚，通过搭配一些清新的材质，制作出时尚、清新的造型花瓶。

7.3.2 材质配色方案

本案例中将采用渐变色为主色，渐变色是一种有规律的颜色变化，能给人很强的节奏感和审美情趣，渐变的颜色从粉红到白色到粉绿再到粉蓝色的渐变，粉是一种饱和度不高且不会产生审美疲劳的颜色，这种颜色可以给人以平静的心态，所以非常适用于家装中，使用到花瓶中，目的是不突出和夺目，是配合花束而存在的装饰，所以花瓶的色彩使用了渐变粉色。

7.3.3 同类作品欣赏

7.3.4 项目实战

■ 制作流程

本案例主要创建图形，使用"放样"工具制作出花瓶模型的效果，为其设置一个渐变瓷器材质，再将场景渲染输出即可得到最终效果，如图7-51所示。

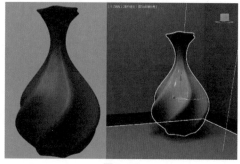

图7-51

■ 技术要点

使用"放样"工具通过路径和截面制作出放样模型；

使用放样变形，调整出花瓶模型的效果；

为花瓶设置渐变瓷器。

■ 操作步骤

制作模型

本案例模型主要使用放样工具来制作，具体的操作如下。

01 单击"＋（创建）＞■（图形）＞星形"按钮，在"顶"视图中创建星形，在"参数"卷展栏中设置"半径1"位300、"半径2"为240、"点"为6、"扭曲"为0、"圆角半径1"为35、"圆角半径2"为30，如图7-52所示。

02 单击"＋（创建）＞■（图形）＞线"按钮，在"前"视图中创建直线，如图7-53所示。

03 在场景中选择作为路径的线，单击"＋（创建）＞●（几何体）＞复合对象＞放样"按钮，在"创建方法"卷展栏中单击"获取图形"按钮，在场景中拾取星形，如图7-54所示。

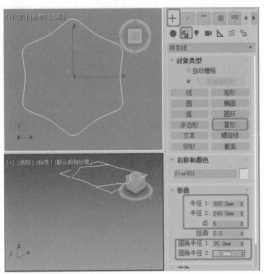

图7-52

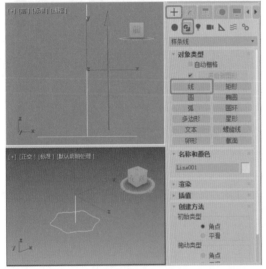

图7-53

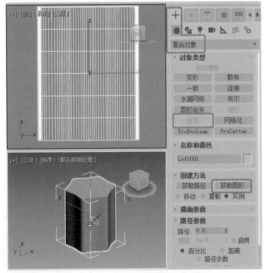

图7-54

04 切换到 ⚙ (修改)命令面板，在"蒙皮参数"卷展栏中取消"封口末端"复选框的勾选，使模型不被封口，如图7-55所示。

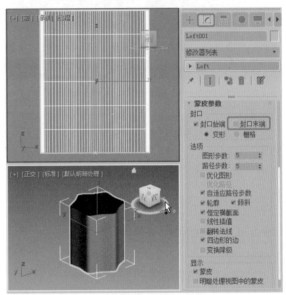

图7-55

05 在"变形"卷展栏中单击"缩放"按钮，在弹出的"缩放变形"对话框中单击 🔧 (插入角点)按钮，在曲线上添加控制点。使用 ✛ (移动控制点)工具在曲线的控制点上鼠标右击，在弹出的快捷菜单中选择"Bezier-角点"命令，通过调整控制手柄，调整曲线的形状，如图7-56所示。

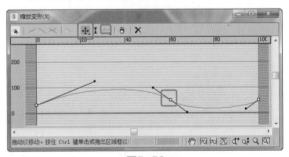

图7-56

06 调整缩放变形的模型效果，如图7-57所示。

图7-57

中文版3ds Max/VRay商业案例项目设计完全解析

07 单击"变形"卷展栏中的"扭曲"按钮，在弹出的"扭曲变形"对话框中单击 🔲（插入角点）按钮，在曲线上添加控制点。使用 ✛（移动控制点）工具在曲线的控制点上鼠标右击，在弹出的快捷菜单中选择"Bezier-角点"命令，通过调整控制手柄，调整曲线的形状，如图7-58所示。

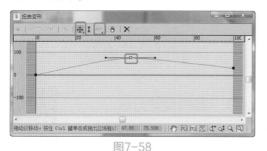
图7-58

08 调整变形后的模型效果，如图7-59所示。

图7-59

09 如果对模型不满意，可以再次修改变形，如图7-60所示，直至得到满意的效果。

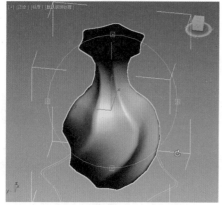
图7-60

10 调整好模型后，为模型添加"壳"修改器，在"参数"卷展栏中设置"外部量"为5，如图7-61所示。

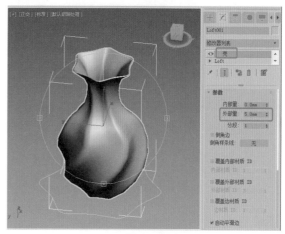
图7-61

11 继续为模型添加"涡轮平滑"修改器，使用默认的"迭代次数"即可，如图7-62所示。

图7-62

设置材质

下面为花瓶设置渐变的瓷器材质，渐变效果主要是采用了贴图来实现。

01 打开材质编辑器，选择一个新的材质样本球，将材质转换为VRayMtl，在"基本参数"卷展栏中设置"漫反射"的红绿蓝为255、186、0，设置"反射"的红绿蓝为252、252、252，勾选"菲涅耳反射"复选框，如图7-63所示。

02 在"贴图"卷展栏中为"漫反射"指定"位图"贴图，贴图为随书配备资源中的"2362.jpg"文件。在场景中选择花瓶，如图7-64所示，单击 🔳（将材质指定给选定对象）按钮，将材质指定给场景中选中的模型。

03 为模型设置材质后，为模型添加"UVW贴图"修改器，设置合适的贴图类型和参数，如图7-65所示。

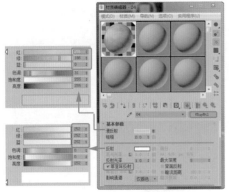

图7-63

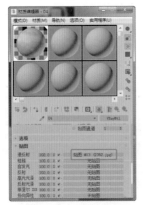

图7-64

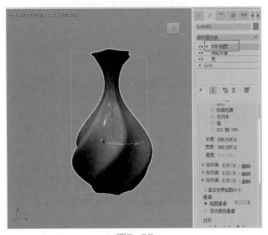

图7-65

04 将花瓶模型合并到一个场景中，对花瓶进行渲染，如图7-66所示。

图7-66

7.4 商业案例——制作装饰摆件

7.4.1 案例设计分析

扫码看视频

■ 案例类型

本案例制作装饰摆件。

■ 项目背景

摆件是摆放在公共区域供人欣赏的东西，范围相当广泛，有传统的摆件，也有时尚的摆件，其材质也非常多。在选择摆件时，需要根据摆放的位置、环境、风格进行选择，如中式装修的风格中可以摆放些玉石摆件，欧式风格中摆放水晶等，如图7-67所示。

图7-67

■ 设计思路

本案例需要制作一个放置到简约时尚空间中的装饰摆件，这里采用抽象的表现方法来制作蘑菇造型的摆件。

7.4.2 材质配色方案

材质主要采用金属亮光漆，颜色主要采用红色和黄色，这两种颜色因为饱和度高可以摆放到简约的装修空间中，尤其是红色，可以放置到黑色的时尚空间中，所以本案例中的摆件适应的场景和颜色也是比较多的。

7.4.3 同类作品欣赏

7.4.4 项目实战

■ 制作流程

本案例主要创建"圆"，创建圆后，为其添加"编辑样条线"修改器，通过对样条线的复制和调整，调整出蘑菇的样条线形状；为图形设置"曲面"修改器，制作出蘑菇效果；为蘑菇设置金属漆材质；最后，将蘑菇合并到一个场景中对其进行渲染输出即可，如图7-68所示为制作流程。

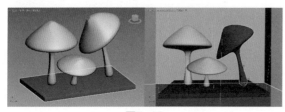

图7-68

图7-68（续）

■ 技术要点

使用"编辑样条线"修改器制作出模型的构架图形；

使用"曲面"修改器制作出蘑菇效果；

使用"弯曲"修改器制作蘑菇的弯曲效果；

为模型设置有色金属漆材质。

■ 操作步骤

创建蘑菇模型

本案例主要使用"编辑样条线"和"曲面"修改器制作蘑菇模型。

01 单击"＋（创建）> （图形）>圆"按钮，在场景中创建圆，设置合适的参数，如图7-69所示。

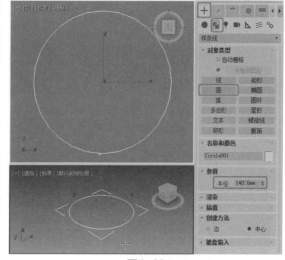

图7-69

02 切换到 （修改）面板中，为圆添加"编辑样条线"修改器，将选择集定义为"样条线"，在"几何体"卷展栏中勾选"连接复制"组中的"连接"复选框，在"前"视图中按住Shift键，移动复制样条线，如图7-70所示。

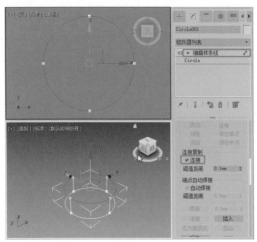

图7-70

03 继续复制样条线，如图7-71所示。

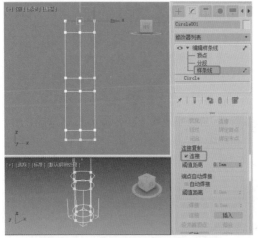

图7-71

04 取消"连接复制"组中的"连接"复选框的勾选，在"软选择"卷展栏中勾选"使用软选择"复选框，并设置"衰减"参数为0，在场景中对样条线进行调整，如图7-72所示。

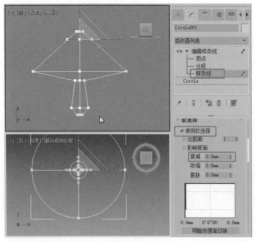

图7-72

05 将选择集定义为顶点，在场景中按Ctrl+A组合键，全选顶点，鼠标右击，在弹出的快捷菜单中选择"平滑"命令，如图7-73所示。

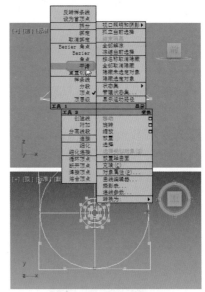

图7-73

06 继续鼠标右击，在弹出的快捷菜单中选择Bezier命令，如图7-74所示。

图7-74

07 在场景中通过顶点，调整图形的形状，如图7-75所示。

08 关闭选择集，在修改器列表中选择"曲面"修改器，如图7-76所示。

09 如遇添加"曲面"修改器模型为黑色时，在"参数"卷展栏中勾选"翻转法线"复选框，如图7-77所示。

10 如果对模型不满意，可以返回到"编辑样条线"修改器，调整样条线直到满意为止，如图7-78所示。

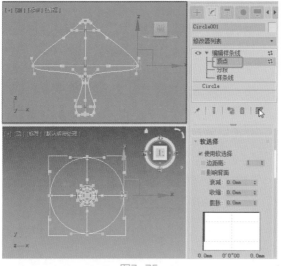

图7-75

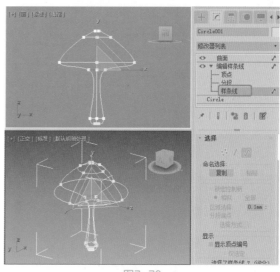

图7-78

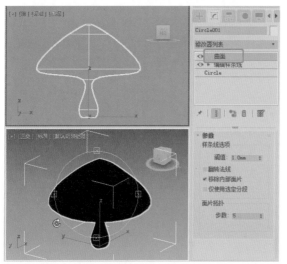

图7-76

⑪ 对模型进行复制和缩放，调整合适的效果，如图7-79所示。

图7-79

⑫ 为模型添加"弯曲"修改器，设置合适的效果即可，如图7-80所示。

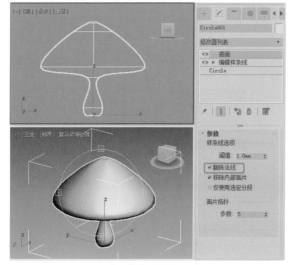

图7-77

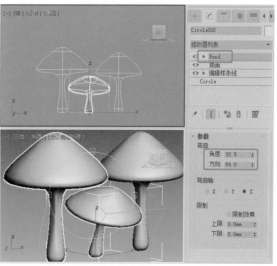

图7-80

⑬ 创建"切角长方体"作为底座，如图7-81所示。

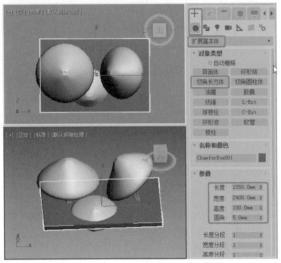

图7-81

⑭ 在场景中调整底座的位置，如图7-82所示。

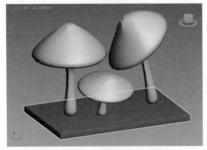

图7-82

⑮ 在场景中选择设置曲面的模型，可以在"参数"卷展栏中设置"面片拓扑"中的"步数"为12，可以使模型更加平滑，如图7-83所示。

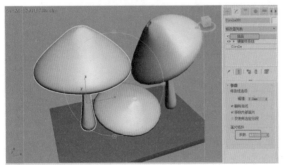

图7-83

设置材质

下面为场景中的蘑菇摆件设置有漆金属材质。

① 黄色有漆金属材质的设置。打开材质编辑器，选择一个新的材质样本球，将材质转换为

VRayMtl，在"基本参数"卷展栏中设置"漫反射"的红绿蓝为255、210、0，设置"反射"的红绿蓝为77、63、0，设置"反射"的"高光光泽"为0.8，取消"菲涅耳反射"复选框的勾选。在场景中选择其中一个蘑菇，单击 ➕（将材质指定给选定对象）按钮，将材质指定给场景中选中的模型，如图7-84所示。

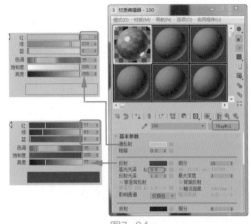

图7-84

② 将黄色材质拖曳到一个新的材质样本球上，复制黄色金属材质，修改名称，修改"漫反射"的红绿蓝为166、210、0，修改"反射"的红绿蓝为29、36、0。选择场景中的一个蘑菇模型，单击 ➕（将材质指定给选定对象）按钮，将材质指定给场景中选中的模型，如图7-85所示。

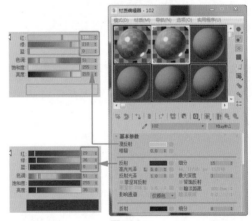

图7-85

③ 再次复制有漆金属到新的样本球上，复制金属材质，修改名称，修改"漫反射"的红绿蓝为132、0、0，修改"反射"的红绿蓝为64、0、0。选择场景中的一个蘑菇模型，单击 ➕（将材质指定给选定对象）按钮，将材质指定给场景中选中的模型，如图7-86所示。

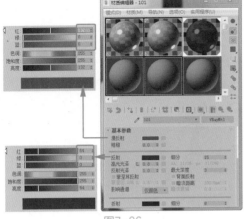

图7-86

04 设置底座材质。选择一个新的材质样本球，将材质转换为VRayMtl，在"基本参数"卷展栏中设置"漫反射"的红绿蓝为40、40、40，设置"反射"的红绿蓝为215、215、215，设置"反射"的"高光光泽"为0.68，勾选"菲涅耳反射"复选框。在场景中选择其底座模型，单击 （将材质指定给选定对象）按钮，将材质指定给场景中选中的模型，如图7-87所示。

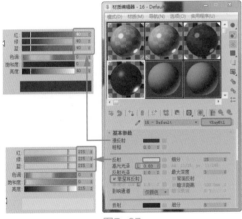

图7-87

05 设置材质后，将模型合并到一个场景中，如图7-88所示，渲染输出即可。

图7-88

7.5 优秀作品欣赏

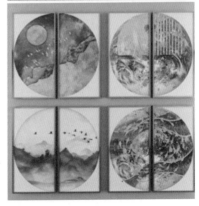

08

第 8 章

办公用品设计

随着信息化时代的高速发展，办公用品在人们工作生活中有着极高的地位，因为所有的生产生活、各行各业都与各种各样的办公用品息息相关，人的一天有三分之一的时间是需要在办公室里度过的，更有甚者会在办公室工作12小时以上，所以办公用品的发展同样可以标志着一个时代的发展。

★★★★
8.1 办公用品概述

办公用品，指人们在日常工作中所使用的辅助用品，办公用品主要被应用于企业单位，它涵盖的种类非常广泛，包括：文件档案用品、桌面用品、办公设备、财务用品、耗材等一系列与工作相关的用品，如图8-1所示。

图8-1

目前，我国办公用品行业发展形势良好，该行业企业正逐步向产业化、规模化发展，专业、高效、节能是我国办公用品行业的发展方向，我国办公用品行业生产的产品品质具备国际市场竞争力。智研数据研究中心的数据表明，随着我国办公用品行业市场运行需求的不断扩大以及出口增长，我国办公用品行业迎来一个新的发展机遇。

8.1.1 办公用品的分类

办公用品分类繁多，涉及办公生活的方方面面，存在于办公场所的个个角落。我们身边常见的日常办公用品包括电脑、鼠标、键盘、打印机、复印机、圆珠笔、钢笔、笔记本、记事本、验钞机、发票、收据、收银纸、打印纸、复印纸、计算器、电话座机、订书机、起钉器等，下面来介绍一些常见和常用的办公用品分类。

（1）办公文具：办公文具包括文件档案管理类文具、桌面用品、办公簿本、办公修正用品、辅助用品、电脑周边用品、电子电器用品等，如图8-2所示。

图8-2

图8-2（续）

（2）办公耗材：包括打印机耗材（硒鼓、墨盒、色带等）、装订耗材、办公用纸（复印纸、传真纸、电脑打印纸、彩色复印纸、相片纸、一龙办公喷墨打印纸、绘图纸、不干胶打印纸、其他纸张）、IT耗材（网线、水晶头、视频线等），如图8-3所示。

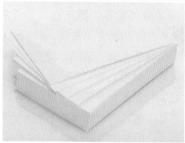

图8-3

（3）日杂百货：生活用纸、一次性用品、劳保用品、五金用工具、碳酸饮料、办公茶、咖啡、纯净水、方便食品等，如图8-4所示。

图8-4

图8-4（续）

（4）办公设备：包括办公室中的所有电器，如图8-5所示。

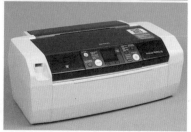

图8-5

（5）办公家具：办公家具包括工作空间中的办公桌椅、文件架、保险柜等，如图8-6所示。

图8-6

（6）财务用品：财务用品就是财务用的一些办公用品，如账本、凭证、报表、计算器、印章等，如图8-7所示。

图8-7

（7）旗帜/奖品：包括地图、国旗、签名册、荣誉证书、奖状、锦旗、党旗、绶带、红包等。

8.1.2　办公用品设计的重要性

办公室给人的感觉总是死气沉沉、毫无生气，这种环境给人以沉闷的感觉，同时也会影响工作效率。有设计感和趣味性的办公用品不仅能够起到装饰的作用和具有实用的价值，还可以提高人们工作的效率。

下面来看一些比较有设计性的办公用品，能够给您上班带来一些轻松感，并带来一些工作中的乐趣，如图8-8所示。

图8-8

8.2　商业案例——简约办公椅的设计

8.2.1　设计思路

扫码看视频

■ 案例类型

本案例设计制作简约办公椅。

■ 设计背景

办公椅，是指人在坐姿状态下进行桌面工作时所坐的靠背椅，广义的定义为所有用于办公室的椅子，如图8-9所示。

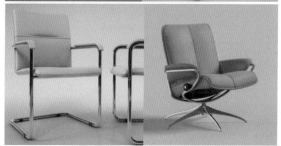

图8-9

■ 设计定位

本案例制作一款常用和常见的简约办公椅类型，主要设计为圆盘形的底座，在扶手上为了增加舒适程度，将扶手使用皮革包起来，整个坐垫和靠背使用皮革，这样座椅的舒适性就达到了。

8.2.2 材质配色方案

在本案例中设计的椅子的舒适度已经达到了，下面需要设计一个活跃的色彩，突破沉闷的黑白灰，采用主色调为绿色，用绿色的皮革作为主材质，绿色是自然和希望的颜色，代表了健康的生活态度，如图8-10所示。

图8-10

辅助材质采用了不锈钢材质，不锈钢可以表现时尚和科技感，因为功能的需要，所以金属的材质是不可缺少的，这里将使用大众化的不锈钢材质。

8.2.3 同类作品欣赏

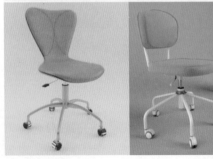

8.2.4 项目实战

■ 制作流程

本案例主要使用基本的几何体创建基础模型，结合使用"编辑多边形""涡轮平滑""弯曲"等修改器制作出办公椅的模型；为模型设置绿色皮革材质和不锈钢材质，完成本案例模型的制作，最后，将模型进行渲染，如图8-11所示。

图8-11

■ 技术要点

使用"编辑多边形"修改器制作皮革；

使用"涡轮平滑"修改器设置模型的平滑效果；

使用"弯曲"修改器设置模型的弯曲；

设置绿色皮革材质和不锈钢材质。

■ 操作步骤

创建办公椅模型

下面将使用基本的几何体和修改器制作办公椅模型。

01 单击"➕（创建）> ● （几何体）>长方体"按钮，在"前"视图中创建长方体，在"参数"卷展栏中设置"长度"为400、"宽度"为225、"高度"为40、"长度分段"为6、"宽

度分段"为4、"高度分段"为1，如图8-12
所示。

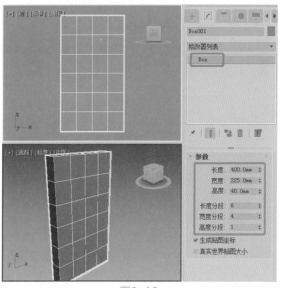

图8-12

02 为模型添加"编辑多边形"修改器，将选择集
定义为"多边形"，在场景中选择正面的多边
形，在"编辑几何体"卷展栏中单击"隐藏未
选定对象"按钮，隐藏没有选择的多边形，如
图8-13所示。

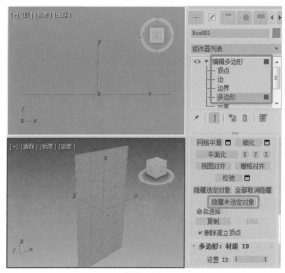

图8-13

03 将选择集定义而"顶点"，在场景中框选如
图8-14所示的顶点，在"编辑顶点"卷展栏
中单击"挤出"后的口（设置）按钮，在弹
出的助手小盒中设置挤出的高度为-20、宽
度为15。

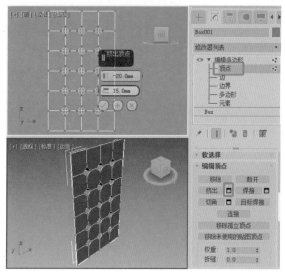

图8-14

04 将选择集定义为"边"，在场景中选择如图8-15
所示的边。

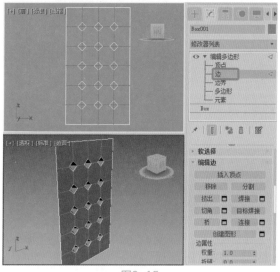

图8-15

05 在"编辑边"卷展栏中单击"挤出"后的口
（设置）按钮，在弹出的助手小盒中设置挤出
的高度为-8、宽度为6，如图8-16所示。

06 将选择集定义为"多边形"，在"编辑几何
体"卷展栏中单击"全部取消隐藏"按钮，将
隐藏的多边形全部取消隐藏，如图8-17所示。

07 将选择集定义为"边"，在场景中选择如图8-18
所示的边。

08 在"编辑边"卷展栏中单击"切角"后的口
（设置）按钮，在弹出的助手小盒中设置切角
量为3、分段为1，如图8-19所示。

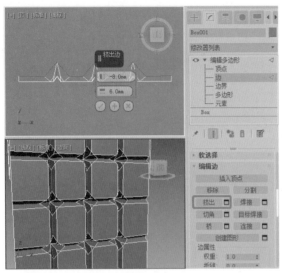

图8-16

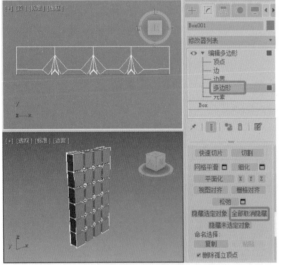

图8-17

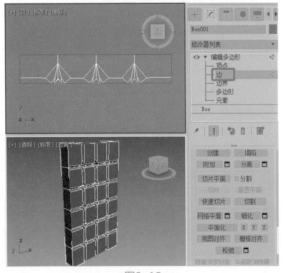

图8-18

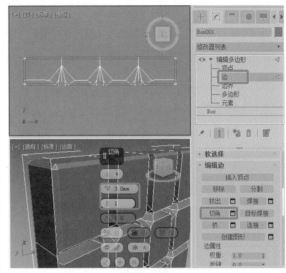

图8-19

09 关闭选择集，为模型添加"涡轮平滑"修改器，在"涡轮平滑"卷展栏中设置"迭代次数"为2，如图8-20所示。

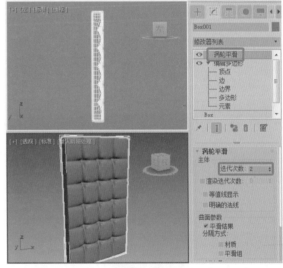

图8-20

10 为模型添加"弯曲"修改器，在"参数"卷展栏中设置"角度"为90、"方向"为90，选择"弯曲轴"为Y，在"限制"组中勾选"限制效果"复选框，设置"上限"为0、"下限"为-65，如图8-21所示。

11 单击"➕（创建）> ◑（图形）> 矩形"按钮，在场景中创建矩形，切换到 ☑（修改）命令面板，在"参数"卷展栏中设置"长度"为150、"宽度"为240、"角半径"为15；在"渲染"卷展栏中勾选"在渲染中启用"和"在视口中启用"复选框，设置"厚度"为8，如图8-22所示。

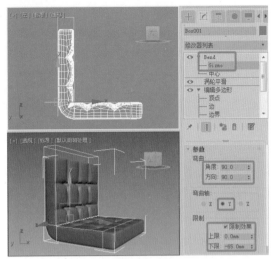

图8-21

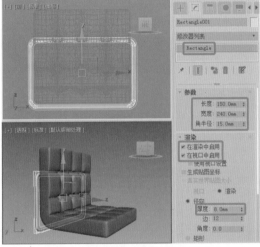

图8-22

12 为可渲染的矩形添加"编辑样条线"修改器，将选择集定义为"分段"，在场景中删除分段，如图8-23所示。

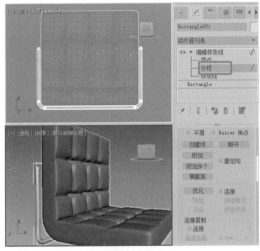

图8-23

13 将选择集定义为"顶点"，在"几何体"卷展栏中单击"优化"按钮，在可渲染的样条线上添加控制点，如图8-24所示。

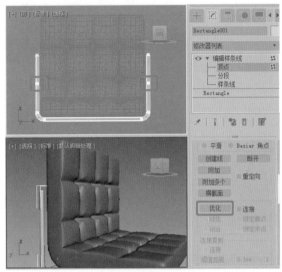

图8-24

14 调整顶点，调整出扶手，如图8-25所示。

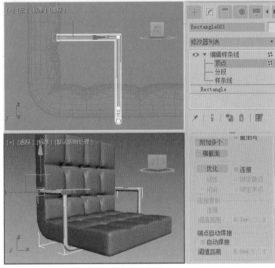

图8-25

15 在"几何体"卷展栏中，使用"圆角"工具调整出扶手顶点的圆角效果，如图8-26所示。

16 单击" + （创建）> ● （几何体）>扩展基本体>切角圆柱体"按钮，在"前"视图中创建切角圆柱体，并在场景中调整模型的位置，在"参数"卷展栏中设置"半径"为8、"高度"为90、"圆角"为3、"高度分段"为1、"圆角分段"为3、"边数"为30、"端面分段"为1，如图8-27所示，在场景中复制切角圆柱体，作为扶手。

所示。

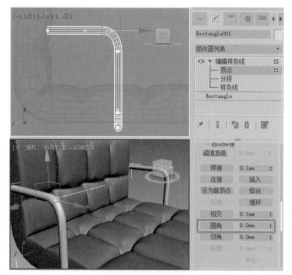

图8-26

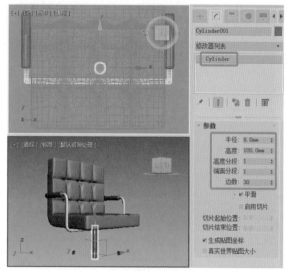

图8-28

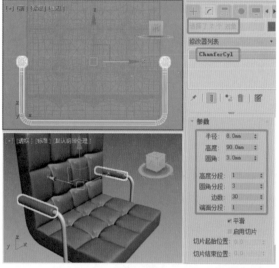

图8-27

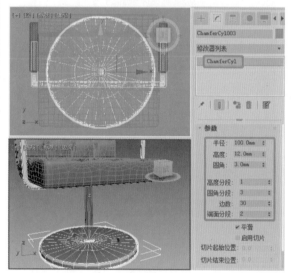

图8-29

⑰ 单击"+（创建）>●（几何体）>圆柱体"按钮，在"顶"视图中创建圆柱体，在"参数"卷展栏中设置"半径"为8、"高度"为100、"高度分段"为1、"端面分段"为1、"边数"为30，如图8-28所示。

⑱ 单击"+（创建）>●（几何体）>扩展基本体>切角圆柱体"按钮，在"顶"视图中创建切角圆柱体，在"参数"卷展栏中设置"半径"为100、"高度"为12、"圆角"为3、"高度分段"为1、"圆角分段"为3、"边数"为30、"端面分段"为2，如图8-29所示。

⑲ 为切角圆柱体添加"编辑多边形"修改器，将选择集定义为"顶点"，在"顶"视图中缩放顶点，如图8-30所示。

⑳ 在"前"视图中向上移动顶点，如图8-31所示。

㉑ 将选择集定义为"多边形"，在场景中选择缩放顶点中的多边形，在"编辑多边形"卷展栏中单击"挤出"后的■（设置）按钮，在弹出的助手小盒中设置挤出高度为80，如图8-32所示。

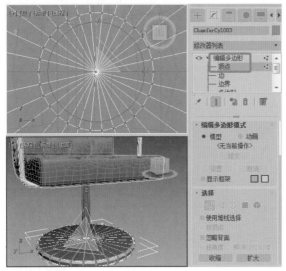

图8-30

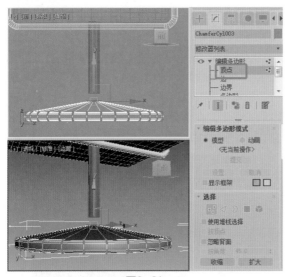

图8-31

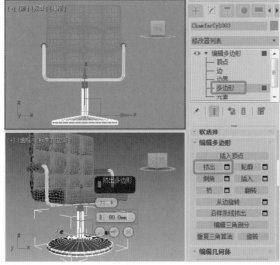

图8-32

设置材质

下面将为场景中的模型设置材质。

01 设置绿色皮革材质。打开材质编辑器，选择一个新的材质样本球，将材质转换为VRayMtl，在"基本参数"卷展栏中设置"漫反射"的红绿蓝为21、170、10，设置"反射"的亮度为15，设置"高光光泽"为0.65、"反射光泽"为0.7，取消"菲涅耳反射"复选框的勾选，如图8-33所示。

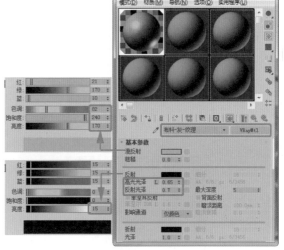

图8-33

02 单击VRayMtl材质按钮，在弹出的"材质/贴图浏览器"中选择"V-Ray"材质中的"覆盖材质"按钮，在弹出的"材质编辑器"对话框中选择"将旧材质保存为子材质？"选项，单击"确定"按钮，覆盖材质后，之前设置的参数将变为"基本材质"，将基本材质后的材质拖曳到"GI材质"后的"无"按钮上，弹出"实例（副本）材质"对话框，从中选择"复制"选项，单击"确定"按钮，设置好的材质如图8-34所示。

03 在"VRay覆盖"卷展栏中单击"GI材质"后的材质按钮，进入材质层级面板，如图8-35所示，在"基本参数"卷展栏中修改"漫反射"的颜色为饱和度不高的绿色即可。在场景中选择靠背和扶手模型，单击 （将材质指定给选定对象）按钮，将材质指定给场景中选中的模型。

04 选择一个新的材质样本球，将材质转换为VRayMtl，在"基本参数"卷展栏中设置"漫反射"的红绿蓝为100、100、100，亮度为100，设置"反射"的"亮度"为255，"高光光泽"为0.75、"反射光泽"为0.98、勾选"菲涅耳反射"复选框，设置"菲涅尔IOR"为3。
在场景中选择支架模型，单击 ![] （将材质指定
给选定对象）按钮，将材质指定给场景中选中
的模型，如图8-36所示。

图8-34

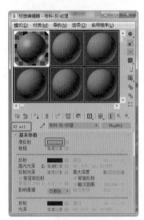

图8-35

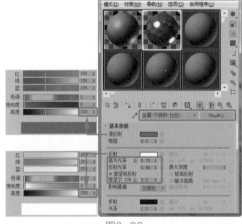

图8-36

最后，将其合并到一个场景中，对其进行渲染
输出。

8.3 商业案例——放大镜的设计

8.3.1 设计思路

扫码看视频

■ 案例类型

本案例设计制作一款放大镜。

■ 设计背景

放大镜是用来观察物体微小细节的简单目视
光学器件，是焦距比眼的明视距离小得多的会聚透
镜。物体在人眼视网膜上所成像的大小正比于物对
眼所张的角，视角愈大，像也愈大，愈能分辨物的
细节，如图8-37所示。

图8-37

■ 设计定位

本案例设计一款黑边简约的放大镜，实现功能
的完整性和简约的效果。

8.3.2 材质配色方案

放大镜的材质主要使用了黑色的简约材质，并搭配一点金属作为点缀，使整个放大镜达到简约、百搭的效果。

8.3.3 同类作品欣赏

8.3.4 项目实战

■ 制作流程

本案例主要创建图形，结合使用"扫描"修改器，制作出放大镜的镜片边框；使用FFD变形工具，调整"圆柱体"为凸镜；使用多边形建模创建支架；制作完成模型后，为模型设置黑色塑料材质、不锈钢材质和玻璃材质；最后，将模型合并到一个场景中，对其渲染输出，如图8-38所示。

图8-38

■ 技术要点

使用"扫描"修改器制作放大镜的边框；
使用FFD变形工具将圆柱体调整为凸镜；
使用"编辑多边形"修改器制作把手；
为放大镜设置黑色塑料、不锈钢材质和玻璃材质。

■ 操作步骤

制作模型

本案例模型的制作主要使用放样工具来制作，具体的操作如下。

01 单击"➕（创建）> 🎨（图形）>圆"按钮，在"顶"视图中创建圆，在"参数"卷展栏中设置"半径"为50，如图8-39所示。

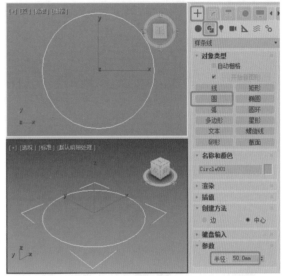

图8-39

02 单击"➕（创建）> 🎨（图形）>矩形"按钮，在"前"视图中创建矩形，在"参数"卷展栏中设置"长度"为12、"宽度"为2、"角半径"为0.8，如图8-40所示。

03 在场景中选择圆，为圆添加"扫描"修改器，在"截面类型"卷展栏中选择"使用自定义截面"选项，并单击"拾取"按钮，在场景中拾取圆角矩形，如图8-41所示。

04 单击"➕（创建）> ⚫（几何体）> 圆柱体"按钮，在"顶"视图中创建"圆柱体"，在"参数"卷展栏中设置"半径"为50、"高度"为2、"高度分段"为1、"端面分段"为6、"边数"为36，如图8-42所示。

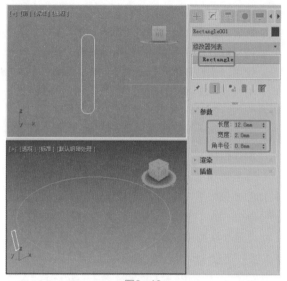

图8-40

"扫描"修改器用于沿着基本样条线或 NURBS 曲线路径挤出横截面。类似于"放样"复合对象,但它是一种更有效的方法。可以处理一系列预制的横截面,例如角度、通道和宽法兰,也可以使用自己的样条线或 NURBS 曲线作为自定义截面。

05 为圆柱体添加FFD 3×3×3修改器,将选择集定义为"控制点",在场景中放大中间的一组点,如图8-43所示。

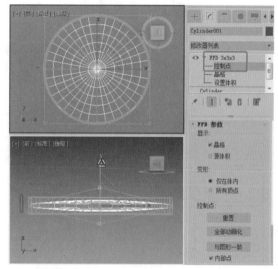

图8-43

06 单击"+(创建)> ●(几何体)> 圆柱体"按钮,在"前"视图中创建"圆柱体",在"参数"卷展栏中设置"半径"为5、"高度"为4、"高度分段"为3、"端面分段"为1、"边数"为36,如图8-44所示。

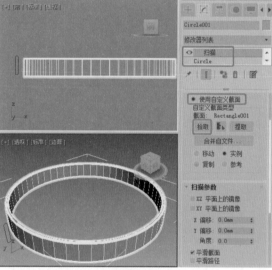

图8-41

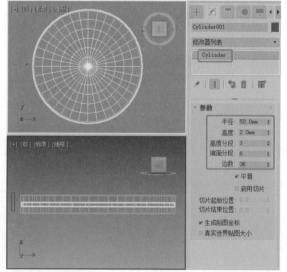

图8-42

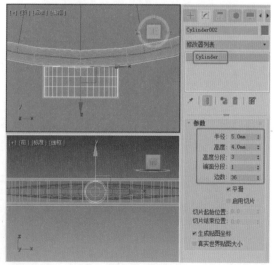

图8-44

07 为圆柱体添加"编辑多边形"修改器，将选择集定义为"顶点"，在场景中选择并缩放顶点，如图8-45所示。

形"卷展栏中单击"插入"后的■（设置）按钮，在弹出的助手小盒中设置参数为1，如图8-48所示，单击◎（确定）按钮。

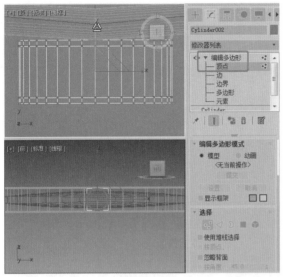

图8-45

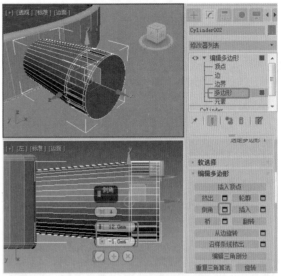

图8-47

08 将选择集定义为"多边形"，在场景中选择多边形，在"编辑多边形"卷展栏中单击"挤出"后的■（设置）按钮，在弹出的助手小盒中设置挤出的高度为-0.3，如图8-46所示，单击◎（确定）按钮。

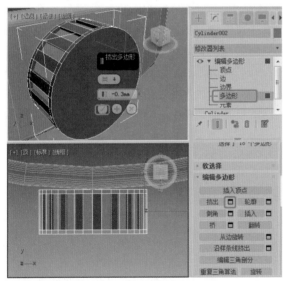

图8-46

09 选择与放大镜边框连接处的多边形，在"编辑多边形"卷展栏中单击"倒角"后的■（设置）按钮，在弹出的助手小盒中设置"高度"为12、轮廓为-1，如图8-47所示，单击◎（确定）按钮。

10 在场景中选择底部的多边形，在"编辑多边

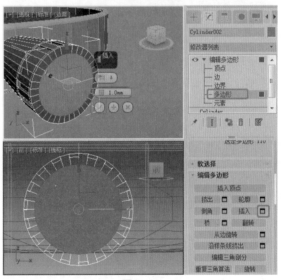

图8-48

11 继续单击"倒角"后的■（设置）按钮，在弹出的助手小盒中设置高度为2、轮廓为1，如图8-49所示，单击◎（确定）按钮。

12 单击"挤出"后的■（设置）按钮，在弹出的助手小盒中设置高度为1.5，如图8-50所示，单击◎（确定）按钮。

13 在场景中创建圆柱体，设置"半径"为6、"高度"为85、"高度分段"为1、"端面分段"为1、"边数"为36，如图8-51所示，在场景中调整模型的位置。

第8章 办公用品设计

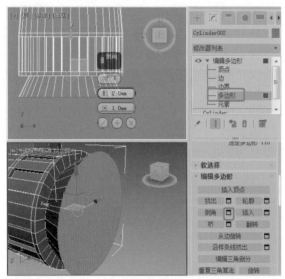

图8-49

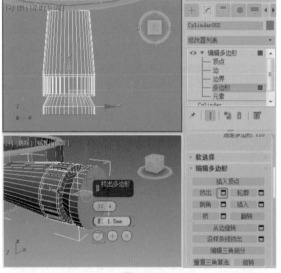

图8-50

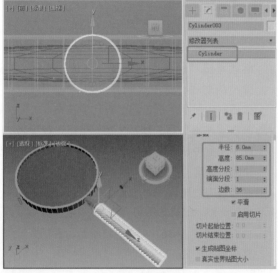

图8-51

（14）为圆柱体添加"编辑多边形"修改器，将选择集定义为"边"，选择顶部和底部的一圈边，在"编辑边"卷展栏中单击"切角"后的■（设置）按钮，在弹出的助手小盒中设置高度为2、分段为5，如图8-52所示，单击◙（确定）按钮。

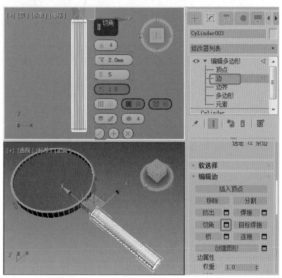

图8-52

设置材质

放大镜模型设置完成后，下面为其设置黑色塑料材质、玻璃材质和不锈钢材质。

（01）设置凸镜材质。打开材质编辑器，选择一个新的材质样本球，将材质转换为VRayMtl，在"基本参数"卷展栏中设置"漫反射"的红绿蓝为200、200、200，设置"反射"的红绿蓝为255、255、255，勾选"菲涅耳反射"复选框；设置"折射"的红绿蓝为255、255、255，如图8-53所示。在场景中选择凸镜模型，单击■（将材质指定给选定对象）按钮，将材质指定给场景中选中的模型。

（02）设置黑色塑料材质。选择一个新的材质样本球，将材质转换为VRayMtl，在"基本参数"卷展栏中设置"漫反射"的红绿蓝为30、30、30，设置"反射"的红绿蓝为255、255、255，勾选"菲涅耳反射"复选框，如图8-54所示。

（03）在BRDF卷展栏中选择类型为"Ward"，如图8-55所示。在场景中选择凸镜的边框和把手，单击（将材质指定给选定对象）按钮，将材质指定给场景中选中的模型。

将材质指定给场景中选中的模型。

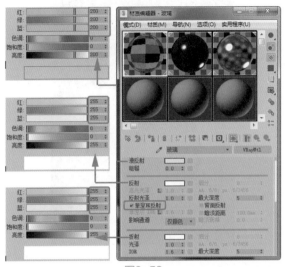

图8-53

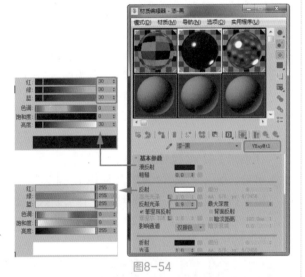

图8-54

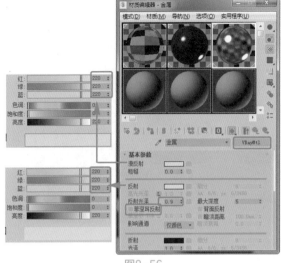

图8-56

这样材质就设置完成了，最后，将模型合并到一个场景中，对其进行渲染输出即可。

8.4 商业案例——制作地球仪

扫码看视频

8.4.1 案例设计分析

■ 案例类型

本案例制作地球仪。

■ 项目背景

本案例制作地球仪是按照一定比例缩小的地球名（由于地图的版权问题，这里采用了其他的贴图），在地球仪上设有长度、面积和方向、形状的变形，所以从地球仪上观察各种景物的相互关系是

图8-55

04 设置不锈钢材质。选择一个新的材质样本球，将转换为VRayMtl材质，在"基本参数"卷展栏中设置"漫反射"的红绿蓝为220、220、220，设置"反射"的红绿蓝为220、220、220，取消"菲涅耳反射"复选框的勾选，如图8-56所示。在BRDF卷展栏中选择类型为"Ward"，在场景中选择凸镜和把手的连接模型，单击（将材质指定给选定对象）按钮，

第8章 办公用品设计

187

整体而又近似于正确的。许多人都不清楚为什么要把地球仪放置到办公用品中，因为地球仪属于摆件，一般常用于办公区域和书房中，所以属于办公用品中的辅助用品，如图8-57所示为不同类型的地球仪。

图8-57

■ 设计思路

在本案例中将采用半弧形支架撑住球体，并在支架下创建一个底座，整体结构采用常规设计，制作出功能性和简约性相结合的效果。

8.4.2 材质配色方案

主材质使用塑料材质，塑料的球体，黑色塑料的支架，黑色比较适合商务空间中，所以这里采用了黑色作为主材质颜色。

8.4.3 同类作品欣赏

8.4.4 项目实战

■ 案例效果剖析

本案例主要使用一些简单的几何体和图形，通过"编辑样条线""扫描""编辑多边形""车削"等修改器制作地球仪模型，如图8-58所示。

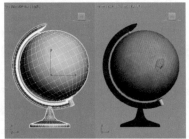

图8-58

■ 技术要点

使用"编辑样条线"修改器修改图形；
使用"扫描"修改器制作地球仪的支架；
使用"编辑多边形"和"FFD"修改模型；
创建"切角圆柱体"和"球体"作为球体支架；
使用"车削"修改器制作底座。

■ 操作步骤

创建地球仪模型

下面来学习如何制作地球仪。

01 单击"➕（创建）>●（几何体）>球体"按钮，在"顶"视图中创建球体，在"参数"卷展栏中设置"半径"为120、"分段"为32，如图8-59所示。

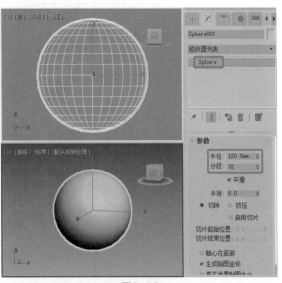

图8-59

02 单击 "➕（创建）> ✏️（图形）> 圆" 按钮，在 "前" 视图中创建圆，在 "参数" 卷展栏中设 "半径" 为126，如图在 "插值" 卷展栏中设置 "步数" 为18，如图8-60所示。

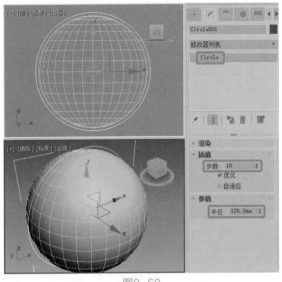

图8-60

03 为圆添加 "编辑样条线" 修改器，将选择集 定义为 "顶点"，在 "几何体" 卷展栏中单 击 "优化" 按钮，在场景中为圆优化顶点，优 化顶点后，将选择集定义为 "分段"，删除分 段，如图8-61所示。

04 在 "顶" 视图中创建矩形，在 "参数" 卷展栏 中设置 "长度" 为4、"宽度" 为20，如图8-62 所示。

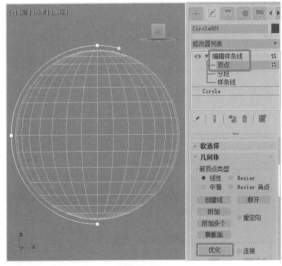

图8-61

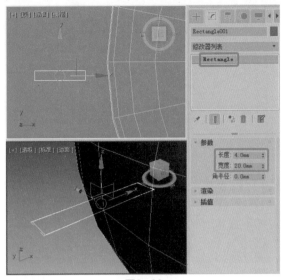

图8-62

05 为矩形添加 "编辑样条线" 修改器，将选择 集定义为 "顶点"，使用 "优化" 工具优化 顶点，并通过顶点调整图形的形状，如图8-63 所示。

06 使用 "圆角" 工具，调整如图8-64所示的顶点 的圆角效果。

07 在场景中选择修改后的圆，为其添加 "扫描" 修改器，在 "截面类型" 卷展栏中选择 "使用 自定义截面" 选项，单击 "拾取" 按钮，拾取 修改后的矩形，在 "扫描参数" 卷展栏中勾 选 "XZ平面上的镜像" 复选框，取消 "平滑 路径" 复选框的勾选，选择 "轴对齐" 中的位 置，如图8-65所示。

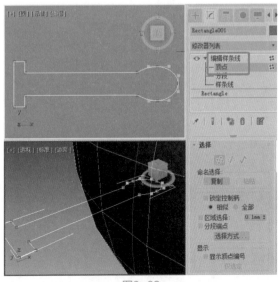

图8-63

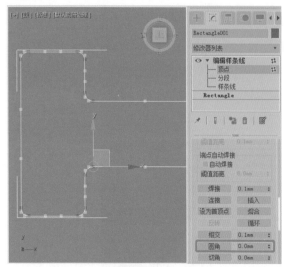

图8-64

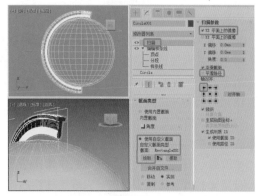

图8-65

08 扫描模型后，为其添加"编辑多边形"修改器，将选择集定义为"顶点"，并使用"FFD 2×2×2"，将选择集定义为"控制点"，调整模型的形状，如图8-66所示。

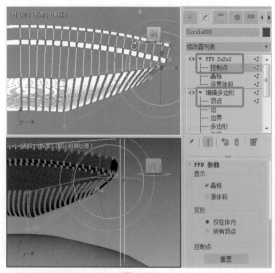

图8-66

09 在场景中如图8-67所示的位置创建"切角圆柱体"作为连接球体的支架，在"参数"卷展栏中设置"半径"为5、"高度"为4、"圆角"为0.5、"高度分段"为1、"圆角分段"为3、"边数"为20、"端面分段"为1，如图8-67所示。

10 复制切角圆柱体，调整模型的位置，修改其参数，设置"半径"为2、"高度"为4、"圆角"为0.5、"高度分段"为1、"圆角分段"为3、"边数"为20、"端面分段"为1，如图8-68所示。

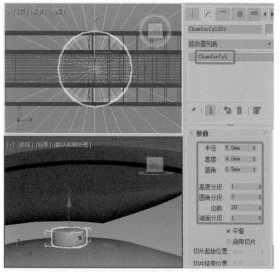

图8-67

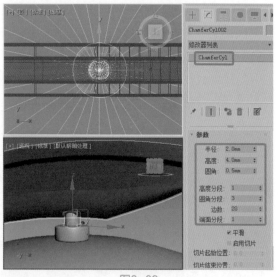

图8-68

11 复制切角圆柱体，在场景中调整模型的位置，修改参数"半径"为7、"高度"为22、"圆角"为0.5、"高度分段"为1、"圆角分段"为3、"边数"为20、"端面分段"为1,如图8-69所示。

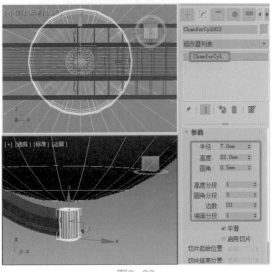

图8-69

12 创建球体,设置"半径"为13、"分段"为32,缩放模型,并调整模型的位置,如图8-70所示。

13 单击"➕(创建)>⬚(图形)>线"按钮,在场景中创建图形,设置合适的参数,如图8-71所示。

14 使用"圆角"工具,设置底座图形的圆角,如图8-72所示。

15 调整图形的形状后,为图形添加"车削"修改器,在"参数"卷展栏中设置"度数"为360,勾选"焊接内核"复选框,设置"分段"为32,选择"方向"为Y、"对齐"为"最小",如图8-73所示。

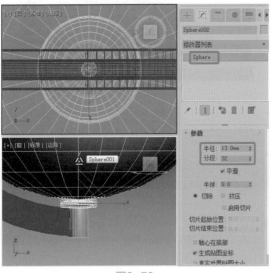

图8-70

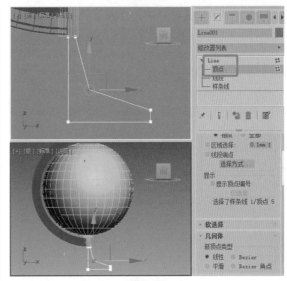

图8-71

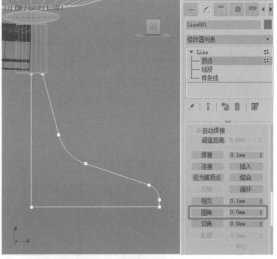

图8-72

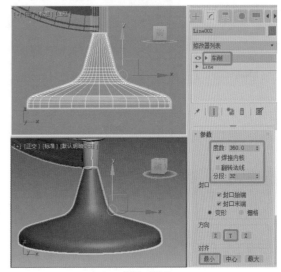

图8-73

⒗ 这样模型就制作完成了，如图8-74所示。

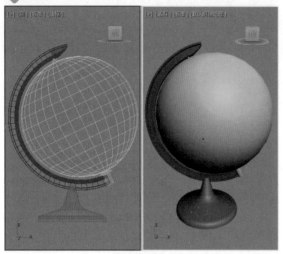

图8-74

设置材质

下面介绍为场景中的地球仪设置材质。

⓵ 设置地球仪球体的材质。打开材质编辑器，选择一个新的材质样本球，将材质转换为VRayMtl，在"基本参数"卷展栏中设置"反射"的亮度为255，设置"反射光泽"为0.8，勾选"菲涅耳反射"复选框，设置"菲涅尔IOR"为1.2，如图8-75所示。

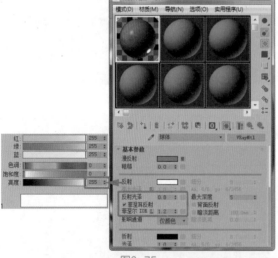

图8-75

⓶ 在"贴图"卷展栏中为"漫反射"指定位图（这里读者可以找一个地球贴图来练习），进入贴图层级面板设置一个模糊效果。在场景中选择其中的球体，单击 （将材质指定给选定对象）按钮，将材质指定给场景中选中的模型，如图8-76所示。

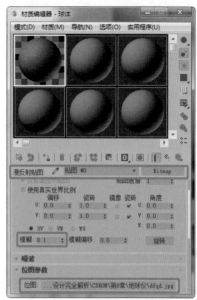

图8-76

⓷ 设置黑色反射材质。选择一个新的材质样本球，将材质转换为VRayMtl，在"基本参数"卷展栏中设置"漫反射"的亮度为30，设置"反射"的亮度为255，设置"高光光泽"为0.7、"反射光泽"为0.8，勾选"菲涅耳反射"复选框，设置"菲涅尔IOR"为1.2。在场景中选择半圆支架和底座模型，单击 （将材质指定给选定对象）按钮，将材质指定给场景中选中的模型，如图8-77所示。

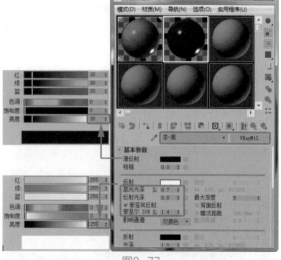

图8-77

⓸ 设置不锈钢材质。选择一个新的材质样本球，将材质转换为VRayMtl，在"基本参数"卷展栏中设置"漫反射"的亮度为220，设置"反

中文版3ds Max/VRay商业案例项目设计完全解析

射"的亮度为220，设置"反射光泽"为0.9，取消"菲涅耳反射"复选框的勾选。在场景中选择剩余的模型，单击 ■（将材质指定给选定对象）按钮，将材质指定给场景中选中的模型，如图8-78所示。

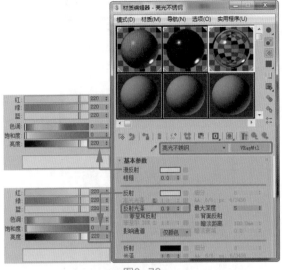

图8-78

05 设置材质后，将模型合并到一个场景中，渲染输出即可。

第9章
家装设计

现代家装在中国的发展也仅有20年的历史，随着中国改革开放的深入，居民生活水平的提高，家庭装修不仅仅是打造一些壁柜、橱柜，做灯池，铺地板这么简单了，现代家装要求许多家具都可以制作成折叠效果，并且储物空间隐藏化，不要将橱柜和储物空间展示出来，尽量能隐藏就隐藏。在要求功能性和实用性的同时要求智能化和设计品位。

9.1 家装设计概述

人的一生，绝大部分时间是在室内度过的。因此，人们设计创造的室内环境，必然会直接关系到室内生活、生产活动的质量，关系到人们的安全、健康、效率、舒适等。

室内设计是根据建筑物的使用性质、所处环境和相应标准，运用物质技术手段和建筑设计原理，创造功能合理、舒适优美、满足人们物质和精神生活需要的室内环境，如图9-1所示的是一些室内效果图，不同的环境给人以不同的感觉。这一空间环境既具有使用价值，满足相应的功能要求，同时也反映了历史文脉、建筑风格、环境气氛等精神因素。明确地把"创造满足人们物质和精神生活需要的室内环境"作为室内设计的目的，现代室内设计是综合的室内环境设计，它包括视觉环境和工程技术方面的问题，也包括声、光、热等物理环境以及氛围、意境等心理环境和文化内涵等内容。

家庭装修是在每个空间进行装修装点(大的装修概念包括房间设计、装修、家具布置、富有情趣的小装点)，在一定区域和范围内进行的，包括水电施工、墙体、地板、天花板、景观等所实现的，依据一定设计理念和美观规则形成的一整套施工方案和设计方案。小到家具摆放和门的朝向，大到房间配饰和灯具的定制处理，都是装修的体现。装修和装饰不同，装饰是对生活用品或生活环境进行艺术加工的手法。加强审美效果，并提高其功能、经济价值和社会效益，并以环保为设计理念。完美的装饰

应与客体的功能紧密结合，适应制作工艺，发挥物质材料的性能，并具有良好的艺术效果。

图9-1

9.1.1 家装设计的定义

所谓家装就是指建筑的内部空间，而设计是指将计划和设想表达出来的活动过程。

家装设计就是对室内空间进行组合设计的过程。室内装修是指住宅主体结构完成之后，如果住宅的建筑布局有不方便和不合理的地方，可以在不破坏住宅整体结构的前提下，对建筑结构进行改造施工，以达到方便、合理的目的。

195

室内设计装修的目的就是要把建筑的结构优势表现出来，让装修为建筑锦上添花。有时并非一定要刻意追求一种既定的装饰风格，如欧式风格、田园风格之类，而是从整体上营造一种随意舒适、时尚大气的家居气氛，如图9-2所示。

图9-2

9.1.2 室内设计的流程

对室内设计含义的理解，以及它与建筑设计的关系，从不同的视角、不同的侧重点来分析，许多学者都有不少具有深刻见解、值得我们仔细思考和借鉴的观点。

为了保证设计质量，标准的室内设计一般可以分为4个阶段：设计准备阶段、方案设计阶段、施工图设计阶段和设计实施阶段。

（1）设计准备阶段。

设计准备阶段就是与客户签订合同，或者是根据标书要求参加投标；明确设计期限、指定设计计划、进度安排、考虑各工种的配合与协调；明确设计任务和要求，熟悉与设计有关的规范和定额标准，首先分析必要的资料和信息，包括对现场的调查以及对同类型实例的参考；还包括设计费标准，即室内设计收取业主设计费占室内装饰总投入资金的百分比。

（2）方案设计阶段。

方案设计阶段是在设计准备阶段的基础上，进一步收集、分析、运用与设计任务有关的资料与信息，构思立意，进行初步方案设计，深入设计，进行方案的分析与比较。

（3）施工图设计阶段。

施工必须有平面布局、室内平面和平顶等图纸，还需要包括构造节点详细、局部大样图以及设备管线图，编制施工说明和造价预算。

（4）设计实施阶段。

设计实施阶段也就是工程的施工阶段，室内工程在施工前，设计人员应向施工单位进行设计意图说明以及图纸的技术交底；工程施工期间需按图纸要求核对施工实况，有时还需根据现场实况提出对图纸的局部修改或补充；施工结束时，会同质检部门和建设单位进行工程验收。

9.1.3 室内设计与美术基础

衡量一个效果图设计师是否具有美术基础和深厚的艺术修养，通过对如图9-3所示的透视效果图的表现能力，即可得出明确的答案。

图9-3

一个效果图设计师审美修养的培育，透视效果图表现能力的提高，都有赖于深厚的美术基本功底。活跃的思路、快速的表现方法，可以通过大量的如图9-4所示的室内速写得到锻炼。准确的空间形体造型能力、清晰的空间投影概念，可以通过如图9-5所示的结构素描得到解决。丰富敏锐的色彩感觉，可以通过如图9-6所示的色彩写生作为练习基础。

随着设计元素多元化时代的来临，人们对建筑效果图作品的要求也在不断提高。人们不再有从重心理，而是追求个性化、理想化的作品。这样的设计作品，无疑是需要广阔的设计思路和创新理念，否则，设计师终会被本行业所淘汰。

图9-4

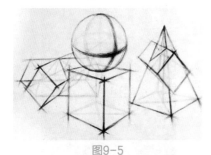

图9-5

图9-6

对于一个成熟的设计师来说，仅仅具备美术基础，这还是远远不够的。室内设计师还要对材料、人体工程学、结构、光学、摄影、历史、地理、民俗风情等一些相关知识有所掌握。这样，其设计作品才会有内容、有内涵、有文化。

效果图设计是属于实用美术类的范畴。如果设计的成果只存在艺术价值，而忽略其使用功能，那么，这个设计只能是以失败而告终，同时，也就失去了室内设计的意义。

9.1.4 室内设计的色彩使用技巧

没有难看的颜色，只有不和谐的配色。在一所房子中，色彩的使用还蕴藏着健康的学问。太强烈的色彩，易使人产生烦躁的感觉和影响人的心理健康，把握一些基本原则，家庭装饰的用色并不难。

室内的装修风格非常多，合理地把握这些风格的大体特征并加以应用，且时刻把握最新、最流行的装修风格，对于设计师来说是非常有必要的。

色环其实就是彩色光谱中所见的长条形的色彩序列，只是将首尾连接在一起，使红色连接到另一端的紫色，色环通常包括12种不同的颜色，如图9-7所示。

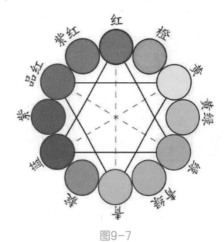

图9-7

1. 色彩搭配

如果能把色彩运用得很和谐，可以更加随心所欲地装扮自己的爱家。

（1）黑+白+灰=永恒经典。

一般人在居家中，不太敢尝试过于大胆的颜色，认为还是使用白色比较安全。黑加白可以营造出强烈的视觉效果，近年来流行的灰色融入其中，缓和黑与白的视觉冲突感觉，从而营造出另外一种不同的韵味。这3种颜色搭配出来的空间中，充满冷调的现代与未来感。在这种色彩情景中，会由简单而产生出理性、秩序与专业感，如图9-8所示。

图9-8

（2）银蓝+敦煌橙=现代+传统。

以蓝色系与橙色系为主的色彩搭配，表现出现代与传统、古与今的交汇，碰撞出兼具现代与复古的视觉感受。蓝色系与橙色系原本属于强烈的对比色系，只是在双方的色度上有些变化，这两种色彩能给予空间一种新的生命，如图9-9所示。

图9-9

（3）蓝+白=浪漫温情。

无论是淡蓝还是深蓝，都可把白色的清凉与无暇表现出来，这样的白令人感到十分自由，令人的心胸开阔，似乎像海天一色的开阔自在。蓝色与白色合理的搭配给人以放松、冷清的感觉，如地中海风格主要就是以蓝色与白色进行搭配，如图9-10所示。

图9-10

（4）黄+绿=新生的喜悦。

黄色和绿色的配色方案可以令活力复苏。鹅黄色是一种清新、鲜嫩的颜色，代表的是新生的喜悦，淡绿色是让内心感觉平静的色调，使人感觉清风拂面，可以中和黄色的轻快感，让空间沉稳下来，这样的配色方法十分适合年轻夫妻使用，如图9-11所示。

2. 色彩心理和色彩情感

色彩心理学家认为，不同颜色对人的情绪和心理的影响有所差别。色彩心理是客观世界的主观反映。不同波长的光作用于人的视觉器官而产生色感时，必然导致人产生某种带有情感的心理活动。

事实上，色彩生理和色彩心理过程是同时交叉进行的，它们之间既相互联系又相互制约。在有一定的生理变化时，就会产生一定的心理活动；在有一定的心理活动时，也会产生一定的生理变化。比如，红色能使人生理上脉搏加快，血压升高，心理上具有温暖的感觉。长时间红光的刺激，会使人心理上产生烦躁不安，在生理上欲求相应的绿色来补充平衡。因此，色彩的美感与生理上的满足和心理上的快感有关。

图9-11

（1）色彩心理与年龄有关。

根据实验室心理学的研究，人随着年龄上的变化，生理结构也发生变化，色彩所产生的心理影响随之有别。有人做过统计：儿童大多喜爱鲜艳的颜色。婴儿喜爱红色和黄色，4~9岁儿童最喜爱红色，9岁的儿童喜爱绿色，7~15岁的小学生中男生的色彩爱好次序为绿、红、青、黄、白、黑，女生的色彩爱好次序是绿、红、白、青、黄、黑。随着年龄的增长，人们的色彩喜好逐渐向复色过渡，逐渐向黑色靠近。这是因为儿童刚步入这个大千世界，大脑思维一片空白，什么都是新鲜的，需要简单的、新鲜的、强烈刺激的色彩，他们神经细胞产生得快，补充得快，对一切都有新鲜感，脑神经记忆库已经被其他刺激占去了许多，色彩感觉相应会成熟和柔和些。

（2）色彩与心理职业有关系。

体力劳动者喜爱鲜艳色彩，脑力劳动者喜爱调和色彩；农牧者喜爱极鲜艳的，成补色关系的色彩；高级知识分子则喜爱复色、淡雅色、黑色等较成熟的色彩。

（3）色彩心理与社会心理有关。

由于不同时代在社会制度、意识形态、生活方式等方面的不同，人们的审美意识和审美感受也不同。古典时代认为不和谐的配色，在现代却被认为是新颖的美的配色。所谓反传统的配色在装饰色彩史上的例子是不胜枚举的。一个时代的色彩的审美心理受社会心理的影响很大，所谓"流行色"就是社会心理的一种产物，时代的潮流，现代科技的新成果，新的艺术流派的产生，甚至是自然界某种异常现象所引起的社会心理都可能对色彩心理发生作用。当一些色彩被赋予时代精神的象征意义，符合了人们的认识、理想、兴趣、爱好、欲望时，那么这些具有特殊感染力的色彩就会流行开来。比如，20世纪60年代初，宇宙飞船的上天，给人类开拓了进入新的宇宙空间的新纪元，这个标志着新的科学时代的重大事件曾轰动世界，各国人民都期待着宇航员从太空中带回新的趣闻。色彩研究家抓住了人们的心理，发布了所谓的"流行宇宙色"，结果在一个时期内流行于全世界。这种宇宙色的特色是浅淡明快的高短调、抽象、无复色。不到一年，又开始流行低长调、成熟色、暗中透亮、几何形的格子花布。但一年后，又开始流行低短调、复色抽象、形象模糊、似是而非的时代色。这就是动态平衡的审美欣赏的循环。

（4）共同的色彩感情。

虽然色彩引起的复杂感情是因人而异的，但由于人类生理构造和生活环境等方面存在着共性，因此对大多数人来说，无论是单一色，或者是混合色，在色彩的心理方面，也存在着共同的色彩感情。根据心理学家的研究，主要有7个方面，即色彩的冷暖、色彩的轻重感、色彩的软硬感、色彩的强弱感、色彩的明快感与忧郁感、色彩的兴奋感与沉静感、色彩的华丽感与朴实感。

正确地应用色彩美学，还有助于改善居住条件。宽敞的居室采用暖色装修，可以避免房间给人以空旷感；房间小的住户可以采用冷色装修，在视觉上让人感觉大些。人口少而感到寂寞的家庭居室，配色宜选暖色，人口多而感觉喧闹的家庭居室宜用冷色。同一家庭，在色彩上也有侧重，卧室装修色调暖些，有利于增进夫妻感情的和谐；书房用淡蓝色装饰，使人能够集中精力学习、研究；餐厅里用红棕色的餐桌，有利于增进食欲。对不同的气候条件，运用不同的色彩也可以在一定程度上改变环境气氛。在严寒的北方，人们希望室内墙壁、地

板、家具、窗帘选用暖色装饰，会有温暖的感觉；反之，南方天气炎热潮湿，采用青、绿、蓝色等冷色调装饰居室，感觉上比较清凉些。

研究由色彩引起的共同感情，对于装饰色彩的设计和应用具有十分重要的意义。

①恰当地使用色彩装饰，在工作上能减轻疲劳，提高工作效率。

②办公室冬天的朝北房间，使用暖色能增加温暖感。

③住宅采用明快的配色，能给人以宽敞、舒适的感觉。

④娱乐场所采用华丽、兴奋的色彩能增强欢乐、愉快、热烈的气氛。

⑤学校、医院采用明洁的配色能为学生、病员创造安静、清洁、卫生、幽静的环境。

9.2 商业案例——时尚客厅、餐厅的设计

9.2.1 设计思路

扫码看视频

■ 案例类型

本例设计制作时尚客厅、餐厅。

■ 设计背景

客厅是主人与客人会面的地方，也是房子的门面。客厅的摆设、颜色都反映主人的性格、特点、眼光、个性等。客厅宜用浅色，让人有耳目一新的感觉，使人消除一天奔波的疲劳，如图9-12所示。

图9-12

在家装中餐厅是提供用餐的地方，对于餐厅，最重要的是使用起来要方便。餐厅无论是放在何处，都要靠近厨房，这样便于我们上菜，同时在餐厅里，除了必备的餐桌和餐椅之外，还可以配上餐饮柜，能够放一些平时需要的餐具、饮料酒水以及一些对于就餐有辅助作用的东西，这样使用起来更加方便，同时餐柜也是充实餐厅的一个很好的装饰品，如图9-13所示。

图9-13

■ 设计定位

本案例讲解现代风格的客厅、餐厅的设计。要求在硬装部分设计简约、线条流畅，没有过于浮夸、复杂的造型设计；使用精致的软装表达精致的家装效果。奢华感体现对于生活品质的追求，温馨舒适体现家居生活的本质。

9.2.2 材质配色方案

在色调搭配上，吊顶嵌入黑钢金属条、地面使用大面积爵士白瓷砖，简约不失时尚，木饰面造型墙面及米色壁纸搭配自然温馨，精致的灯具、家具及配饰是精致生活的起点，如图9-14所示。

9.2.4　项目实战

■　制作流程

　　本案例讲解了从基础的场景建模，再慢慢深入材质、相机、灯光，到最终的软装色调的搭配，完整表现了家装制图的流程，如图9-15所示。

图9-14

9.2.3　同类作品欣赏

图9-15

■ 技术要点

使用CAD中"写块"命令导出平面图纸；

使用"挤出""编辑多边形"修改器制作墙体框架；

使用"线""矩形"结合"挤出"修改器做出吊顶、板带、踢脚线、串边；

使用VRayMtl材质设置场景中模型的材质；

使用"目标灯光"、VRayLight灯光和灯光材质创建场景的照明。

■ 操作步骤

场景建模的创建

在创建场景模型前，需先将平面图纸整理出来，将图纸"写块"，便于导入3ds Max2018中，然后进行框架、吊顶、造型模型的创建。

01 打开CAD图纸，图纸位于随书配备资源中的"场景\第9章\客餐厅\客餐厅.dwg"文件，打开后可以看到"平面布局图"和"地面铺装图"，如图9-16所示。

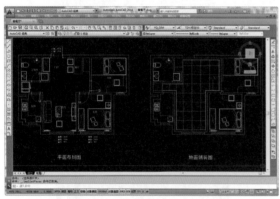

图9-16

02 将平面布局图中不需要的部分删除，保留客餐厅的框架及大概的家具定位，如图9-17所示。

03 按W键打开"写块"对话框，如图9-18所示。单击 （拾取点）按钮，单击鼠标随便拾取一个基点，此次返回到"写块"对话框，单击 （选择对象）按钮，选择需要拾取的图纸，按空格键返回"写块"对话框，选择"插入单位"为"无单位"，单击 （显示标准文件选择对话框）按钮，指定一个输出路径。

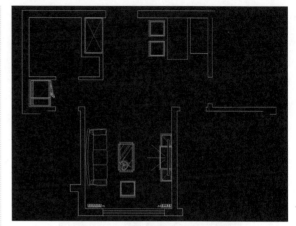

图9-17

图9-18

下面开始制作场景的框架模型。

04 打开3ds Max2018软件，选择"文件>导入>导入"命令，导入之前制作的新块，在弹出的"AutoCAD DWG/DXF 导入选项"对话框中单击"确定"按钮即可。按Ctrl+A组合键选择导入的图纸，将模型成组，并修改对象颜色，改为在背景色下较为明显的颜色，如图9-19所示。

05 按W键激活 （选择并移动）工具，在坐标显示区域中右击每个坐标的 （微调器）按钮，将图纸坐标归零，如图9-20所示。

06 单击" （创建）> （图形）>样条线>线"按钮，在"顶"视图中根据场景轮廓绘制封闭的图形，在有门和窗的位置需创建点，创建的图形如图9-21所示。

07 为图形添加"挤出"修改器，设置数量为2750，如图9-22所示。

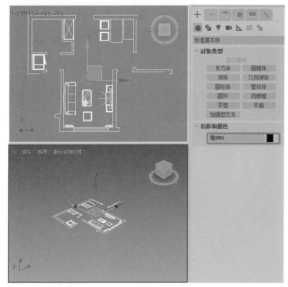

图9-19

图9-20

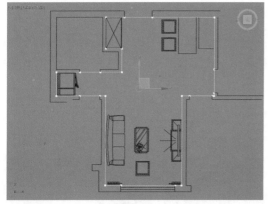

图9-21

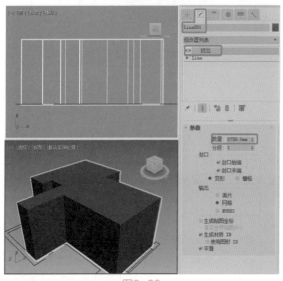

图9-22

08 为模型添加"编辑多边形"修改器,将选择集定义为"边",以入户门为例,选择两条边,右击鼠标,在弹出的快捷菜单中选择"连接"命令,连接边,如图9-23所示。切换到"前"视图,按S键激活 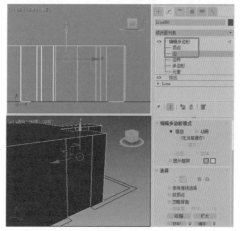 (捕捉开关)按钮,先将线高度调至与平面图平齐,再抬高2100mm,设置门高。

图9-23

> 操作提示

　　在"坐标显示"区域中单击 (绝对模式变换输入)按钮,激活 (偏移模式变换输入)按钮,可在各轴向精准偏移距离。

09 将选择集定义为"多边形",选择作为门的多边形,在"编辑多边形"卷展栏中单击"挤出"后的 (设置)按钮,在弹出的助手小盒中设置合适的挤出数量,如图9-24所示,按Delete键将选中的多边形删除。

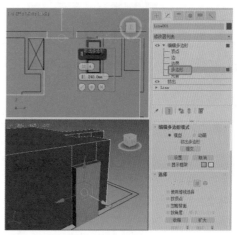

图9-24

10 使用上述步骤的方法完成各个门洞及窗洞的制

作，如图9-25所示。

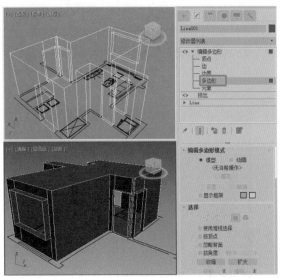

图9-25

▶ 操作提示

窗洞在连接线时，需单击▣（设置）按钮，设置"分段"为2。

⑪ 为模型添加"法线"修改器，右击模型，在弹出的快捷菜单中选择"对象属性"命令，在弹出的"对象属性"对话框中勾选"背面消隐"复选框，便于观察，如图9-26所示。

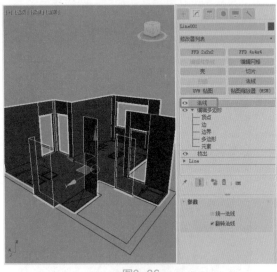

图9-26

⑫ 再次为模型添加"编辑多边形"修改器，将选择集定义为"多边形"，将顶面、地面、地面过门石材质分离出来，便于后期材质的指定，如图9-27所示。框架模型制作完成后，开始制

作踢脚线、窗台石、地面造型等模型。

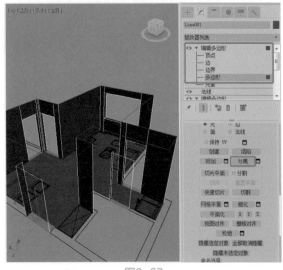

图9-27

⑬ 创建如图9-28所示的样条线作为踢脚线，门洞处均无线段。

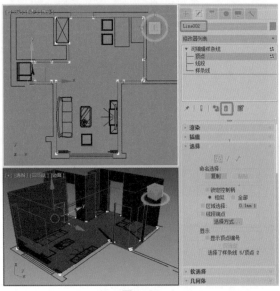

图9-28

▶ 操作技巧

也可以在关闭选择集后，按Ctrl+V组合键复制模型，多次单击▣（从修改器堆栈中移除）按钮，将所有的修改移除，只保留原始的线条，将多余的点和线段删除。

⑭ 为模型添加"挤出"修改器，设置挤出的"数量"为100，取消勾选"封口始端""封口末端"复选框；然后添加"壳"修改器，设置"外部量"为10，勾选"将角拉直"复选框，

如图9-29所示。

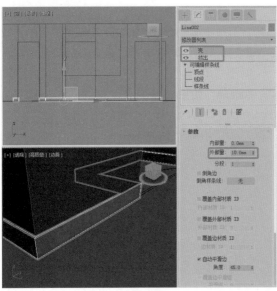

图9-29

15 在"顶"视图中创建矩形作为窗台石，为矩形添加"编辑样条线"修改器，调整点的位置，做出窗台石两侧耳朵及探出部分，为图形添加"挤出"修改器，设置合适的数量，调整模型至合适的位置，如图9-30所示。

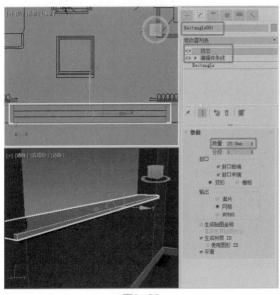

图9-30

16 为模型添加"编辑多边形"修改器，将选择集定义为"边"，选择室内两条边，在"编辑边"卷展栏中单击"切角"后的■（设置）按钮，在弹出的助手小盒中设置合适的参数，如图9-31所示。

17 复制墙体模型作为墙角串边，将所有的修改器移除，将选择集定义为"顶点"，删除多余的

定点，再将选择集定义为"样条线"，为样条线设置"轮廓"为150，如图9-32所示。

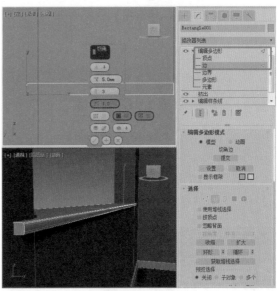

图9-31

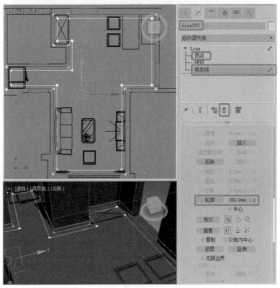

图9-32

18 将选择集定义为"顶点"，分别调整玄关衣柜和走廊冰箱处的点，为图形添加"挤出"修改器，设置合适的数量，调整模型至合适的位置，如图9-33所示。

▶ 操作提示

内圈线调整点是为了完成后串边的砖是均匀的。

19 按Ctrl+V组合键复制串边模型，将选择集定

义为"样条线",删除外圈样条线,再为内圈样条线向内设置轮廓,轮廓的数量为30。返回到"挤出"修改器,得到如图9-34所示的效果。

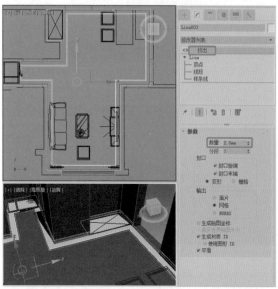

图9-33

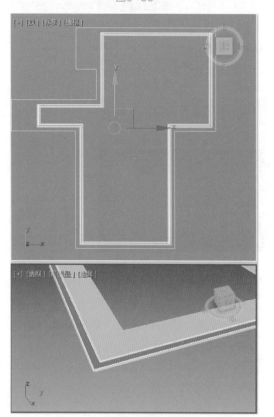

图9-34

然后,制作吊顶及装饰线条模型。

20 创建如图9-35所示的线作为吊顶,窗边预留

200mm作为窗帘盒,吊顶边宽使用350mm,走廊吊顶宽750~800mm。

21 为图形添加"挤出"修改器,设置挤出的"数量"为100,取消勾选"封口末端"复选框,便于观察模型,调整吊顶的最低点为顶下300mm,如图9-36所示。

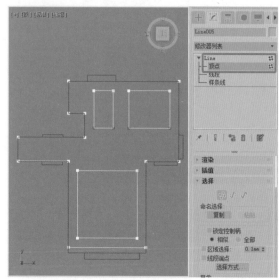

图9-35

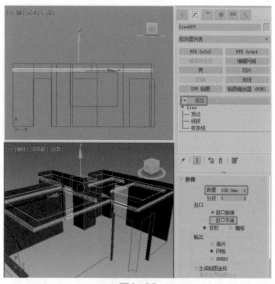

图9-36

22 复制吊顶模型作为吊顶内饰黑金线条,将"可编辑样条线"的选择集定义为"样条线",删除外侧的样条线,并为内侧3个样条线设置轮廓,向内轮廓15,选择"挤出"修改器,设置"数量"为85,调整模型至合适的位置,如图9-37所示。

23 按Ctrl+V组合键复制模型作为石膏板带造型,

将"可编辑样条线"的选择集定义为"样条线",删除外侧的样条线,再为内侧的3条样条线设置轮廓,向内轮廓10,选择"挤出"修改器,设置"数量"为70,调整模型至合适的位置;使用同样的方法再制作一圈石膏板带造型,如图9-38所示。

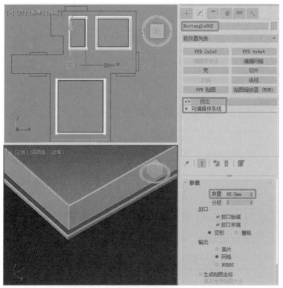

图9-37

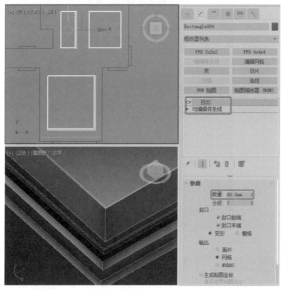

图9-38

24 创建图形作为吊顶立封板,侧封板与吊顶内边沿一般保留80~100mm作为反光灯槽,为图形添加"挤出"修改器和"壳"修改器,如图9-39所示。

25 看一下创建完成的场景框架模型,如图9-40所示。

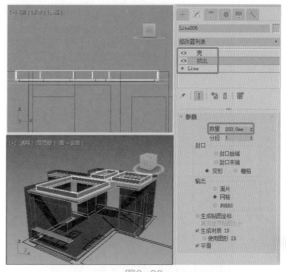

图9-39

图9-40

设置测试渲染参数

在指定材质前,需先设置测试渲染,测试渲染便于设置材质及最终效果的观察。

01 按F10键打开"渲染设置"对话框,单击"渲染器"后的 ■（下拉）按钮,弹出下拉菜单,选择V-Ray Adv 3.60.03渲染器;在"公用"选项卡中设置一个合适的输出尺寸,如图9-41所示。

02 切换到V-Ray选项卡,在"全局开关"卷展栏中设置"二次光线偏移"为0.001,避免后期共面;在"图像过滤"卷展栏中选择"过滤器"为Catmull-Rom,取消勾选"图像过滤器"复选框,如图9-42所示。

03 在"全局DMC"卷展栏中,激活"高级模式",设置"最小采样"为8、"自适应数量"为0.85、"噪波阈值"为0.01;在"环境"卷展栏中勾选"GI环境"复选框,设置"颜色"的色块为青蓝色与外景天空同色,设置亮度倍增为0,使其只反射不照明,如图9-43所示。

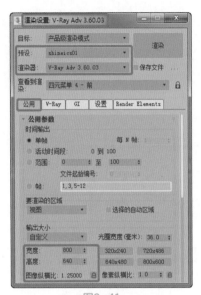

图9-41

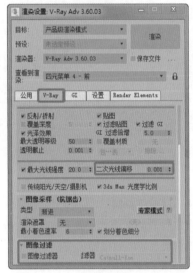

图9-42

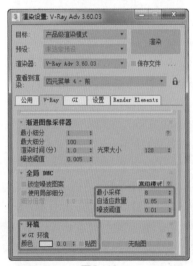

图9-43

▶ 操作提示

　　测试渲染及成图渲染在设置完成后，均可单击"预设"后的下拉按钮，选择"保持预设"命令，为文件命名，将预设存储起来，在弹出的"选择预设类别"对话框中，选择除"公用"外的所有选项，单击"保存"按钮，这样可以将预设参数保存起来，便于下次调用；调用参数时可单击下拉按钮，找到之前保存的预设名称，直接选择即可。

04 切换到GI选项卡，在"全局光照"卷展栏中选择"首次引擎"为"发光贴图"、"二次引擎"为"灯光缓存"；在"发光贴图"卷展栏中选择"当前预设"为"非常低"，再选择为"自定义"，设置"最小速率"为-5、"最大速率"为-4，设置"细分"为20、"插值采样"为20；在"灯光缓存"卷展栏中设置"细分"为100，如图9-44所示。

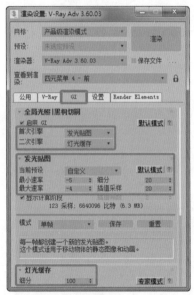

图9-44

05 切换到"设置"选项卡，在"系统"卷展栏中勾选"动态分割渲染块"复选框，选择"序列"为"顶->底"，设置"动态内存限制"为16000、"最大树深度"为90，如图9-45所示。

▶ 操作提示

　　"动态内存限制"一般设置电脑最大内存数量；如果感觉"日志窗口"太麻烦，可以选择"从不"。

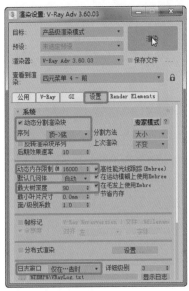

图9-45

材质的设置

① 单击▨（材质编辑器）按钮，或按M键打开"材质编辑器"对话框，选择材质球，将材质命名为"乳胶漆-白"，指定"VRayMtl"材质，设置"漫反射"的"亮度"为250，设置"反射"的"亮度"为5，解锁"高光光泽"并设置其数值为0.58，设置"反射光泽"为0.68，取消勾选"菲涅耳反射"复选框；在场景中选择吊顶及板带模型，单击▨（将材质指定给选定对象）按钮将材质指定给模型，如图9-46所示。

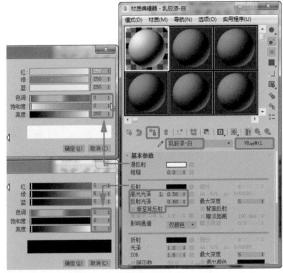

图9-46

② 将乳胶漆的材质球拖曳到一个新的材质球上，将其命名为"壁纸墙面01"，如图9-47

所示。

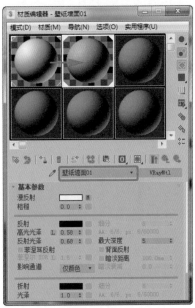

图9-47

③ 为"漫反射"指定"位图"贴图，贴图位于随书配备资源中的"2016051 (32).jpg"文件，进入"漫反射贴图"层级面板，设置"模糊"为0.1，如图9-48所示。

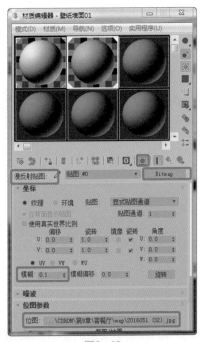

图9-48

④ 将材质指定给墙体模型，为模型添加"UVW贴图"修改器，在"参数"卷展栏中选择贴图的类型为"长方体"，设置"长度""宽度""高度"均为1200，如图9-49所示。

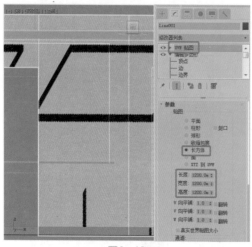

图9-49

05 选择一个新的材质球，将其命名为"地砖01"，将材质转换为"VRayMtl"，为"漫反射"指定"平铺"贴图；进入"漫反射贴图"层级面板，选择"预设类型"为"堆栈砌合"，在"高级控制"卷展栏的"平铺设置"组中，设置"水平数"和"垂直数"均为2，设置"淡出变化"为0，为"纹理"指定"位图"贴图，贴图位于随书配备资源中的"巴西香雪梅 ACS591080P.jpg"文件；在"砖缝设置"组中设置"水平间距"和"垂直间距"为0.18，设置"纹理"的颜色，设置"亮度"为234，如图9-50所示。

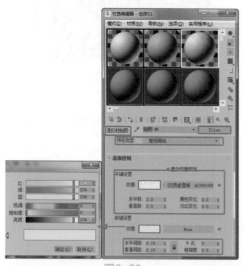

图9-50

06 单击 （转到父对象）按钮返回上一层面板，为"反射"指定"衰减"贴图，进入"反射贴图"层级面板，选择"衰减类型"为Fresnel，设置"折射率"为1.6，如图9-51所示。

图9-51

07 返回上一层面板，设置"反射光泽"为0.98，取消勾选"菲涅耳反射"复选框，如图9-52所示。

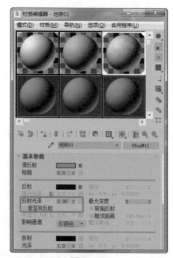

图9-52

08 在场景中选择客厅大面积地砖，将材质指定给选定对象，为模型添加"UVW贴图"修改器，选择贴图类型为"长方体"，设置"长度""宽度""高度"均为1600，如图9-53所示。

09 将"地砖01"的材质球拖曳到一个新的材质球上，将其命名为"地砖02"，进入"漫反射贴图"层级面板，在"高级控制"卷展栏的"平铺设置"组中更改"纹理"的"位图"贴图，贴图位于随书配备资源中的"玛雅印象 ACS626080P(2代产品).jpg"文件，如图9-54所示。

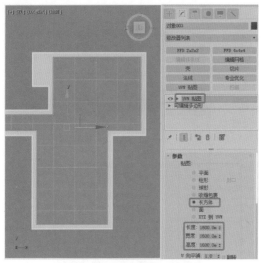

图9-53

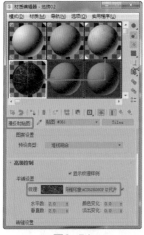

图9-54

10 在场景中选择宽30mm的串边模型，将材质指定给选定对象，将"地砖01"的"UVW贴图"复制给"地砖02"，如图9-55所示。

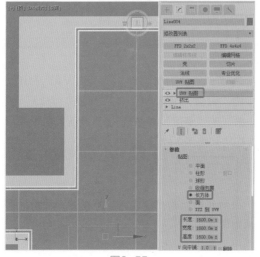

图9-55

11 将"地砖02"的材质球拖曳到一个新的材质球上，将其命名为"地砖03"，进入"漫反射贴图"层级面板，在"高级控制"卷展栏的"平铺设置"组中更改"纹理"的"位图"贴图，贴图位于随书配备资源中的"ACT056080L古堡灰3.jpg"文件，如图9-56所示。

图9-56

12 在场景中选择墙角的串边模型，将材质指定给选定对象，将"地砖01"的"UVW贴图"复制给"地砖02"，如图9-57所示。

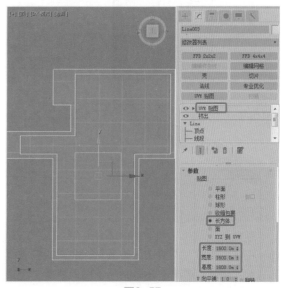

图9-57

13 将"地砖02"的材质球拖曳到一个新的材质球上，将其命名为"地砖04"，进入"漫反射贴图"层级面板，将"纹理"的"位图"贴图覆盖到"平铺"上，如图9-58所示。

图9-58

⑭ 在场景中选择过门石模型，将材质指定给选定对象，为模型添加"UVW贴图"修改器，选择贴图类型为"平面"，设置"长度"和"宽度"均为800，如图9-59所示。

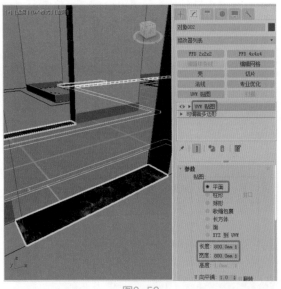

图9-59

⑮ 将"地砖03"的材质球拖曳到一个新的材质球上，将其命名为"地砖05"，进入"漫反射贴图"层级面板，将"纹理"的"位图"贴图覆盖到"平铺"上，如图9-60所示。

图9-60

⑯ 在场景中选择踢脚线模型，将材质指定给选定对象，为模型添加"UVW贴图"修改器，选择贴图类型为"长方体"，设置"长度""宽度""高度"均为800，如图9-61所示。

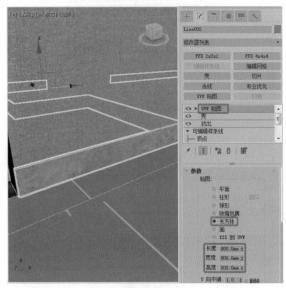

图9-61

⑰ 选择一个新的材质球，指定"VRayMtl"材质，设置"漫反射"的"亮度"为23，"反射"的"亮度"为255，使用默认的菲涅耳反射即可，如图9-62所示。

▶ 操作提示

将制作的场景存储作为备份，另存场景继续接下来的制作。

中文版3ds Max/VRay商业案例项目设计完全解析

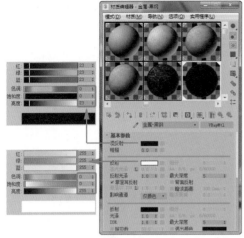

图9-62

导入及调整素材模型

01 在"菜单栏"中选择"文件>导入>合并"命令，导入随书配备资源中的"门窗.max"文件，如果模型不合适可做适当调整，复制模型并调整模型至合适的位置，如图9-63所示。

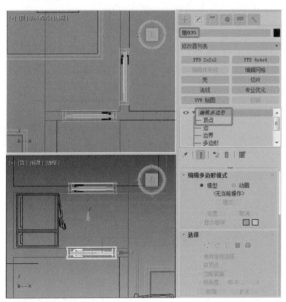

图9-63

> **操作提示**
>
> 摆放门时，应注意门的开启方向，门套内侧卡到门洞边沿。

02 调整窗户及窗套，如图9-64所示。

03 调整入户门，如图9-65所示。

04 继续导入剩余的模型（随书配备资源中的"家

具、灯具及造型.max"文件），餐厅摆放后的效果如图9-66所示。

图9-64

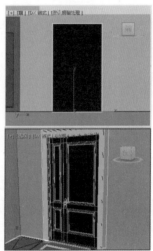

图9-65

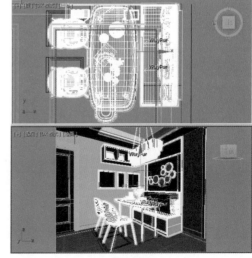

图9-66

05 调整定制衣柜及冰箱柜体，如图9-67所示。

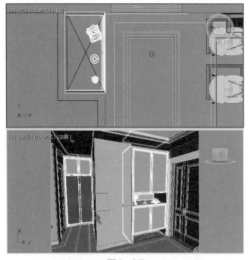

图9-67

06 调整客厅模型，如图9-68所示。

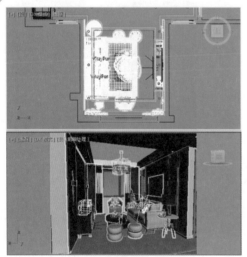

图9-68

07 在入户吊顶处创建平面作为平面吊顶，复制并调整筒灯模型，如图9-69所示。

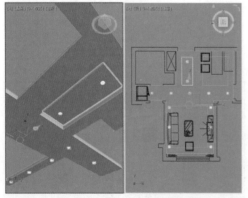

图9-69

08 在"顶"视图中根据吊顶做一圈黑钢嵌条，如图9-70所示。

图9-70

创建摄影机

单击"➕（创建）>🎥（摄影机）标准>目标"按钮，在"顶"视图中创建摄影机，分别创建客厅和餐厅的摄影机；设置"镜头"为24mm，调整相机的高度为1200mm，调整完成的客厅相机角度如图9-71所示，餐厅相机角度为如图9-72所示。

▶ 操作提示

家装室内镜头多使用22~28mm，相机成像效果合适即可；相机高度多为900~1200mm；如镜头前有遮挡，可使用"剪切平面"中的"手动剪切"调整。

图9-71

图9-72

灯光的创建

场景灯光的创建以自模仿真实光源为原则，包括自然环境光源、主光源、辅助光源、补光。打灯光宜精不宜多，否则无法体现物体的真实光影关系而失真。

01 在"顶"视图中创建"弧"作为外景背景板，为弧添加"挤出"修改器，设置合适的参数，为模型添加"法线"修改器，如图9-73所示。右击模型，在弹出的快捷菜单中选择"对象属性"命令，在弹出的"对象属性"对话框中勾选"背面消隐"复选框。

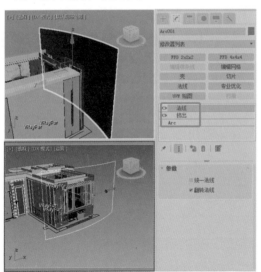

图9-73

▶ 操作提示

添加"法线"修改器是为了可以正常渲染，背面是无法渲染的；设置"背面消隐"是为了便于观察。

02 按M键打开材质编辑器，选择一个新的材质球，将材质命名为"环境-背景板"，将材质转换为"灯光材质"，设置颜色的倍增为1.6，为"颜色"指定"位图"贴图文件（随书配备资源中的"3d66com2015-011-52-147.jpg"文件）；进入"灯光颜色"层级面板，激活▣（视口中显示明暗处理材质）按钮，可在指定材质后显示图像，如图9-74所示。

图9-74

03 将材质指定给背景板，为模型添加"UVW贴图"修改器，选择贴图类型为"长方体"，在"对齐"组中单击"适配"按钮，使贴图适配模型，如图9-75所示。

图9-75

添加"UVW贴图"修改器后模型只是亮光显示，看不到图像，可在材质中单击"颜色"后的色块，将亮度降低即可，这样只是便于图像显示。

04 在"前"视图中使用"VRayLight（VR灯光）"创建平面光，该灯作为自然光源，比窗洞稍小，比玻璃稍大即可；在"一般"卷展栏中选择"模式"为"色温"，设置"温度"为7200，设置"倍增器"为10，在"选项"卷展栏中勾选"不可见"复选框，取消勾选"影响反射"复选框；在"顶"视图中"实例"复制灯光作为补光，灯光位于窗内即可，使用■（选择并非均匀缩放）工具将灯光缩小，如图9-76所示。

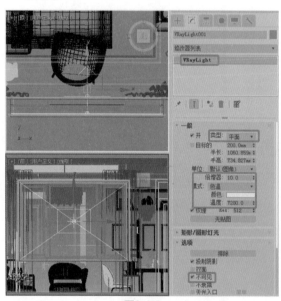

图9-76

同类灯光应使用"实例"复制，在调试阶段便于修改。

05 在"顶"视图中继续创建VRayLight作为灯池光源，使用"实例"复制模型，并调整模型至合适的位置，灯光之间预留点空隙，两个灯池需要8盏灯光；在"一般"卷展栏中选择"模式"为"色温"，设置"温度"为4500，设置"倍增器"为10，在"选项"卷展栏中勾选"不可见"

复选框，取消勾选"影响反射"复选框，如图9-77所示。

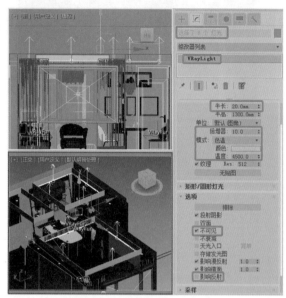

图9-77

灯带宽度较窄，所以灯光的半宽应保持在15～20mm。

06 复制一个灯池灯光作为衣柜及吊灯的灯带，在修改器工具栏中单击■（使唯一）按钮使其唯一性，使用"实例"复制灯光，并调整灯光至合适的位置，共需7盏灯光：衣柜2盏、吊柜3盏、卡座背景造型2盏，如图9-78所示。

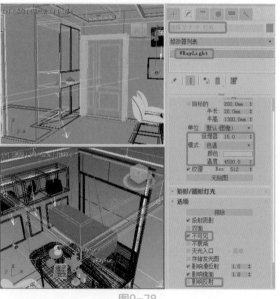

图9-78

07 在"前"视图中创建光度学目标灯光作为筒灯，在"常规参数"卷展栏中取消勾选"目标"复选框，在"阴影"组中勾选"启用"复选框，选择阴影类型为VRayShadow（VR阴影），选择"灯光分布（类型）"为"光度学Web"；在"分布（光度学Web）"卷展栏中单击"选择光度学文件"按钮，选择随书配备资源中的"经典筒灯.ies"文件；在"强度/颜色/衰减"卷展栏中设置"开尔文"为6500，在"结果强度"组中勾选倍增复选框，设置为300%；在"图形/区域阴影"卷展栏中选择光线类型为"点光源"。使用"实例"复制灯光并调整灯光至合适的位置，共13盏灯光，如图9-79所示。

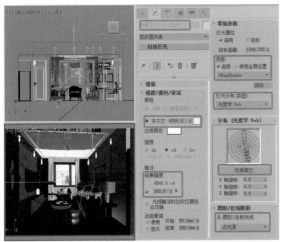

图9-79

08 在场景中创建VRayLight作为餐厅吊灯、客厅吊灯和台灯的光源，在"一般"卷展栏中选择灯光"类型"为"球体"，选择"模式"为"色温"，设置"温度"为4500，设置"倍增器"为150，在"选项"卷展栏中勾选"不可见"复选框，取消勾选"影响反射"复选框，使用"实例"复制灯光并调整灯光至合适的位置，如图9-80所示。

09 在"顶"视图中创建VRayLight平面光作为餐厅和客厅吊灯的补光，设置"倍增器"为10，设置"颜色"为白色、"亮度"为255，勾选"不可见"复选框，取消勾选"影响反射"复选框；灯光尺寸比灯具稍大一点，高度均为灯具上方，如图9-81所示。

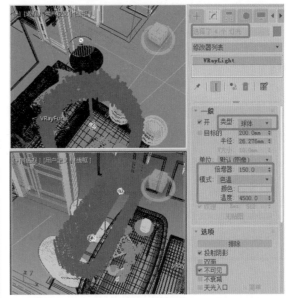

图9-80

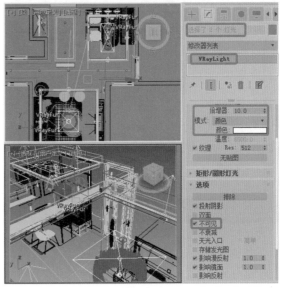

图9-81

测试渲染

测试渲染是渲染低质量的效果图，既方便调试场景的灯光及材质，又可提前观察效果，测试达到满意效果即可渲染成图。

激活摄影机视口，单击 按钮即可，测试渲染的效果如图9-82、图9-83所示。

▶ **操作提示**

渲染时会出现曝光现象，在VR帧窗口中激活 按钮即可，该效果也是存储时的真实效果。

图9-82

图9-83

最终渲染

① 按F10键打开"渲染设置"对话框，设置最终的渲染输出尺寸，如图9-84所示。

▶ 操作提示

可以在"渲染输出"组中单击"文件"按钮，设置一个存储路径和存储格式。

② 切换到V-Ray选项卡，在"图像采样（抗锯齿）"卷展栏中选择"类型"为"块"；在"图像过滤"卷展栏中打开"图像过滤器"；在"全局DMC"卷展栏中设置"最小采样"为16、"自适应数量"为0.8、"噪波阈值"为0.005，如图9-85所示。

图9-84

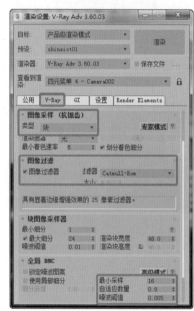

图9-85

③ 切换到GI选项卡，在"发光贴图"卷展栏中选择"当前预设"为"中"，设置"细分"为50、"插值采样"为30；在"灯光缓存"卷展栏中设置"细分"为1500，如图9-86所示。

④ 如需在后期制作中使用到通道图，可切换到"Render Elements（渲染元素）"选项卡，添加"VRay线框颜色"，并设置一个输出路径，在渲染成图时会同时渲染一张通道图，如图9-87所示。

中文版3ds Max/VRay商业案例项目设计完全解析

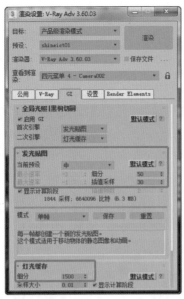

图9-86

图9-88

06 渲染完成的效果如图9-89、图9-90所示。
至此，本案例制作完成。

图9-89

图9-90

图9-87

05 在之前测试渲染中，材质的反射细分、折射细分及灯光的细分均为默认，需手动将VRay材质和灯光的细分依次提高；或使用小插件可以解决此问题，打开随书配备资源中的"场景\第9章\客餐厅"文件夹，将"全局灯光材质细分"文件拖曳到3ds Max视口中，此时视口中会弹出"全局灯光材质细分1.4"对话框，将"反射细分""折射细分""灯光细分"均设置为16，依次单击"反射细分""折射细分""灯光细分"按钮即可将场景内材质灯光批量调整细分，如图9-88所示。

9.3 商业案例——老人房的设计

9.3.1 设计思路

扫码看视频

■ 案例类型

本例讲解新古典老人房的设计。

■ 设计背景

老人房是以老年人为人群的卧室设计，老年人卧室应当具有良好的朝向和比较宽敞的空间。充足的阳光和宽敞的空间可以促进人体的新陈代谢，增强人的体质，如图9-91所示为一些老人房作品。

图9-91

图9-91（续）

■ 设计定位

轻奢木门、床头背景及部分家具完美演绎了传统装饰的延续。

墙面金属线条、吊顶中间艺术漆及无主灯设计，表现出偏现代的低调与奢华；绿色作为软装俏色，让稍显沉闷的空间活跃起来。

9.3.2 材质配色方案

整体采用暖色的软包，来体现卧室的温馨效果；使用一些深色的木纹材质，体现老人房的沉稳和大气。在整个空间中需要添加少许跳跃的颜色，为整个无色空间带来一些灵动效果，如绿色和点缀的盆栽等，均可以起到对比和点缀的效果。

9.3.3 同类作品欣赏

中文版3ds Max/VRay商业案例项目设计完全解析

9.3.4 项目实战

■ 制作流程

本案例讲解了从基础的场景建模，再慢慢深入材质、相机、灯光，到最终的软装色调的搭配，完整表现了家装制图的流程，如图9-92所示。

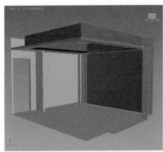

图9-92

■ 技术要点

使用CAD中"写块"命令导出平面图纸；

使用"线"创建墙体框架轮廓；

使用"挤出""编辑多边形"修改器制作墙体框架；

使用"线""矩形"结合"挤出"修改器做出吊顶、背景墙；

使用图形结合"扫描"修改器做出造型石膏线；

使用VRayMtl材质设置场景中模型的材质；

使用"目标摄影机"创建相机；

使用"目标灯光"、VRayLight、"目标平行光"灯光和灯光材质创建场景的照明。

■ 操作步骤

老人房建模

在创建场景模型前，需先将平面图纸整理出来，将图纸"写块"，便于导入3ds Max 2018。然后进行创建框架、吊顶、造型模型的创建。

01 打开随书配备资源中的"老人房.dwg"CAD图纸文件，打开后可以看到"原始结构图"和"平面布局图"，如图9-93所示。

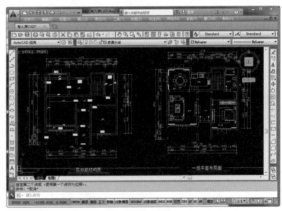

图9-93

02 按W键打开"写块"对话框，如图9-94所示。单击⬚（拾取点）按钮，单击鼠标随便拾取一个基点，此次返回到"写块"对话框，单击⬚（选择对象）按钮，选择需要拾取的图纸，按空格键返回"写块"对话框，选择"插入单位"为"无单位"，单击⬚（显示标准文件选择对话框）按钮，指定一个输出路径。

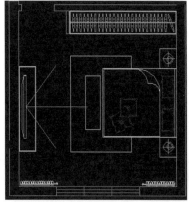

图9-94

下面开始制作场景的框架模型。

03 打开3ds Max 2018软件，选择"文件>导入>导入"命令，导入之前制作的新块；在弹出的"AutoCAD DWG/DXF 导入选项"对话框，单击"确定"按钮即可。按Ctrl+A组合键选择导入的图纸，将模型成组，并修改对象颜色，改为在背景色下较为明显的颜色，如图9-95所示。

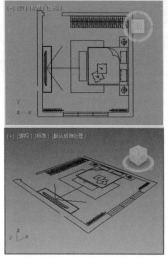

图9-95

04 按W键激活 ➕ （选择并移动）工具，在坐标显示区域中右击每个坐标的 ⦂（微调器）按钮，将图纸坐标归零，如图9-96所示。

图9-96

05 单击" ➕ （创建）> ⚙ （图形）>样条线>线"按钮，在"顶"视图中根据场景轮廓绘制封闭的图形，在有门和窗的位置需创建点，创建的图形如图9-97所示。

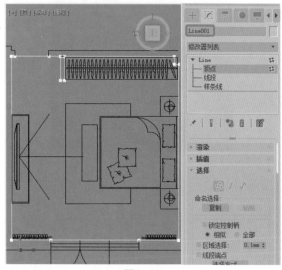

图9-97

06 为图形添加"挤出"修改器，设置层高为3320，如图9-98所示。

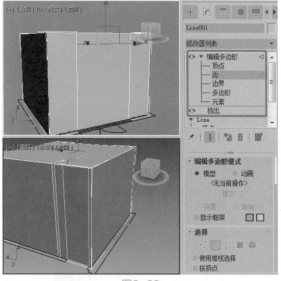

图9-98

操作提示

CAD中层高为3370mm，应在实际建模中减去50mm地面找平及铺贴层；层高及门窗高度于原始结构图纸中。

07 为模型添加"编辑多边形"修改器，将两个门的两侧边连接，根据实际门高设置，将门洞的面挤出，设置合适的参数，如图9-99所示。

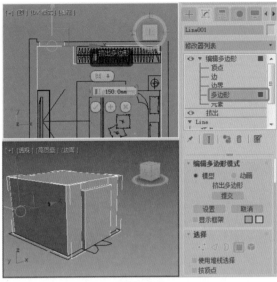

图9-99

入室门高2450、后院门高2900。

08 右击模型，在弹出的快捷菜单中选择"对象属性"命令，在弹出的"对象属性"对话框中勾选"背面消隐"复选框，便于观察，如图9-100所示。

图9-100

09 为模型添加"法线"修改器，将法线翻转；再次为模型添加"编辑多边形"修改器，将选择定义为"多边形"，将顶面、地面、地面过门石材质分离出来，便于后期材质的指定，如图9-101所示。

框架模型制作完成后，开始制作吊顶模型。

10 在"顶"视图中创建矩形作为吊顶底面，为矩形添加"编辑样条线"修改器，将选择集定义为"顶点"，预留出窗帘盒的位置，如图9-102所示。

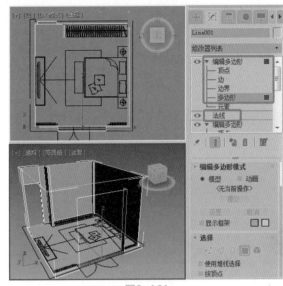

图9-101

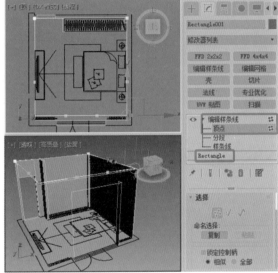

图9-102

11 将选择集定义为"样条线"，为图形设置轮廓，向内轮廓300，再将如图9-103所示的顶点向内移动600，为衣柜预留出空间；为图形添加"挤出"修改器，设置挤出的"数量"为80，调整模型至离地2800的位置。

12 创建矩形作为吊顶的侧封板，侧封板与吊顶内边沿一般保留80~100mm作为反光灯槽，设置轮廓后挤出图形，设计挤出的"数量"为440，如图9-104所示。

13 在"顶"视图中创建矩形作为平面吊顶；为图形添加"编辑多边形"修改器转换为模型；为图形添加"法线"修改器将法线翻转，并设置"背面消隐"，将模型下吊280，如图9-105所示。

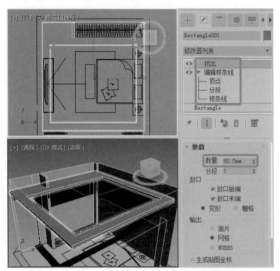

图9-103

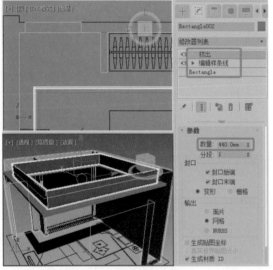

图9-104

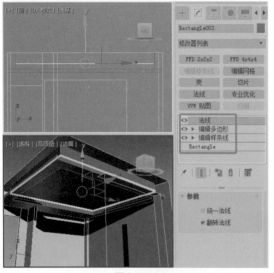

图9-105

中文版3ds Max/VRay商业案例项目设计完全解析

14 在菜单栏中选择"文件>导入>合并"命令，在弹出的"合并文件"对话框中导入随书配备资源中的"截面图.max"文件，如图9-106所示。

图9-106

15 根据吊顶底面创建矩形作为路径，为矩形添加"扫描"修改器，在"截面类型"卷展栏中选择"使用自定义截面"选项，单击"拾取"按钮，拾取导入的横截面图形；在"扫描参数"卷展栏中勾选"平滑路径"复选框，选择合适的轴点位置，调整模型至合适的位置，如图9-107所示。

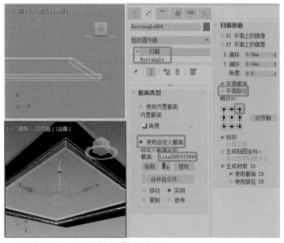

图9-107

16 在"顶"视图中创建矩形位置床头木质造型，长度捕捉如图9-108所示的两个点，留出窗帘盒的位置，设置"宽度"为150。

17 将选择集定义为"线段"，删除左侧的线段；将选择集定义为"顶点"，为上下两角的点设置"圆角"，设置数值为80，如图9-109所示。

18 将选择集定义为"样条线"，选择样条线，并设置向内轮廓35，如图9-110所示。

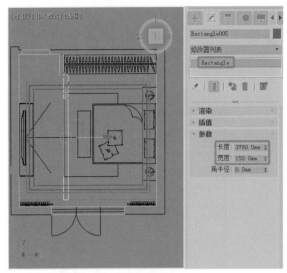

图9-108

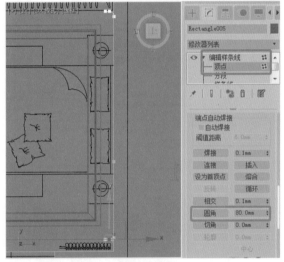

图9-109

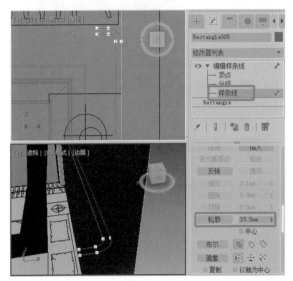

图9-110

⑲ 为图形添加"挤出"修改器，设置挤出的"数量"为2800，调整模型至合适的位置，如图9-111所示。

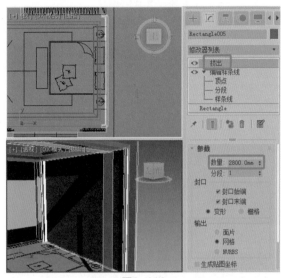

图9-111

⑳ 在"左"视图中创建矩形作为硬包模型，设置"长度"为2600、"宽度"为880；为图形添加"挤出"修改器，设置挤出的"数量"为10，如图9-112所示。

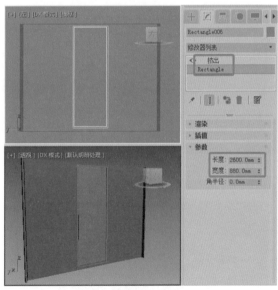

图9-112

㉑ 为模型添加"编辑多边形"修改器，将选择集定义为"边"，在"顶"视图中选择左侧的边，为边设置"切角"，设置合适的参数，如图9-113所示。

㉒ 使用移动复制模型，并调整模型至合适的位置，如图9-114所示。将模型成组便于后期选择。

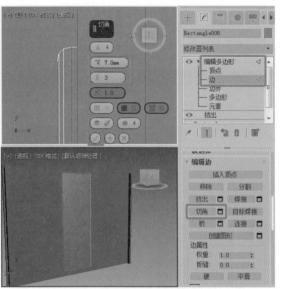

图9-113

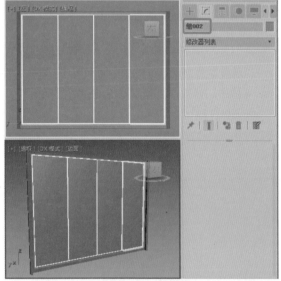

图9-114

23 制作完成的框架模型如图9-115所示。

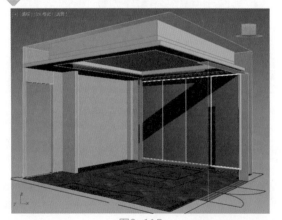

图9-115

材质的设置

01 按F10键打开"渲染设置"对话框,单击"预设"后的■(下拉)按钮,选择之前保存的测试渲染参数,如图9-116所示。

图9-116

02 按M键打开"材质编辑器"对话框,选择第一个材质球,将材质命名为"乳胶漆-白",将材质转换为VRayMtl材质,设置"漫反射"的"亮度"为250;设置"反射"的"亮度"为5,设置"反射光泽"为0.68,解锁"高光光泽",设置数值为0.58,如图9-117所示。将材质指定给吊顶底面及角线模型。

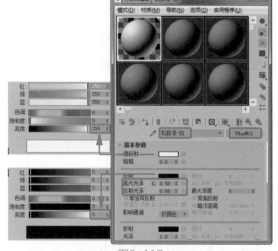

图9-117

03 选择一个新的材质球,将材质命名为"木地板",将材质转换为VRayMtl材质,为"漫反射"指定"位图"贴图,进入"漫反射贴图"层级面板,选择随书配备资源中的"20160513152938_982.jpg"文件,设置"模糊"为0.01,如图9-118所示。

中文版3ds Max/VRay商业案例项目设计完全解析

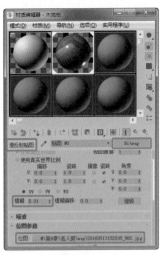

图9-118

04 返回父对象，为"反射"指定"衰减"贴图，进入"反射贴图"层级面板，选择"衰减类型"为Fresnel，设置"折射率"为1.4，如图9-119所示。

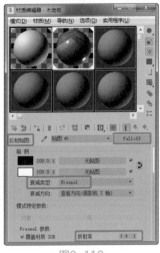

图9-119

05 返回父对象，设置"反射光泽"为0.88，解锁"高光光泽"并设置其数值为0.75，将材质指定给地面模型，如图9-120所示。

06 为地板模型添加"UVW贴图"修改器，选择"贴图"的类型为"长方体"，设置"长度""宽度""高度"均为1000，如图9-121所示。

07 将乳胶漆的材质球拖曳给一个新的材质球，将其命名为"壁纸01"，为"漫反射"指定"位图"贴图，进入"漫反射贴图"层级面板，选择随书配备资源中的"43801 副本b1.jpg"文件，设置"模糊"为0.01，将材质指定给墙体模型，如图9-122所示。

图9-120

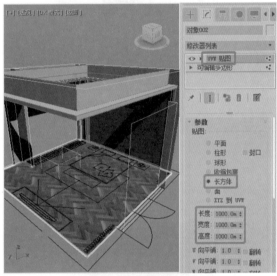

图9-121

图9-122

08 为墙体模型添加"UVW贴图"修改器，选择"贴图"的类型为"长方体"，设置"长度""宽度""高度"均为2000，如图9-123所示。

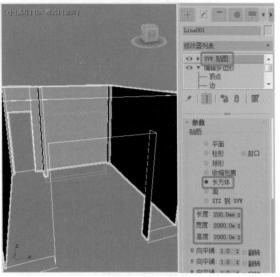

图9-123

09 选择一个新的材质球，将其命名为"木饰纹理"，将材质转换为VRayMtl材质，为"漫反射"指定"位图"贴图，进入"漫反射贴图"层级面板，选择随书配备资源中的"铁刀木.jpg"文件，设置"模糊"为0.01，如图9-124所示。

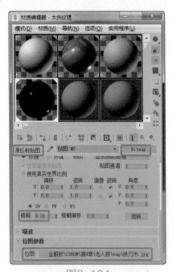

图9-124

10 返回父对象，为"反射"指定"衰减"贴图，进入"反射贴图"层级面板，选择"衰减类型"为Fresnel，设置"折射率"为1.4，如图9-125所示。

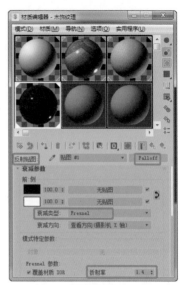

图9-125

11 返回父对象，设置"反射光泽"为0.95，解锁"高光光泽"并设置其数值为0.88，将材质指定给木饰造型，如图9-126所示。

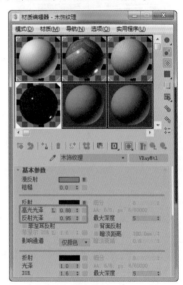

图9-126

12 将材质指定给床头造型模型，为模型添加"UVW贴图"修改器，选择"贴图"的类型为"长方体"，设置"长度""宽度""高度"均为2000，如图9-127所示。

13 将"壁纸01"的材质球拖曳给一个新的材质球，将其命名为"壁纸02"，为"漫反射"指定"位图"贴图，进入"漫反射贴图"层级面板，选择随书配备资源中的"bb01.jpg"文件，将材质指定给墙体模型，如图9-128所示。

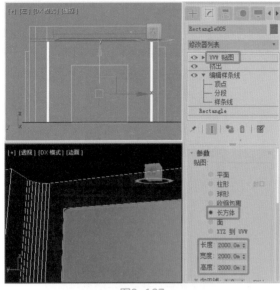

图9-127

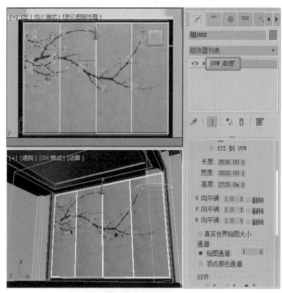

图9-129

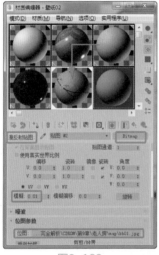

图9-128

图9-130

14 为硬包模型添加"UVW贴图"修改器，选择"贴图"的类型为"长方体"，在"对齐"组中单击"适配"按钮，如图9-129所示。

15 选择一个新的材质球，将其命名为"过门石"，将材质转换为VRayMtl材质，为"漫反射"指定"位图"贴图，进入"漫反射贴图"层级面板，随书配备资源中的"VT99012 5.jpg"文件，设置"模糊"为0.01，如图9-130所示。

16 返回父对象，为"反射"指定"衰减"贴图，进入"反射贴图"层级面板，选择"衰减类型"为Fresnel，设置"折射率"为1.4，如图9-131所示。

图9-131

17 返回父对象，设置"反射光泽"为0.96，将材质指定给过门石，如图9-132所示。

图9-132

18 为过门石模型添加"UVW贴图"修改器，选择"贴图"的类型为"平面"，设置"平面"的"长度""宽度"均为800，如图9-133所示。

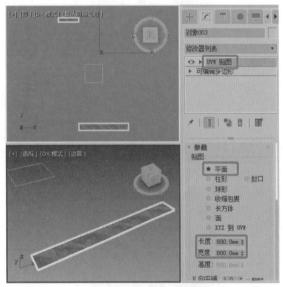

图9-133

19 选择一个新的材质球，将材质命名为"艺术漆"，将材质转换为"VRayMtl"材质，为"漫反射"指定"位图"贴图，进入"漫反射贴图"层级面板，选择随书配备资源中的"金箔00.jpg"文件，设置"模糊"为0.1，如图9-134所示。

20 返回父对象，为"反射"指定"位图"贴图，进入"反射"层级面板，选择随书配备资源中的"副本金箔00.jpg"文件，如图9-135所示。

图9-134

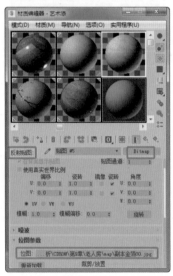

图9-135

21 在"输出"卷展栏中勾选"启用颜色贴图"复选框，将最暗的点调至-0.45，将最亮点调至1.1，增加贴图明暗对比，使其反射对比增强，如图9-136所示。

22 返回父对象，设置"漫反射"的"亮度"为255；将"反射"的贴图拖曳给"高光光泽"和"反射光泽"，设置"反射光泽"为0.83，勾选"菲涅耳反射"复选框，设置"菲涅尔IOR"的数值为4.5，如图9-137所示。

23 在"贴图"卷展栏中，设置"漫反射"的数值为30，设置"高光光泽"为60、"反射光泽"为30，如图9-138所示。

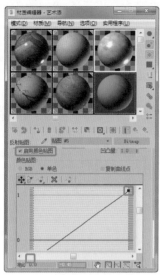

图9-136

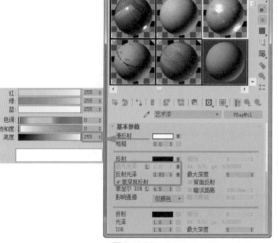

图9-137

图9-138

24 将材质指定给平顶模型，为模型添加"UVW贴图"修改器，选择"贴图"的类型为"平面"，设置"长度""宽度"均为1500，如图9-139所示。

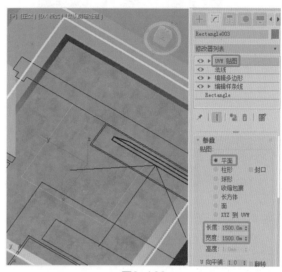

图9-139

导入及调整素材模型

01 在"菜单栏"中选择"文件>导入>合并"命令，在弹出的"合并文件"对话框中导入随书配备资源中的"门窗.max"文件，如果模型不合适，可做适当调整，调整后的隔扇门如图9-140所示。

图9-140

02 继续导入随书配备资源中的"定制柜、金属饰线条.max"文件，如果模型不合适，可做适当调整，调整后的隔扇门如图9-141所示。

第9章 家装设计

图9-141

03 继续导入随书配备资源中的"家具灯具.max"文件，如果模型不合适，可做适当调整。

04 创建摄影机便于观察场景，调整完成后的场景如图9-142、图9-143所示。

图9-142

图9-143

05 选择一个新的材质球，为"漫反射"指定"位

图"贴图，选择随书配备资源中的"zhaoxuan_msi_2.jpg"文件，如图9-144所示。

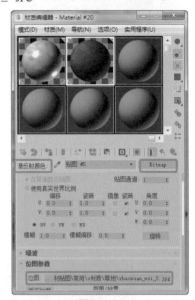

图9-144

操作提示

这是一张草地贴图，防范后期镜头穿帮，也可大镜头时尽量避免开该区域。

06 创建矩形作为地面，添加"编辑多边形"修改器，使其网格实体化，添加"UVW贴图"修改器，设置合适的纹理，如图9-145所示。

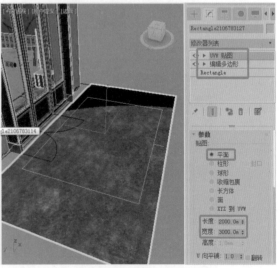

图9-145

07 在"顶"视图中创建弧形作为背景板，设置挤出的"数量"为3500，如图9-146所示。

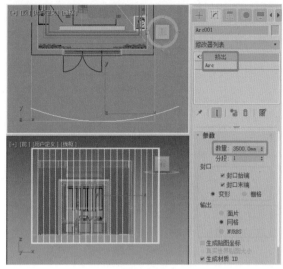

图9-146

图9-148

08 选择一个新的材质球作为背景板的材质，将材质转换为"灯光材质"，为"颜色"指定"位图"贴图，选择随书配备资源中的"e850352ac65c10389d1273fbb9119313b07e899f.jpg"文件；进入"灯光颜色"贴图层级面板，激活 ▓（视口中显示明暗处理材质）按钮，在视口中可实现贴图纹理；返回父对象，设置"颜色"的倍增为1.8，将材质指定给背景板模型，如图9-147所示。

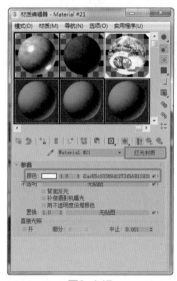

图9-147

09 为背景板模型添加"法线"修改器，然后将背面消隐，继续为模型添加"UVW贴图"修改器，选择"贴图"类型为"长方体"，适配即可，如图9-148所示。

灯光的创建

场景灯光的创建以自模仿真实光源为原则，包括自然环境光源、主光源、辅助光源、补光。打灯光宜精不宜多，否则无法体现物体的真实光影关系而失真。

01 在"顶"视图中创建VRayLight灯光作为灯池灯带，在"一般"卷展栏中设置"半高"为20，设置"倍增器"为14，选择"模式"为"颜色"，设置"颜色"的"色调"为22、"饱和度"为120、"亮度"为255；在"选项"卷展栏中勾选"不可见"复选框、取消勾选"影响反射"复选框；调整灯光的角度和方向，使用"实例"复制法通过移动和旋转复制灯光，调整灯光至合适的位置，使用轴向缩放调整灯光，如图9-149所示。

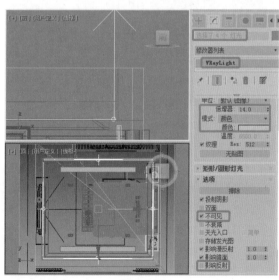

图9-149

图9-149（续）

02 在"前"视图中创建光度学"目标灯光"，切换到"修改"命令面板，在"常规参数"卷展栏中取消勾选"目标"复选框，在"阴影"组中勾选"启用"复选框，选择阴影类型为"VRayShadow"，选择"灯光分布（类型）"为"光度学Web"；在"分布（光度学Web）"卷展栏中单击"选择光度学文件"按钮，光度学文件位于随书配备资源中的"经典筒灯.ies"文件；在"强度/颜色/衰减"卷展栏中设置"过滤颜色"的"色调"为21、"饱和度"为10、"亮度"为255，在"暗淡"组中勾选强度倍调器复选框，设置数值为300%；使用"实例"复制法通过移动复制灯光，调整灯光至合适的位置，如图9-150所示。

图9-150

03 使用复制法"实例"移动复制一个灯光作为中间的射灯，设置"结果强度"的倍增为600%，调整灯光至合适的位置，使用"实例"复制法复制灯光，如图9-151所示。

04 在"顶"视图中创建VRayLight灯光作为补光，设置"倍增器"为2、"颜色"为白色，如图9-152所示。

图9-151

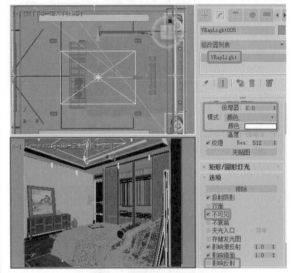

图9-152

05 在衣柜上方创建VRayLight灯光作为衣柜灯带，设置"倍增器"为8、"颜色"为暖色，使用"实例"复制法移动复制灯光，调整灯光至合适的位置，如图9-153所示。

06 在窗口创建VRayLight灯光作为自然光，设置"倍增器"为8、"颜色"为冷色，设置"颜色"的"色调"为151、"饱和度"为73、"亮度"为255，如图9-154所示。

07 在场景中创VRayLight灯光作为床头吊灯灯光，选择灯光"类型"为"球体"，设置"倍增器"为50、"颜色"为白色，使用"实例"复制法移动复制另一个小吊灯，如图9-155所示。

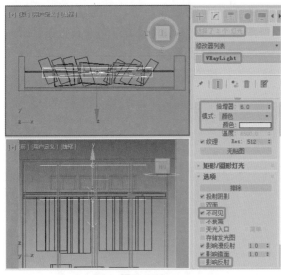

图9-153

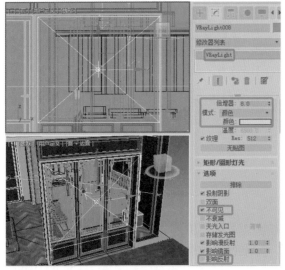

图9-154

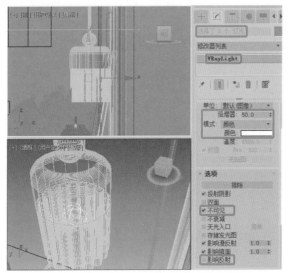

图9-155

08 在"顶"视图中创建"目标平行光"作为太阳光，将灯光抬高，在"常规参数"卷展栏中勾选"阴影"组中的"启用"复选框，选择阴影类型为"VRayShadow"；在"强度/颜色/衰减"卷展栏中设置"倍增"为2，设置色块的颜色的"色调"为25、"饱和度"为45、"亮度"为255，如图9-156所示。

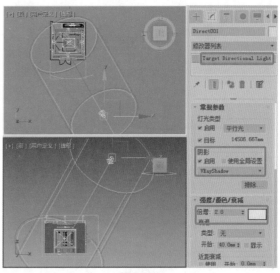

图9-156

09 在"常规参数"卷展栏中单击"排除"按钮，在弹出的"排除/包含"对话框中选择排除背景板模型，如图9-157所示。

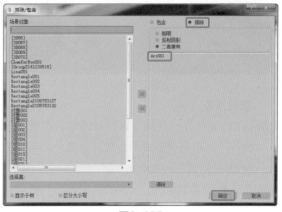

图9-157

测试渲染

测试渲染是渲染低质量的效果图，既方便调试场景的灯光及材质，又可提前观察效果，测试达到满意效果即可渲染成图。

激活摄影机视口，单击 ■（渲染产品）按钮即可，测试渲染的效果如图9-158、图9-159所示。

图9-158

图9-159

最终渲染

① 按F10键打开"渲染设置"对话框,设置"预设"为之前存储的成图参数,设置一个合适的输出尺寸,如图9-160所示。

② 在之前测试渲染中,材质的反射细分、折射细分及灯光的细分均为默认,需手动将VRay材质和灯光的细分依次提高;或使用小插件可以解决此问题,打开随书配备资源中的"场景\第9章\老人房"文件夹,将"全局灯光材质细分"文件拖曳到3ds Max视口中,此时视口中会弹出"全局灯光材质细分1.4"对话框,将"反射细分""折射细分""灯光细分"均设置为16,依

次单击"反射细分""折射细分""灯光细分"按钮即可将场景内材质灯光批量调整细分,如图9-161所示。

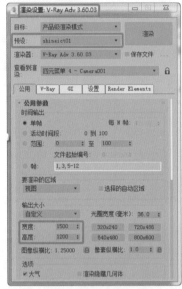

图9-160

图9-161

③ 选择作为太阳光的"目标平行光",在VRayShadows params卷展栏中勾选"区域阴影"复选框,选择类型为"球体",设置UVW各方向均为800,设置"细分"为16,如图9-162所示。

图9-162

④ 渲染完成的成图效果如图9-163、图9-164所示。

至此,本例制作完成。

中文版3ds Max/VRay商业案例项目设计完全解析

图9-163

图9-164

★★★★
9.4 优秀作品欣赏

公装设计可以这样理解，除了家庭装修以外的都可以算作是公装，饭店、酒店、办公楼、商场等都是公装，是公共建筑装修装饰的意思。

10.1 公装设计概述

所谓"家装"和"公装"只是针对工作对象而言，这里也有个中国特色问题。过去绝大多数的公共建筑，包括机场、车站、图书馆、酒店(宾馆)甚至餐厅都是"国有资产"，所以带个"公"字，如图10-1所示。

图10-1

公装与家装不同，家装品质涵盖了设计、材料、施工等诸多细节，而公装又是商业场所的装修，其专业与否很大程度上取决于设计所创造的商业价值。商业空间的装饰设计和家庭装饰设计最大的区别就在于，商业空间追求的是让客户通过设计获得利润最大化。

值得一提的是，很多做室内装饰的，甚至是专业的人士把公装理解成工装，实际上工装就是工作服的意思。

10.1.1 公装设计的要素

在公装设计中，需要考虑的方面有很多，很多人并不清楚具体有哪些，下面列举一下公装设计的5个要素。

（1）陈列、摆设要素：公装场所中比较常见的必需品有：桌椅、地毯、窗布等。从外形上来看，具有一定的特征，并且具有很好的装饰作用，如图10-2所示。

图10-2

（2）空间要素：公装设计的空间要进行恰当的描绘，主要以给顾客美好的视觉享受为目的，这就是描绘的基本任务。所以我们需要勇于探索，并且赋予公装空间新形象，不能总是停留在以往构成的空间形象中，如图10-3所示。

图10-3

（3）光影要素：人人都喜欢大自然的美景，把光照引入公装空间中，来消除空间的黑暗感，尤其是顶光和柔软的散射光，能够让空间更具亲切感。光影的改换更加五光十色，给人的感触颇多，如图10-4所示。

图10-4

（4）颜色要素：公装场所对颜色的选择，除了会对视觉产生影响以外，还直接影响了来店客人的心情。合理地用色，能获得美的效果。颜色除了要恪守通常的颜色规则外，还应紧随着时代审美观的改变而有所不同，如图10-5所示。

图10-5

（5）装修要素：这是房屋结构中不可或缺的物件，如：柱子、墙面等，根据实际需求进行适当的装修，便能很大程度上构成完美的公装环境。充分使用不同装修材料的特征，可以获得不一样的艺术效果，并且还能表现区域的历史文化特征，如图10-6所示。

图10-6

10.1.2 家装和公装的装修区别

同样为室内设计，家装和公装有以下几点区别。

（1）对象和规模不同。家装主要是家庭装修，公装对象是商场、写字楼和酒店这些公共场合；家装的规模都是比较小的，别墅装修规模稍微大一些，但是公装的规模往往是非常大的。

（2）资金运用不同。家庭装修往往是先给装修公司一部分定金之后才会开始装修，利润比较低，但是资金回报比较快；公装往往都是前期需要先垫付，装修之后才可以结算，利润大但是风险也很高，容易产生纠纷。

（3）消防安全不同。一旦遇到特殊情况要怎么分散人流量，怎么做到安全撤退，这些都是公装必须考虑的问题，而家庭装修不需要考虑这些。

（4）材料不同。公装所用材料比家装更加严格，比如不锈钢、钢化玻璃、亚克力、地弹簧、格栅灯、网线等，公装工艺要比家装工艺要求严格得多；公装顶面装修一般用格栅吊顶和矿棉板，家庭装修一般是用石膏板。

（5）装修公司的资质要求不一样。家庭装修要求比较低，能够提供营业执照相关证件就可以，但是公装就要求营业执照、资格证、合同书、施工证等一应俱全。

10.2 商业案例——会议室的设计

10.2.1 设计思路

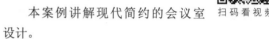

扫码看视频

■ 案例类型

本案例讲解现代简约的会议室设计。

■ 设计背景

会议室指供开会用的房间，通常包含有一张大会议桌而预定作为会议用的房间，如图10-7所示。

图10-7

■ 设计定位

在本案例的设计中，要求硬装部分设计简约，线条流畅，没有过于浮夸复杂的造型设计，体现简约风格；采用商务氛围浓的黑白色会议家具来填充整个场景效果。

10.2.2　材质配色方案

在色调搭配上，吊顶嵌入黑钢金属条、地面使用木纹地砖，简约不失时尚，木饰面及粉蓝色墙面搭配严肃且不失温馨。

10.2.3　同类作品欣赏

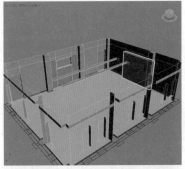

图10-8

■　技术要点

使用CAD中"写块"命令导出平面图纸；

使用"挤出"和"编辑多边形"修改器制作墙体框架；

使用"目标摄影机"创建相机；

使用VRayMtl材质设置场景中模型的材质；

使用"目标灯光"、VRayLight、"目标平行光"灯光创建场景的照明。

■　操作步骤

场景建模的创建

在创建场景模型前，需先将平面图纸整理出来，将图纸"写块"，便于导入3ds Max 2018。然后进行框架、吊顶、造型模型的创建。

10.2.4　项目实战

■　制作流程

本案例讲解了从基础的图纸导出到场景建模，再慢慢深入材质、相机、灯光，到最终的软装色调的搭配，完整表现了公装会议室制图的流程，如图10-8所示。

01 打开随书配备资源中的"会议室.dwg"CAD图纸文件，打开后可以看到原始结构图纸，如图10-9所示。

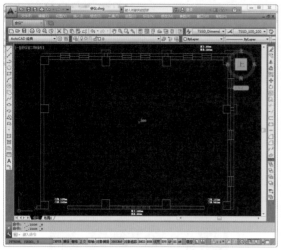

图10-9

02 按W键打开"写块"对话框，单击 （拾取点）按钮，单击鼠标任意拾取一个基点，此时返回到"写块"对话框，单击 （选择对象）按钮，选择需要拾取的图纸，按空格键返回"写块"对话框，选择"插入单位"为"无单位"，单击 （显示标准文件选择对话框）按钮，指定一个输出路径，如图10-10所示。

图10-10

下面开始制作场景的框架模型。

03 打开3ds Max 2018软件，选择"文件>导入>导入"命令，导入之前制作的新块文件；在弹出的"AutoCAD DWG/DXF 导入选项"对话框中，单击"确定"按钮即可。按Ctrl+A组合键选择导入的图纸，将模型成组，并修改对象颜色，改为在背景色下较为明显的颜色，如图10-11所示。

04 按W键激活 （选择并移动）工具，在坐标显示区域中右击每个坐标的 （微调器）按钮，将图纸坐标归零，如图10-12所示。

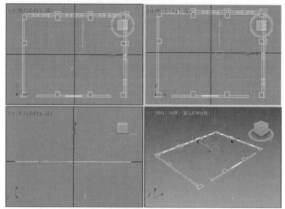

图10-11

选择了 [ ] 🔒 ⊞ X: 0.0mm ◆ Y: 0.0mm ◆ Z: 0.0mm ◆ 栅格 = 1000.0mm

图10-12

05 单击" （创建）> （图形）>样条线>线"按钮，在"顶"视图中根据场景轮廓绘制封闭的图形，在有门和窗的位置需创建点，创建的图形如图10-13所示。

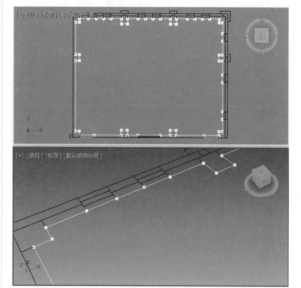

图10-13

06 为图形添加"挤出"修改器，设置层高为3600，如图10-14所示。

07 为模型添加"编辑多边形"修改器，将选择集定义为"边"，以入户门为例，选择两条边，右击鼠标，在弹出的快捷菜单中选择"连接"命令，连接边，如图10-15所示。切换到"前"视图，按S键激活 （捕捉开关）按钮，先将线高度调至与平面图平齐，再抬高2400，设置门高。

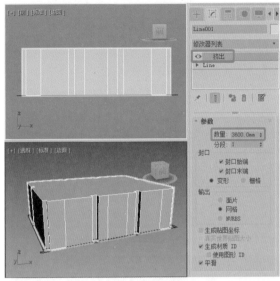

图10-14

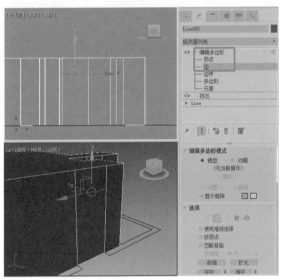

图10-15

09 使用之前的方法完成走廊窗洞，如图10-17所示。

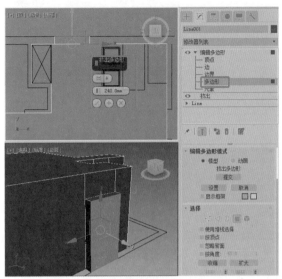

图10-16

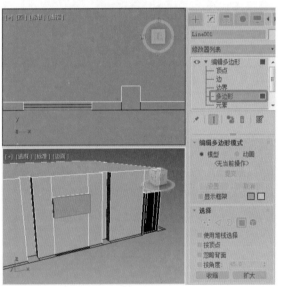

图10-17

> 操作提示

在"坐标显示"区域中单击田（绝对模式变换输入）按钮，激活圃（偏移模式变换输入）按钮，可在各轴向精准偏移距离。

08 将选择集定义为"多边形"，选择作为门的多边形，右击鼠标，在弹出的快捷菜单中单击"挤出"前的田（设置）按钮，在弹出的助手小盒中设置合适的挤出数量，如图10-16所示，按Delete键将选中的多边形删除。

> 操作提示

窗洞在连接线时，需单击田（设置）按钮，设置"分段"为2，再使用绝对值偏移调整位置，窗下1800、窗高900。

10 使用同样方法制作其他的窗洞，窗下900、窗高2400，如图10-18所示。

11 为模型添加"法线"修改器，将模型背面消隐，如图10-19所示。

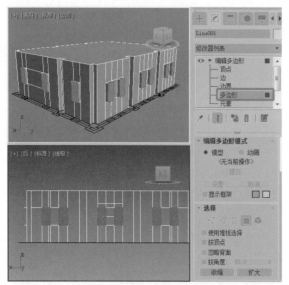

图10-18

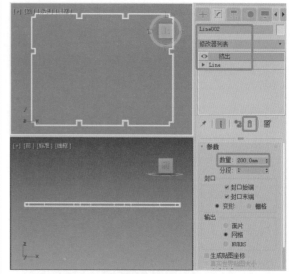

图10-20

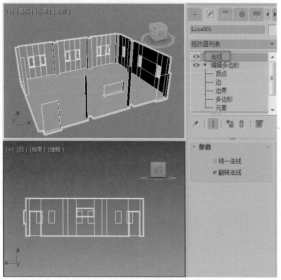

图10-19

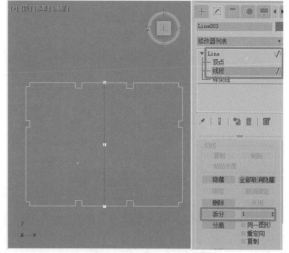

图10-21

12 复制框架模型作为扣板吊顶，按Ctrl+V组合键原地"复制"模型，单击▣（从修改器堆栈中移除）按钮移除"挤出"上边的修改器，设置挤出的"数量"为200，如图10-20所示。

13 在"顶"视图中创建直线作为参考线，将选择集定义为"线段"，拆分线段，得到如图10-21所示的中点。

14 在"顶"视图中创建矩形作为铝扣板吊顶镂空部分，设置"长度"为300、"宽度"为7000，使用移动复制法"复制"一个矩形，使用定位偏移法调整两个矩形的位置，如图10-22所示。

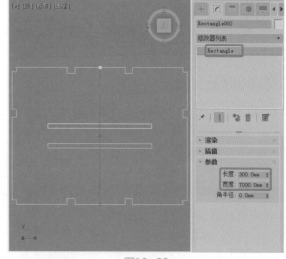

图10-22

操作技巧

打开❷（2.5捕捉开关），将矩形的边中点位移到直线的中点，再使用偏移模式在Y轴偏移500，使用同样方法移动另一个图形，使两个矩形距离1000。

---

⑮ 选择作为扣板的模型，在选择集中选择线，在"几何体"卷展栏中单击"附加"按钮，附加两个矩形，如图10-23所示。

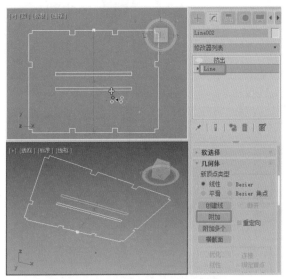

图10-23

⑯ 调整铝扣板吊顶离地2800，并将顶面消隐，如图10-24所示。

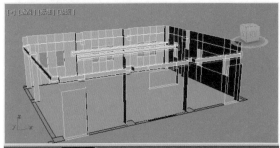

图10-24

⑰ 选择框架模型，为模型添加"编辑多边形"修改器，将选择定义为"多边形"，将顶面、地面、地面过门石材质分离出来，便于后期材质的指定，如图10-25所示。

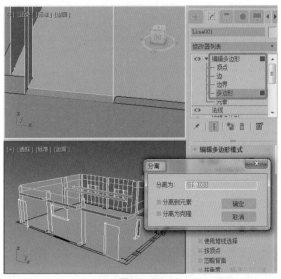

图10-25

⑱ 将浅蓝色墙面材质分离出来，如图10-26所示。

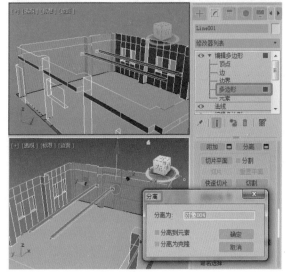

图10-26

框架模型制作完成后，开始制作踢脚线、造型墙等模型。

⑲ 投影器有一根柱子，此处制作一个投影仪背景墙。在"顶"视图中捕捉柱子创建矩形，为矩形添加"编辑样条线"修改器，将选择集定义为"顶点"，分别将上方和右侧两个点偏移20，如图10-27所示。

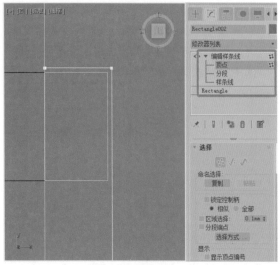

图10-27

20 使用定位移动法调整下方两点与上方的点对称，如图10-28所示。

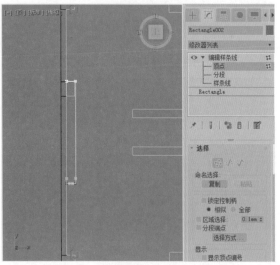

图10-28

21 为图形添加"挤出"修改器，设置挤出的"数量"为2800，如图10-29所示。

22 在"后"视图中根据走廊窗两个立柱之间创建饰面墙。取消勾选"开始新图形"复选框，再依次创建4个矩形，为图形添加"挤出"修改器，设置"数量"为20，调整模型至合适的位置，如图10-30所示。

23 为模型添加"编辑多边形"修改器，将选择集定义为"边"，选择如图10-31所示的边，设置合适的"切角"作为缝隙。

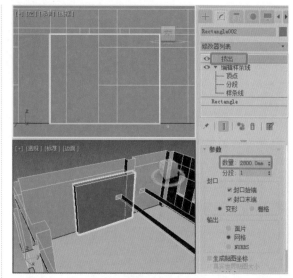

图10-29

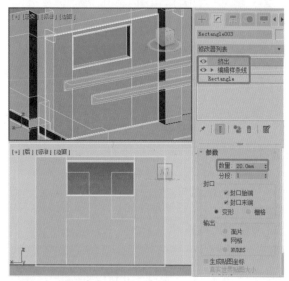

图10-30

24 在"后"视图中根据窗口创建矩形为窗套；为矩形添加"挤出"修改器，设置挤出的"数量"为200，取消勾选"封口始端""封口末端"复选框；为模型添加"壳"修改器，设置"内部量"为20，勾选"将角拉直"复选框，如图10-32所示。

25 在"顶"视图中创建如图10-33所示的线作为踢脚线；将选择集定义为"线段"，将两个门中间的线段删除。

26 为图形添加"挤出"修改器，设置挤出"数量"为100；为模型添加"壳"修改器，设置"外部量"为10，勾选"将角拉直"复选框，如图10-34所示。

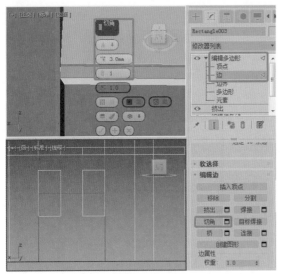

图10-31

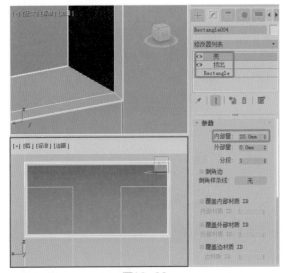

图10-32

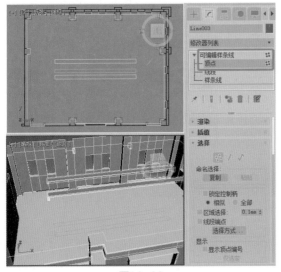

图10-33

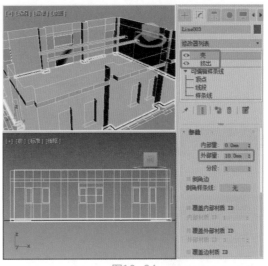

图10-34

设置测试渲染参数

在指定材质前，需先设置测试渲染，测试渲染便于设置材质及最终效果的观察。

按F10键打开"渲染设置"对话框，单击"预设"后的 ■（下拉）按钮，选择之前存储的测试参数，如图10-35所示。

图10-35

材质的设置

下面为场景中的模型设置材质。

01 单击 ■（材质编辑器）按钮，或按M键打开"材质编辑器"对话框，选择材质球，将材质命名为"乳胶漆-白"，指定VRayMtl材质，设置"漫反射"的"亮度"为250，设置"反射"的"亮度"为5，解锁"高光光泽"并设置其数值为0.58，设置"反射光泽"为0.68，取消勾选"菲涅耳反射"复选框；在场景中选择吊顶及板带模型，单击 ■（将材质指定给选定对象）按钮将材质指定给框架模型，如图10-36所示。

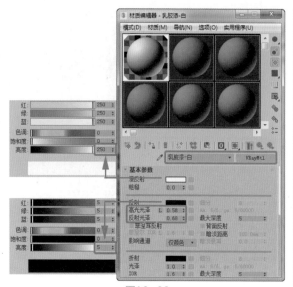

图10-36

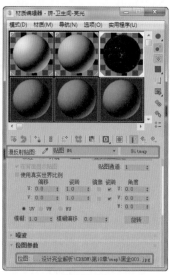

图10-38

02 将乳胶漆的材质球拖曳到一个新的材质球上，将其命名为"乳胶漆-蓝"，设置"漫反射"颜色的"色调"为148、"饱和度"为30、"亮度"为230，将材质指定给蓝色墙体模型，如图10-37所示。

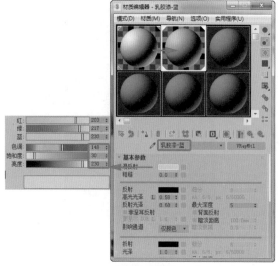

图10-37

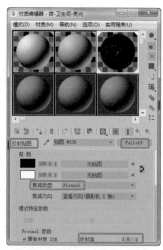

图10-39

05 返回父对象，设置"反射光泽"为0.95，将材质指定给踢脚线对象，如图10-40所示。

03 选择一个新的材质球，将材质转换为VRayMtl材质，将其命名为"踢脚线"，为"漫反射"指定"位图"贴图，选择随书配备资源中的"黑金003.jpg"文件，如图10-38所示。

04 返回父对象，为"反射"指定"衰减"贴图，进入"反射贴图"层级面板，设置"衰减类型"为Fresnel，设置"折射率"为1.6，如图10-39所示。

图10-40

06 为模型添加"UVW贴图"修改器，在"参数"卷展栏中选择贴图的类型为"长方体"，设置"长度""宽度""高度"均为800，如图10-41所示。

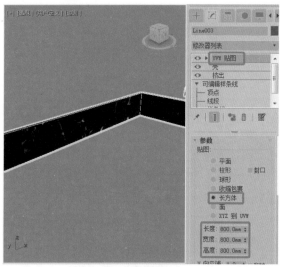

图10-41

07 选择一个新的材质球，将其命名为"地砖"，将材质转换为"VRayMtl"，为"漫反射"指定"平铺"贴图；进入"漫反射贴图"层级面板，选择"预设类型"为"堆栈砌合"，在"高级控制"卷展栏的"平铺设置"组中，设置"水平数"和"垂直数"均为2，设置"淡出变化"为0，为"纹理"指定"位图"贴图，选择随书配备资源中的"浅灰MZ9028 900x900 (1).jpg"文件；在"砖缝设置"组中设置"水平间距"和"垂直间距"均为0.2，设置"纹理"的颜色，设置"亮度"为255，如图10-42所示。

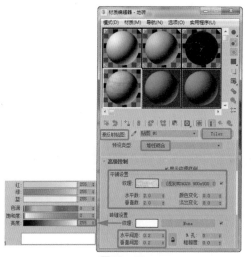

图10-42

08 单击 （转到父对象）按钮返回上一层面板，为"反射"指定"衰减"贴图，进入"反射贴图"层级面板，选择"衰减类型"为Fresnel，设置"折射率"为1.2，如图10-43所示。

图10-43

09 返回父对象，设置"反射光泽"为0.9；在BRDF卷展栏中选择反射类型为"Ward"，如图10-44所示。

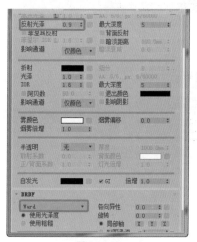

图10-44

10 将"漫反射"的贴图复制给"凹凸"，设置凹凸的数量为30，如图10-45所示。

11 进入"凹凸贴图"层级面板，在"高级控制"卷展栏中设置平铺纹理的颜色，设置"亮度"为230；设置砖缝纹理的颜色，设置"亮度"为100，如图10-46所示。

12 在场景中选择地板模型，将材质指定给选定对象，为模型添加"UVW贴图"修改器，选择贴图类型为"平面"，设置"长度""宽度"均为1600，如图10-47所示。

图10-45

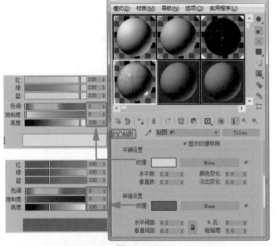

图10-46

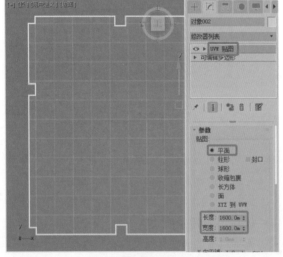

图10-47

⑬ 选择一个新的材质球,将其命名为"木饰面",为"漫反射"指定"位图"贴图,选择

随书配备资源中的"562912-WO00137-embed 副本.jpg"文件;进入"漫反射贴图"层级面板,设置"模糊"为0.1,设置"角度"的W值为90,如图10-48所示。

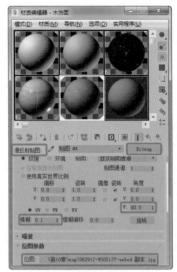

图10-48

⑭ 返回父对象,为"反射"指定"衰减"贴图,进入"反射贴图"层级面板,选择"衰减类型"为Fresnel,设置"折射率"为1.4,如图10-49所示。

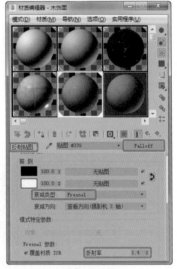

图10-49

⑮ 返回父对象,设置"反射光泽"为0.9,如图10-50所示。

⑯ 将材质指定给饰面模型,为模型添加"UVW贴图"修改器,选择贴图类型为"长方体",设置"长度""高度"均为2800,宽度为700,如图10-51所示。

图10-50

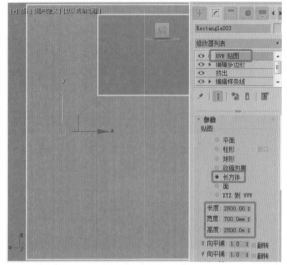

图10-51

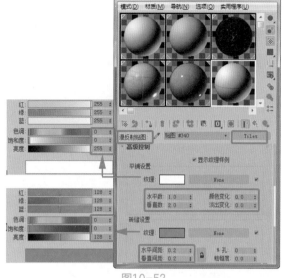

图10-52

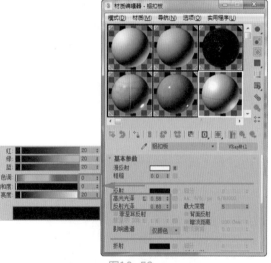

图10-53

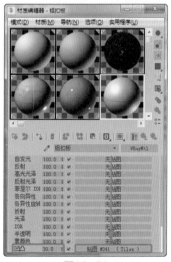

图10-54

17 选择一个新的材质球，将其命名为"铝扣板"，为"漫反射"指定"平铺贴图"；进入"漫反射贴图"层级面板，选择"预设类型"为"堆栈砌合"，在"高级控制"卷展栏的"平铺设置"组中设置"纹理"颜色的"亮度"为255，设置"水平数"为1，设置"垂直数"为2，设置"淡出变化"为0；在"砖缝设置"组中设置"纹理"颜色的"亮度"为128，设置"水平间距""垂直间距"均为0.2，如图10-52所示。

18 返回父对象，设置"反射"颜色的"亮度"为20，设置"反射光泽"为0.68，解锁"高光光泽"并设置其数值为0.58，如图10-53所示。

19 将"漫反射"的贴图复制给"凹凸"，设置"凹凸"的数量为30，如图10-54所示。

20 将材质指定给铝扣板模型，为模型添加"UVW
贴图"修改器，设置"长度""宽度"均为
1200，如图10-55所示。

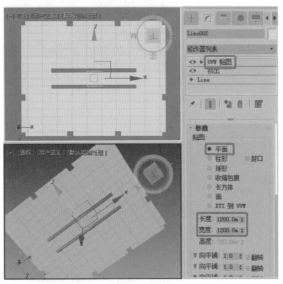

图10-55

创建摄影机

在"顶"视图中创建目标摄影机，将摄影机抬
高1200，设置"镜头"为24，勾选"手动剪切"复
选框，设置合适的"近距剪切"和"远距剪切"，
如图10-56所示。

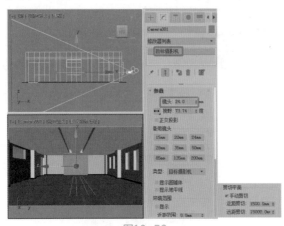

图10-56

导入及调整素材模型

整体的会议室框架创建完成后，下面将为其添
加家具。

01 在菜单栏中选择"文件>导入>合并"命令，
导入随书配备资源中的"门窗桌椅.max"
文件，调整模型至合适的位置，如图10-57
所示。

图10-57

02 导入随书配备资源中的"灯具投影.max"文
件，调整模型至合适的位置，如图10-58所示。

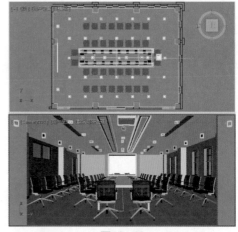

图10-58

灯光的创建

场景灯光的创建以自模仿真实光源为原则，包
括自然环境光源、主光源、辅助光源、补光。打灯
光宜精不宜多，否则无法体现物体的真实光影关系
而失真。

01 在"顶"视图中创建"弧"作为外景背景板，
为弧添加"挤出"修改器，设置合适的参数；
为模型添加"法线"修改器，右击模型，在弹
出的快捷菜单中选择"对象属性"命令，在弹
出的"对象属性"对话框中勾选"背面消隐"
复选框，如图10-59所示。

▶ 操作提示

添加"法线"修改器是为了可以正常渲染，背面
是无法渲染的；设置"背面消隐"是为了便于观察。

中文版3ds Max/VRay商业案例项目设计完全解析

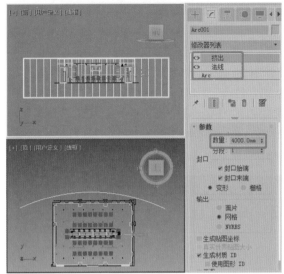

图10-59

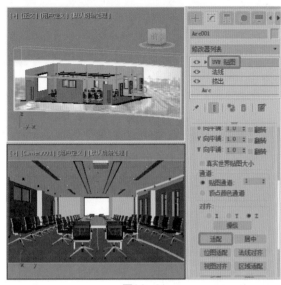

图10-61

02 按M键打开材质编辑器，选择一个新的材质
球，将材质命名为"外景"，将材质转换为
"灯光材质"，设置颜色的倍增为2，为"颜
色"指定"位图"贴图，选择随书配备资源中
的"land11.jpg"文件；进入"灯光颜色"层
级面板，激活 █（视口中显示明暗处理材质）
按钮，可在指定材质后显示图像，如图10-60
所示。

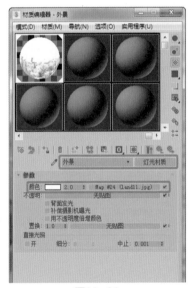

图10-60

03 将材质指定给外景模型，为模型添加"UVW贴
图"修改器，选择贴图类型为"长方体"，在
"对齐"组中单击"适配"按钮，使贴图适配
模型，如图10-61所示。

▶ 操作技巧

　　添加"UVW贴图"修改器后模型只是亮光显
示，若看不到图像，可在材质中单击"颜色"后的
色块，将亮度降低即可，这样只是便于图像显示。

04 选择一个新的材质球，将材质命名为"走
廊"，将材质转换为"灯光材质"，设置颜色
的倍增为1，为"颜色"指定"位图"贴图，选
择随书配备资源中的"bj0ec5.jpg"文件；进入
"灯光颜色"层级面板，激活 █（视口中显示
明暗处理材质）按钮，可在指定材质后显示图
像，如图10-62所示。

图10-62

05 在"前"视图中创建平面作为走廊背景，为模型添加"法线"修改器，右击模型，在弹出的快捷菜单中选择"对象属性"命令，在弹出的"对象属性"对话框中勾选"背面消隐"复选框；为模型添加"UVW贴图"修改器，适配贴图即可，如图10-63所示。

06 在"前"视图中使用"VRayLight（VR灯光）"创建平面光，该灯作为窗口的自然光源，比窗洞稍小，比玻璃稍大即可，设置"倍增器"为8，设置"颜色"的"色调"为151、"饱和度"为51、"亮度"为255；在"选项"卷展栏中勾选"不可见"复选框，取消勾选"影响反射"复选框；在"顶"视图中使用"实例"复制灯光作为补光，灯光位于窗内即可，使用■（选择并非均匀缩放）工具将灯光缩小；使用移动复制法"实例"复制灯光至其他窗口，如图10-64所示。

图10-63

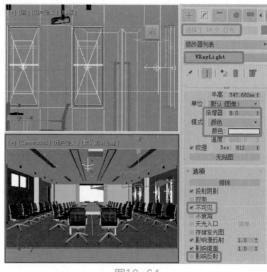

图10-64

07 在"顶"视图中继续创建VRayLight作为铝扣板灯箱光源，在"一般"卷展栏中设置"倍增器"为12，设置"颜色"的"色调"为28、"饱和度"为23、"亮度"为255；在"选项"卷展栏中勾选"不可见"复选框，取消勾选"影响反射"复选框；使用移动复制法"实例"复制灯光，如图10-65所示。

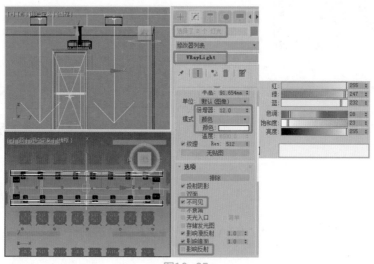

图10-65

08 在"前"视图中创建光度学目标灯光作为筒灯，在"常规参数"卷展栏中取消勾选"目标"复选框，在"阴影"组中勾选"启用"复选框，选择阴影类型为"VRayShadow（VR阴影）"，选择"灯光分布（类型）"为"光度学Web"；在"分布（光度学Web）"卷展栏中单击"选择光度学文件"按钮，选择随书配备资源中的"经典筒灯.ies"光度学文件；在"强度/颜色/衰减"卷展栏中设置"过滤颜色"的"色调"为24、"饱和度"为27、"亮度"为255，在"结果强度"组中勾选倍增复选框，设置为300%；在"图形/区域阴影"卷展栏中选择光线类型为"点光源"。使用"实例"复制灯光并调整灯光至合适的位置，共34盏灯光，如图10-66所示。

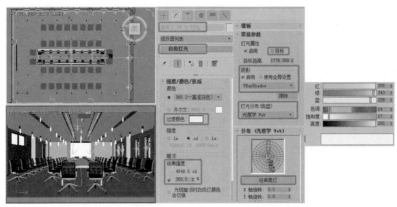

图10-66

测试渲染

测试渲染是渲染低质量的效果图，即方便调试场景的灯光及材质，又可提前观察效果，测试达到满意效果即可渲染成图。

激活摄影机视口，单击 ![按钮]（渲染产品）按钮即可，测试渲染的效果如图10-67所示。

图10-67

最终渲染

测试渲染满意后，下面对场景进行最终渲染。

01 按F10键打开"渲染设置"对话框，选择之前存储的成图参数，设置最终的渲染输出尺寸，如图10-68所示。

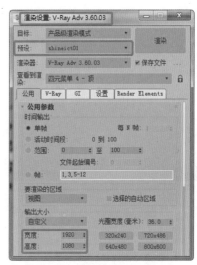

图10-68

02 在之前的测试渲染中，材质的反射细分、折射细分及灯光的细分均为默认，需手动将VRay材质和灯光的细分依次提高；或使用小插件可以解决此问题，打开随书配备资源中的"全局灯光材质细分"文件，并将其拖曳到3ds Max视口中，此时视口中会弹出"全局灯光材质细分"对话框，将"反射细分""折射细分""灯光细分"均设置为16，依次单击"反射细分""折射细分""灯光细分"按钮即可对场景内材质灯光批量调整细分，如图10-69所示。此时即可渲染最终图像，如图10-70所示。

图10-69

图10-70

员工的福利待遇也随之提高，除了保障员工的基本福利外，有些公司也关注到了给予员工更加舒适的工作环境，这就是一个人性化公司为员工提供的休息场所——影音室，员工可以在休息的同时放松身心。

■ 设计定位

本案例主要是为了将影音室制作得大气且舒适一些，所以大量使用了皮革家具。同时在影音室的顶部还设计了较为流行的软膜灯箱，使整个观影效果更具有科幻的色彩。

10.3 商业案例——影音室的设计

10.3.1 设计思路

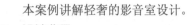
扫码看视频

■ 案例类型

本案例讲解轻奢的影音室设计。

■ 设计背景

本案例是为公司员工提供的休息区域，将休息区域设计成影音室。随着人们生活水平的提高，公司

10.3.2 材质配色方案

本案例将制作出时尚风格的且带有温馨感受的影音室，其中硬装部分主要使用木纹砖和石材作为地面，通过设置拼贴地面制作出高级感；使用木纹和墙纸制作墙面，为了让墙面更加丰满，制作金属压条作为装饰，并在墙面上添加一些墙面画和装饰；顶面使用星空顶，制作出时尚科幻的效果。

10.3.3 同类作品欣赏

10.3.4 项目实战

■ 制作流程

本案例的制作流程与家装和公装设计效果图的制作流程基本相同,都是调整并导入CAD图纸,根据图纸尺寸制作出整体模型效果,制作出模型后为其设置合适的材质,并创建一个昏暗的光效,最终渲染输出即可完成本案例的制作,如图10-71所示。

的照明。

■ 操作步骤

场景建模的创建

在创建场景模型前,需先将平面图纸整理出来,将图纸"写块",便于导入3ds Max 2018。然后进行创建框架、吊顶、造型模型的创建。

01 打开随书配备资源中的"影音室.dwg"CAD图纸文件,打开后可以看到原始结构图纸,如图10-72所示。

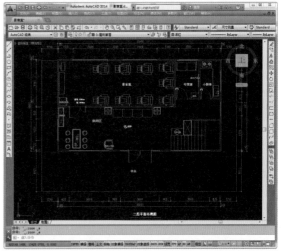

图10-72

02 按W键打开"写块"对话框,单击圆(拾取点)按钮,单击鼠标随便拾取一个基点,此次返回到"写块"对话框,单击圆(选择对象)按钮,选择需要拾取的图纸,按空格键返回"写块"对话框,选择"插入单位"为"无单位",单击…(显示标准文件选择对话框)按钮,指定一个输出路径,如图10-73所示。

图10-71

■ 技术要点

使用CAD中"写块"命令导出平面图纸;

使用"挤出"和"编辑多边形"修改器制作墙体框架;

使用"线"和横截面结合"扫描"修改器做出踢脚线;

使用"目标摄影机"创建相机;

使用VRayMtl材质设置场景中模型的材质;

使用"目标灯光"、VRayLight灯光创建场景

图10-73

下面开始制作场景的框架模型。

03 打开3ds Max 2018软件，选择"文件>导入>导入"命令，导入之前制作的新块；在弹出的"AutoCAD DWG/DXF 导入选项"对话框中单击"确定"按钮即可。按Ctrl+A组合键选择导入的图纸，将模型成组，并修改对象颜色，改为在背景色下较为明显的颜色，如图10-74所示。

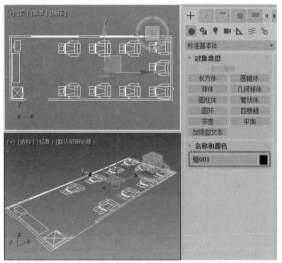

图10-74

04 按W键激活 ✛（选择并移动）工具，在坐标显示区域中右击每个坐标的 ⬖（微调器）按钮，将图纸坐标归零，如图10-75所示。

选择了 ⬚ 🔒 ⬚ X: 0.0mm ⬖ Y: 0.0mm ⬖ Z: 0.0mm ⬖ 栅格 = 1000.0mm

图10-75

05 右击图纸，在弹出的快捷菜单中选择"对象属性"命令，在弹出的"对象属性"对话框中取消勾选"以灰色显示冻结对象"复选框，如图10-76所示，然后将图纸冻结。

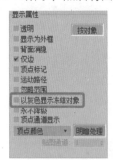

图10-76

06 单击"➕（创建）> 🔗（图形）>样条线>线"按钮，在"顶"视图中根据图纸轮廓绘制如图10-77所示的封闭图形，在有门和窗的位置需创建点。

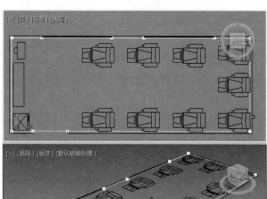

图10-77

07 为图形添加"挤出"修改器，设置层高为3200，如图10-78所示。

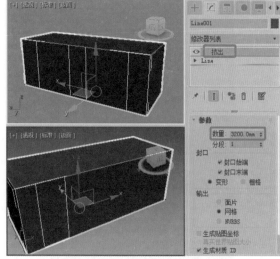

图10-78

08 为模型添加"编辑多边形"修改器，将选择集定义为"边"，选择门两侧的边，右击鼠标，在弹出的快捷菜单中选择"连接"命令，连接边，如图10-79所示。切换到"前"视图，按S键激活 🔲（捕捉开关）按钮，先将线高度调至与平面图平齐，再抬高2280，设置门高。

09 将选择集定义为"多边形"，选择如图10-80所示的多边形，按Delete键删除多边形做出门洞。

10 选择两个窗两侧的边，右击鼠标，在弹出的快捷菜单中单击"连接"前的 ◾（设置）按钮，在弹出的助手小盒中设置"分段"为2，连接边，如图10-81所示。

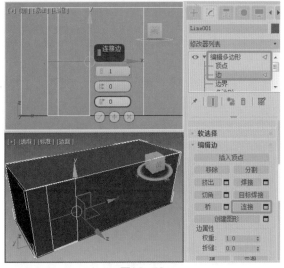

图10-79

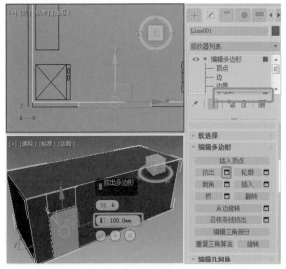

图10-80

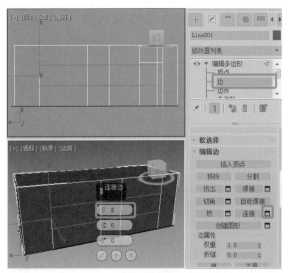

图10-81

⓫ 使用之前的方法设置窗下900、窗高1700；将选择集定义为"多边形"，并"挤出"多边形，设置合适的参数，按Delete键删除，如图10-82所示。

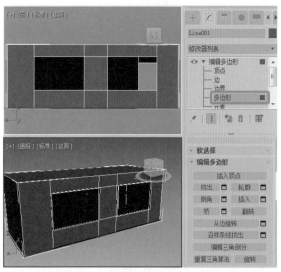

图10-82

⓬ 为模型添加"法线"修改器；右击模型，在弹出的快捷菜单中选择"对象属性"命令，在弹出的"对象属性"对话框中勾选"背面消隐"复选框，如图10-83所示。

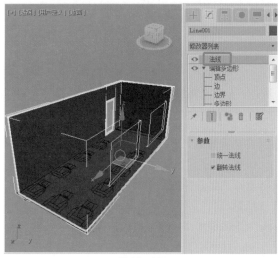

图10-83

⓭ 分别将顶面、地面、过门石分离出来，如图10-84所示。

下面创建吊顶造型。

⓮ 在"顶"视图中创建矩形作为吊顶，为矩形添加"编辑样条线"修改器，将选择集定义为"样条线"，为样条线设置轮廓，向内轮廓为350，如图10-85所示。

图10-84

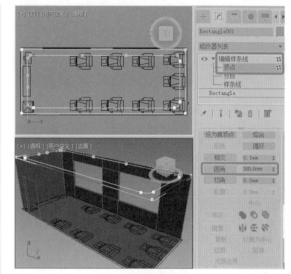

图10-86

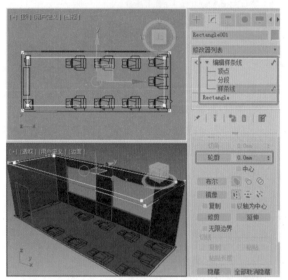

图10-85

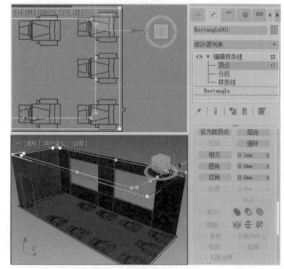

图10-87

⑮ 将选择集定义为"顶点",选择内圈的顶点,设置顶点的"圆角"为300,如图10-86所示。

⑯ 选择内圈右侧的点,向左偏移300,如图10-87所示。

⑰ 为图形添加"挤出"修改器,设置"数量"为80,将吊顶下吊300,如图10-88所示。

⑱ 按Ctrl+V组合键原地"复制"模型作为立面金属条,选择"编辑样条线"修改器,将选择集定义为"样条线",选择外侧样条线并将其删除;选择"挤出"修改器,取消勾选"封口始端""封口末端"复选框,如图10-89所示。

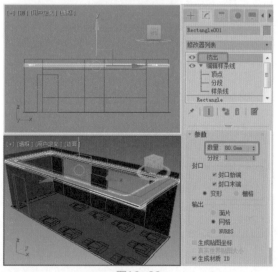

图10-88

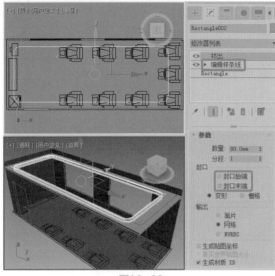

图10-89

19 为模型添加"壳"修改器，设置"内部量"为10，勾选"将角拉直"复选框，如图10-90所示。

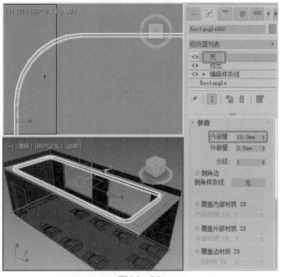

图10-90

20 按Ctrl+V组合键原地"复制"模型作为吊顶侧封板，在修改器堆栈中将"壳"修改器移除；选择"编辑样条线"将选择集定义为"样条线"，向外轮廓80，如图10-91所示。将内侧样条线删除。

21 选择"挤出"修改器，设置挤出的"数量"为220，为模型添加"壳"修改器，设置"外部量"为20，调整模型至合适的位置，如图10-92所示。

22 在"顶"视图中创建矩形作为地面串边，为矩形添加"编辑样条线"修改器，将选择集定义为"样条线"，向内轮廓为800，如图10-93所示。

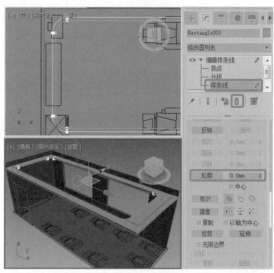

图10-91

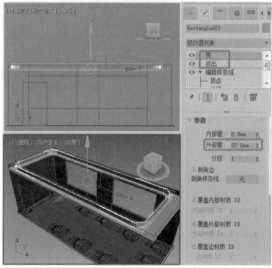

图10-92

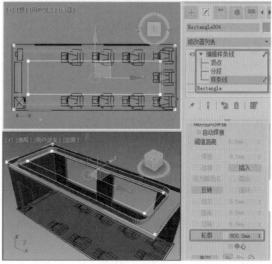

图10-93

23 先将外圈样条线删除，将选择集定义为"顶点"，选择所有顶点，设置"圆角"为300，如图10-94所示。

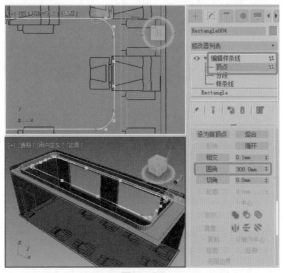

图10-94

24 为图形添加"挤出"修改器，设置挤出的"数量"为3，取消勾选"封口始端""封口末端"复选框，如图10-95所示。

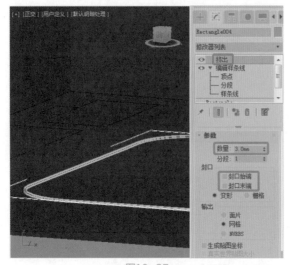

图10-95

25 为模型添加"壳"修改器，设置"内部量"为60，调整模型至合适的位置，如图10-96所示。

26 按Ctrl+V组合键原地"复制"模型，在修改器堆栈中删除"壳"修改器，选择"编辑样条线"修改器，将选择集定义为"样条线"，设置向内的轮廓为60，选择外侧的线，如图10-97所示，按Delete键将其删除。

27 选择"挤出"修改器，勾选"封口始端""封口末端"复选框，如图10-98所示。

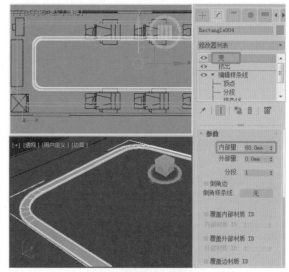

图10-96

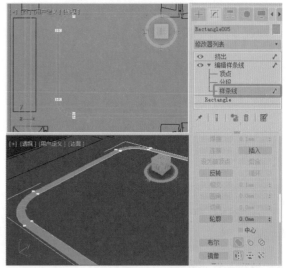

图10-97

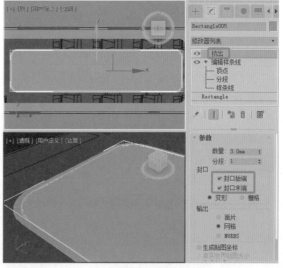

图10-98

28 导入随书配备资源中的"踢脚线.max"文件，在"顶"视图中创建线作为路径，如图10-99所示。

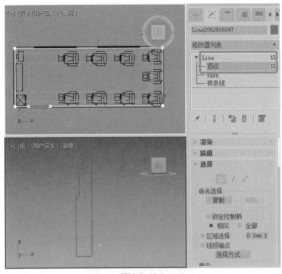

图10-99

29 为线添加"扫描"修改器，在"截面类型"卷展栏中选择"使用自定义截面"选项，单击"拾取"按钮，拾取导入的截面图形；在"扫描参数"卷展栏中勾选"XZ平面上的镜像"复选框，取消勾选"平滑路径"复选框，选择合适的对齐轴点，如图10-100所示。

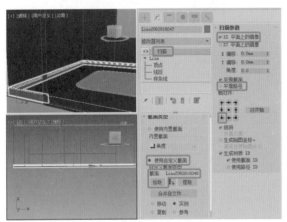

图10-100

设置测试渲染参数

在指定材质前，需先设置测试渲染，测试渲染便于设置材质及最终效果的观察。

按F10键打开"渲染设置"对话框，单击"预设"后的 ▼（下拉）按钮，选择之前存储的测试参数，如图10-101所示。

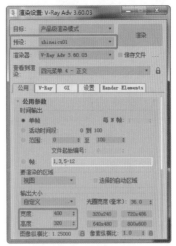

图10-101

材质的设置

下面将对场景中的模型设置材质，具体操作如下。

01 按M键打开"材质编辑器"，选择材质球，将材质命名为"乳胶漆-白"，指定VRayMtl材质，设置"漫反射"的"亮度"为250，设置"反射"的"亮度"为5，解锁"高光光泽"并设置其数值为0.58，设置"反射光泽"为0.68，取消勾选"菲涅耳反射"复选框；在场景中选择吊顶及板带模型，单击 ▣▣（将材质指定给选定对象）按钮，将材质指定给框架模型，如图10-102所示。

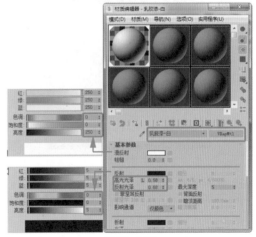

图10-102

02 选择一个新的材质球，将其命名为"木质墙体"，将材质转换为VRayMtl材质，为"漫反射"指定"位图"贴图，选择随书配备资源中的"065642hsapa02bo0iizfhm 副本.jpg"文件；进入"漫反射贴图"层级面板，设置"模糊"为0.1，如图10-103所示。

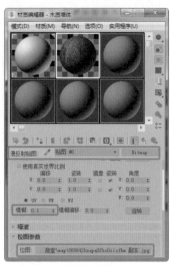

图10-103

03 返回父对象，为"反射"指定"衰减"贴
图，进入"反射贴图"层级面板，选择"衰
减类型"为Fresnel，设置"折射率"为1.4，
如图10-104所示。

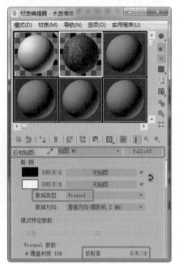

图10-104

返回父对象，设置"反射光泽"为0.85；在
BRDF卷展栏中选择反射方式为Ward，如图10-105
所示。

在"贴图"卷展栏中将"漫反射"的贴图复制
给"凹凸"，将材质指定给场景中的墙体模
型，如图10-106所示。

在场景中选择墙体模型，为模型指定"UVW
贴图"修改器，选择贴图类型为"长方体"，
设置"长度""宽度""高度"均为1200，如
图10-107所示。

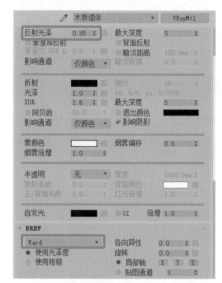

图10-105

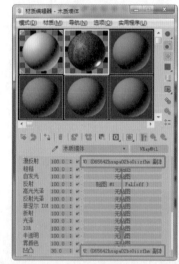

图10-106

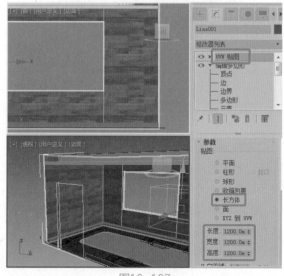

图10-107

07 选择一个新的材质球，将其命名为"铜条"，将材质转换为VRayMtl材质，设置"漫反射"颜色的"色调"为20、"饱和度"为199、"亮度"为55，设置"反射"颜色的"色调"为20、"饱和度"为119、"亮度"为135，设置"反射光泽"为0.98，解锁"高光光泽"并设置其数值为0.75，取消"菲涅耳反射"的勾选，如图10-108所示。

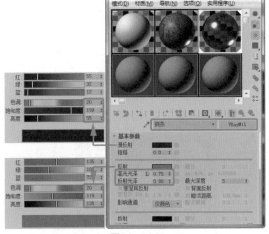

图10-108

08 选择一个新的材质球，将其命名为"顶面"，将材质转换为"灯光材质"，设置"颜色"的倍增为1.5，为其指定"位图"贴图，选择随书配备资源中的"u=2764269590,3891453585&fm=27&gp=0.jpg"文件，如图10-109所示。

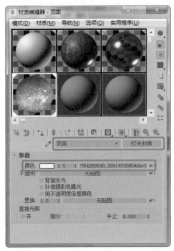

图10-109

09 进入"灯光颜色"层级面板，在"输出"卷展栏中勾选"启用颜色贴图"复选框，选择"颜色贴图"类型为"单色"，通过调整两点增

强明暗对比；激活■（视口中显示明暗处理材质）按钮，如图10-110所示。

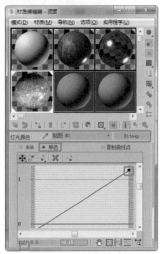

图10-110

10 在场景中选择顶面，将材质指定给选定模型。为模型指定"UVW贴图"修改器，如图10-111所示。

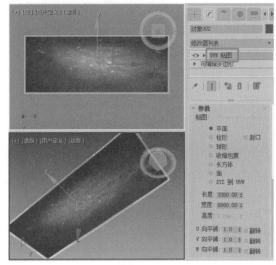

图10-111

11 选择一个新的材质球，将其命名为"地砖01"，将材质转换为VRayMtl材质，为"漫反射"指定"平铺"贴图，在"平铺设置"组中为"纹理"指定"位图"贴图，选择随书配备资源中的"20170314142004_227.jpg"文件，设置"水平数""垂直数"均为2，设置"淡出变化"为0；在"砖缝设置"组中设置"纹理"颜色的"亮度"为220，设置"水平间距""垂直间距"均为0.15，如图10-112所示。

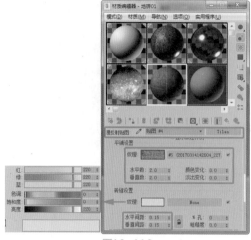

图10-112

12 返回父对象，设置"反射"颜色的"亮度"为255，设置"反射光泽"为0.9，勾选"菲涅耳反射"复选框，激活"菲涅耳IOR"并设置其数值为1.4，如图10-113所示。

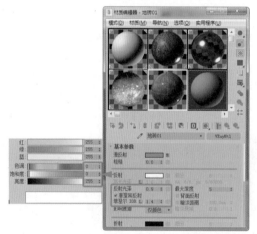

图10-113

13 将材质指定给地面模型，选择地面模型，为其添加"UVW贴图"修改器，设置"长度""宽度"均为1600，如图10-114所示。

14 将"地砖01"材质拖曳给一个新的材质球，将其命名为"串边"，进入"漫反射贴图"层级面板，单击"Tiles（平铺）"按钮，为漫反射指定"位图"贴图，选择随书配备资源中的"u=2239867569,4120574668&fm=27&gp=0.jpg"文件，设置"模糊"为0.1，如图10-115所示。

15 将材质指定给串边模型，为模型添加"UVW贴图"修改器，设置"长度""宽度"均为1200，如图10-116所示。

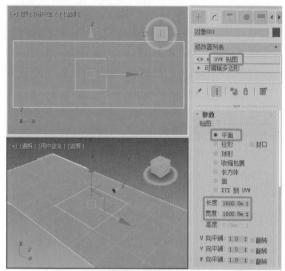

图10-114

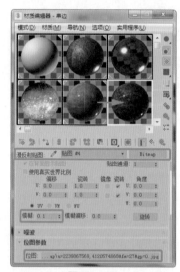

图10-115

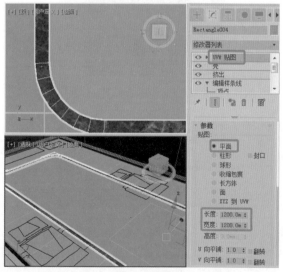

图10-116

16 将"地砖01"材质拖曳给一个新的材质球，将其命名为"地砖02"，进入"漫反射贴图"层级面板，在"平铺设置"组中更换"纹理"的"位图"贴图，选择随书配备资源中的"金沙爵(版一) ACS517080P 副本.jpg"文件，将材质指定给选定对象，如图10-117所示。

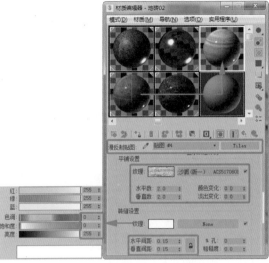

图10-117

17 为斜铺地面指定"UVW贴图"修改器，设置"长度""宽度"均为1200，将选择集定义为Gizmo，激活 C （选择并旋转）工具，在"顶"视图中旋转45°，如图10-118所示。

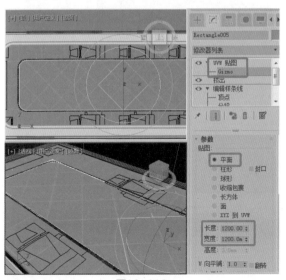

图10-118

18 将"木质墙体"材质拖曳到一个新的材质球，将其命名为"木质墙体"，更换"漫反射"

的"位图"贴图，选择随书配备资源中的"3d66com2015-273-3-7482.jpg"文件；将"漫反射"的贴图复制给"凹凸"，如图10-119所示。

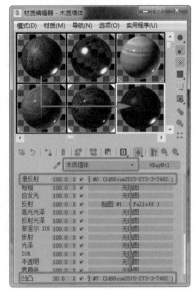

图10-119

19 将材质指定给踢脚线模型，为模型指定"UVW贴图"修改器，选择"贴图"类型为"长方体"，设置"长度""宽度""高度"均为1200，如图10-120所示。

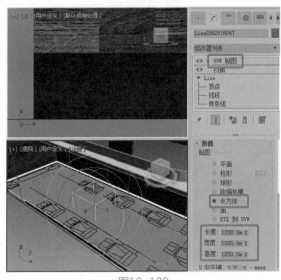

图10-120

导入及调整素材模型

设置材质后，下面将使用合并命令导入需要合并的素材，装饰场景。

01 在菜单栏中选择"文件>导入>合并"命令，导入随书配备资源中的"造型吸引墙板.max"

文件，调整模型至合适的位置，如图10-121
所示。

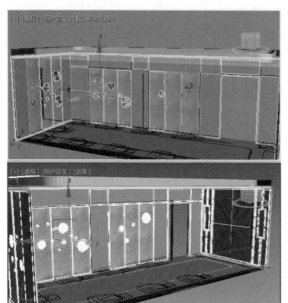

图10-121

02 导入随书配备资源中的"门窗家具电器.max"
文件，调整模型至合适的位置，如图10-122
所示。

图10-122

03 导入随书配备资源中的"灯位.max"文件，调
整模型至合适的位置；在场景中创建2台摄影
机，如图10-123所示。

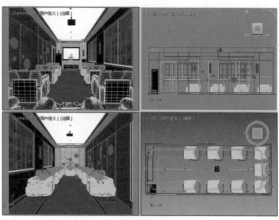

图10-123

灯光的创建

下面介绍影音室中灯光的创建，主要创建灯光
制作出一种昏暗的效果，这样光影效果会好一些。

01 在"后"视图中根据窗口大小创建VRayLight平
面灯光，设置"倍增器"为6，设置"颜色"色
块的"色调"为151、"饱和度"为51、"亮
度"为255，在"选项"卷展栏中勾选"不可
见"复选框，取消勾选"影响反射"复选框；
使用移动复制法"实例"复制灯光，调整灯光
至合适的位置，如图10-124所示。

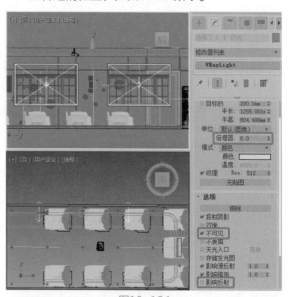

图10-124

02 在"前"视图中创建光度学目标灯光，切换
到"修改"命令面板，在"常规参数"卷展
栏中取消勾选"目标"复选框，在"阴影"
组中勾选"启用"复选框，选择阴影类型为
VRayShadow，选择"灯光分布（类型）"为

"光度学Web"；在"分布（光度学Web）"卷展栏中单击"选择光度学文件"按钮，选择随书配备资源中的"经典筒灯.ies"光度学文件；在"强度/颜色/衰减"卷展栏中设置"过滤颜色"的"色调"为23、"饱和度"为20、"亮度"为255，勾选"结果强度"的倍增器复选框，并设置其数值为300%。使用移动复制法"实例"复制灯光，如图10-125所示。

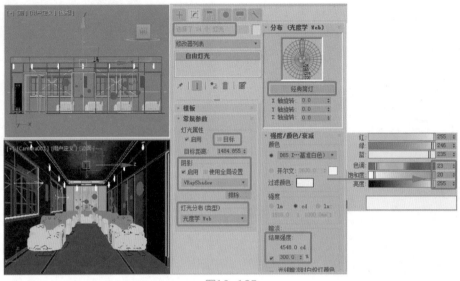

图10-125

03 在场景中选择吊顶侧封板模型，按Ctrl+V组合键原地"复制"模型，在修改器堆栈中选择"编辑样条线"修改器，将选择集定义为"样条线"，选择并删除外侧的样条线，并设置样条线向内的轮廓，再将原样条线删除；在修改器堆栈中选择"挤出"修改器，设置挤出的"数量"为20，如图10-126所示。

20，勾选"将角拉直"复选框，在"前"视图中调整模型Y轴位置，如图10-127所示。将模型转换为"可编辑网格"。

操作提示

VRayLight的网格灯光只能拾取"可编辑网格"对象，如果是非可编辑网格对象，则会出错。

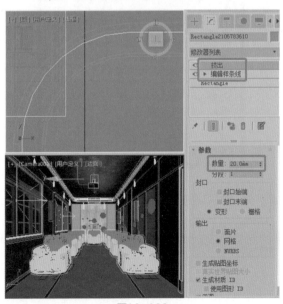

图10-126

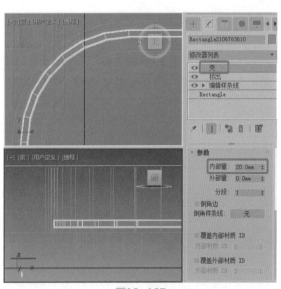

图10-127

04 为模型添加"壳"修改器，设置"内部量"为

05 在场景中创建VRayLight灯光，选择灯光"类

型"为"网格",在"选项"卷展栏中勾选"不可见"复选框,取消勾选"影响反射"复选框,设置"倍增器"为30,设置"颜色"的"色调"为24、"饱和度"为50、"亮度"为255;切换到"修改"命令面板,在"网格灯光"卷展栏中单击"选取网格"按钮,拾取之前创建的可编辑网格对象,如图10-128、图10-129所示。

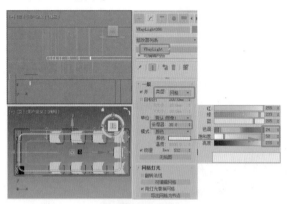

图10-128

图10-129

测试渲染

测试渲染是渲染低质量的效果图,即方便调试场景的灯光及材质,又可提前观察效果,测试达到满意效果即可渲染成图。

激活摄影机视口,单击 (渲染产品)按钮即可,测试渲染的效果如图10-130、图10-131所示。

图10-130

图10-131

最终渲染

对测试渲染的效果满意后,接下来可以对场景进行最终渲染的设置了。

01 按F10键打开"渲染设置"对话框,选择之前存储的成图参数,设置最终的渲染输出尺寸,如图10-132所示。

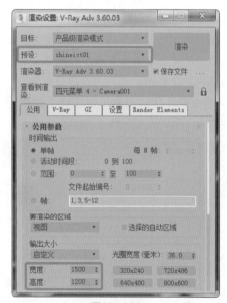

图10-132

02 在之前测试渲染中,材质的反射细分、折射细分及灯光的细分均为默认,需手动将VRay材质和灯光的细分依次提高;或使用小插件可以解决此问题,打开随书配备资源中的"全局灯光材质细分"文件,并将其拖曳到3ds Max视口中,此时视口中会弹出"全局灯光材质细分1.4"对话框,将"反射细分""折射细

中文版3ds Max/VRay商业案例项目设计完全解析

分""灯光细分"均设置为16，依次单击"反射细分""折射细分""灯光细分"按钮即可将场景内材质灯光批量调整细分，如图10-133所示。

图10-133

此时即可渲染最终图像，渲染完成的效果如图10-134、图10-135所示。

图10-134

图10-135

10.4 同类作品欣赏